"十三五"国家重点图书出版规划项目

中华农圣贾思勰与《齐民要术》研究丛书

齊民要術之农学文化思想内涵研究及解读

李兴军 著

中国农业科学技术出版社

图书在版编目（CIP）数据

《齐民要术》之农学文化思想内涵研究及解读 / 李兴军著 .—北京：中国农业科学技术出版社，2017. 7

（中华农圣贾思勰与《齐民要术》研究丛书）

ISBN 978-7-5116-2891-6

Ⅰ. ①齐… Ⅱ. ①李… Ⅲ. ①农学-中国-北魏②《齐民要术》-研究 Ⅳ. ①S-092. 392

中国版本图书馆 CIP 数据核字（2016）第 305763 号

责任编辑 闫庆健 于建慧
责任校对 贾海霞

出 版 者 中国农业科学技术出版社
北京市中关村南大街 12 号 邮编：100081
电　　话 (010)82106632(编辑室) (010)82109704(发行部)
(010)82109709(读者服务部)
传　　真 (010)82106650
网　　址 http://www.castp.cn
经 销 者 各地新华书店
印 刷 者 北京科信印刷有限公司
开　　本 710 mm×1 000 mm 1/16
印　　张 17. 25
字　　数 328 千字
版　　次 2017 年 7 月第 1 版 2017 年 7 月第 1 次印刷
定　　价 55. 00 元

作者简介

李兴军，1972年生，中共党员，工程硕士，副教授，潍坊科技学院党委宣传部部长、农圣文化研究中心主任，中国农业历史学会理事、山东省农业历史学会副秘书长、中国楹联学会会员、山东高校思想政治教育研究会理事、山东省学校文化研究院研究员，寿光市作家协会副主席。潍坊市师德标兵、优秀教师，山东高校优秀新闻宣传工作者，寿光“文化之星”“农圣文化奖”突出贡献先进个人，2015年意大利米兰世博会中国馆《齐民要术》展项学术指导、顾问。

多年来，坚持在教学一线、新闻采写和宣传工作一线。发表学术论文、文学作品20余篇（部），获山东省软科学成果奖、职业教育优秀科研成果奖多项。主参编写高校教材7部，是《青春飞翔——潍坊科技学院校园文化释义》主要撰审人，采写的《适合的教育花开中国蔬菜之乡》获山东教育新闻奖，10余项成果获山东高校优秀校园文化成果奖、潍坊市科技新闻奖。

工作之余，痴迷于文学、书画等，创作了52集原创文学剧本《农圣贾思勰》和多部影视、音乐作品，诗词楹联作品曾获全国二等奖。

中华农圣贾思勰与《齐民要术》研究丛书

编撰委员会

主　　编　李昌武　刘效武

副 主 编　薛彦斌　李兴军　孙有华

编　　委（按姓氏笔画为序）

于建慧	王　朋	王红杰	王金栋	王思文	王继林
王敬礼	朱在军	朱振华	刘　曦	刘子祥	刘长政
刘玉昌	刘玉祥	刘金同	孙仲春	孙安源	杨志强
杨现昌	杨维国	李美芹	李冠桥	李桂华	李海燕
宋峰泉	张子泉	张凤彩	张砚祥	张恩荣	张照松
陈伟华	邵世磊	林聚家	国乃全	周衍庆	郎德山
赵世龙	胡立业	胡国庆	信俊仁	信善林	耿玉芳
夏光顺	柴立平	郭龙文	黄　朝	黄本东	崔永峰
崔改泵	葛汝凤	葛怀圣	董宜顺	董绳民	焦方增
舒　安	蔡英明	魏华中			

校　　订　王冠三　魏道揆　刘东阜　侯如章

学术顾问组织

中国科学院

中国农业科学院

中国农业历史学会

中华农业文明研究院

中国农业历史文化研究中心

农业部农村经济研究中心

山东省农业科学院

山东省农业历史学会

序 一

《齐民要术》是我国现存最早、最完整的一部古代综合性农学巨著，在中国传统农学发展史上是一个重要的里程碑，在世界农业科技史上也占有非常重要的地位。

《齐民要术》共10卷，92篇，11万多字。全书“起自耕农，终于醯醢，资生之业，靡不毕书”，规模巨大，体系完整，系统地总结了公元6世纪以前黄河中下游旱作地区农作物的栽培技术、蔬菜作物的栽培技术、果树林木的栽培技术、畜禽渔业的养殖技术以及农产品加工与贮藏、野生植物经济利用等方面的知识，是当时我国最全面、系统的一部农业科技知识集成，被誉为中国古代第一部“农业百科全书”。

《齐民要术》研究会组织包括高校科研人员、地方技术专家等20多人在内的精干力量，凝心聚力，勇担重任，经过三年多的辛勤工作，完成了这套近400万字的《中华农圣贾思勰与〈齐民要术〉研究丛书》。该《丛书》共三辑15册，体例庞大，内容丰富，观点新颖，逻辑严密，既有贾思勰里籍考证、《齐民要术》成书背景及版本的研究，又有贾思勰农学思想、《齐民要术》所涉及农林牧渔副等各业与当今农业发展相结合等方面的研究创新。这些研究成果与我国农业当前面临问题和发展的关系密切，既能为现代农业发展提供一些思路和有益参考，又很好地丰富了传统农学文化研究的一些空白，可喜可贺。可以说，这是国内贾思勰与《齐民要术》研究领域的一部集大成之作，对传承创新我国传统农耕文化，服务现代农业发展将发挥积极的推动作用。

《中华农圣贾思勰与〈齐民要术〉研究丛书》能得到国家出版基金资助，列入“十三五”国家重点图书出版规划项目，进一步证明了该《丛书》的学术价

值与应用价值。希望该《丛书》的出版能够推动《齐民要术》的研究迈上新台阶；为推进现代农业生态文明建设，实现农业的可持续发展提供有益的借鉴；为传承和弘扬中华优秀传统文化，展现中华民族的精神文化瑰宝，提升中国的文化软实力发挥作用。

中国工程院副院长
中国工程院院士 刘旭

2017 年 4 月

序 二

中国是世界四大文明古国之一，也是世界第一农业大国。我国用不到世界9%的耕地，养活了世界21%的人口，这是举世瞩目的巨大成绩，赢得世人的一致称赞。对于我国来说，“食为政首”“民以食为先”，解决人的温饱是最大问题，也是我国的特殊国情，所以，从帝制社会开始，历朝历代，都重视农业，把农业作为“资生之业”，同时又将农业技术的改良、品种的选优等放在发展农业的优先位置，这方面的成就是为世界公认的，并作为学习的榜样。

中华农圣贾思勰所撰农学巨著《齐民要术》，是每位农史研究者必读书目，在国内外影响极大，有很多学者把它称为“中国古代农业的百科全书”。英国著名科学家达尔文撰写《物种起源》时，也强调其重要性，在有些篇章有些字句里面，也引用了《齐民要术》和中国农书的一些重要成果，对它给予充分肯定。研究中国农业，《齐民要术》是一座绕不开的丰碑。《齐民要术》是古代完整的、全面的农业著作，内容相当丰富，从以下几方面，可以看出贾思勰的历史功绩。

在农作物的栽培技术方面，他详细记叙了轮作与间作套种方法。原始农业恢复地力的方法是休闲，后来进步成换茬轮作，避免在同一块地里连续种植同一作物所引起的养分缺乏和病虫害加重而使产量下降。在这方面，《齐民要术》记述了20多种轮作方法，其中最先进的是将豆科作物纳入轮作周期。在当时能认识到豆科植物有提高土壤肥力的作用，是农业上很大的进步，这要比英国的绿肥轮作制（诺福克轮作制）早1 200多年。间作套种是充分利用光能和地力的增产措施，《齐民要术》记述着十几种做法，这反映了当时间作套种技术的成就。

对作物播种前种子的处理，提出了泥水选种、盐水选种、附子拌种、雪水浸种等方法，这都是科学的创见。特别是雪水浸种，以“雪是五谷之精”提出观

点，事实上，雪水中重水含量少，能促进动植物的新陈代谢（重水是氢的同位素重氢和氧化合成的水，对生物体的生长发育有抑制作用），科学实验证明，在温室中用雪水浇灌，可使黄瓜、萝卜增产两成以上。这说明在1 400多年前劳动人民已从实践中觉察到雪水和普通水的不同作用，实为重要的发现。在《收种第二》篇中，对选种育种更有一整套合乎科学道理的方法："粟、黍、穄、粱、秫，常岁岁别收，选好穗纯色者，劁刈高悬之，至春治取，别种，以拟明年种子。其别种种子，常须加锄。先治而别埋，还以所治蘘草蔽窖。不尔，必有为杂之患。"这里所说的，就是我们沿用至今的田间选种、单独播种、单独收藏、加工管理的方法。

《齐民要术》记载了我国丰富的粮食作物品种资源。粟的品种97个，黍12个，穄6个，粱4个，秫6个，小麦8个，水稻36个（其中糯稻11个）。贾思勰根据品种特性，分类加以命名。他对品种的命名采用三种方式：一是以培育人命名，如"魏爽黄""李浴黄"等；二是"观形立名"，如高秆、矮秆、有芒、无芒等；三是"会义为称"，即据品种的生理特性如耐水、抗虫、早熟等命名。他归纳的这三种命名方式，直到现在还在使用。

在蔬菜作物的栽培技术方面，成就斐然。《齐民要术》第15~29篇都是讲的蔬菜栽培。所提到的蔬菜种类达30多种，其中约20种现在仍在继续栽培，寿光市现在之所以蔬菜品种多、技术好、质量高，与此不无传承关系。《齐民要术》在《种瓜第十四》篇中，提到种瓜"大豆起土法"，这是在种瓜时先用锄将地面上的干土除去，再开一个碗口大的土坑，在坑里向阳一边放4颗瓜子、3颗大豆，大豆吸水后膨胀，子叶顶土而出，瓜子的幼芽就乘势省力地跟着出土，待瓜苗长出几片真叶，再将豆苗掐断，使断口上流出的水汁，湿润瓜苗附近的土壤，这种办法，在20世纪60—70年代还被某外国农业杂志当作创新经验介绍，殊不知贾思勰在1 400年前就已经发现并总结入书了。又如，从《种韭第二十二》篇可以看出，当时的菜农已经懂得韭菜的"跳根"现象，而采取"畦欲极深"和及时培土的措施来延长采割寿命。这说明那时的贾思勰对韭菜新生鳞茎的生物学特点已经有所认识。再如，对韭菜新陈种籽的鉴别，采用了"微煮催芽法"来检验，"微煮"二字非常重要，这一方法延续到现在。

在果树栽培方面，《齐民要术》写到的品种达30多种。这些果树资料，对世界各国果树的发展起过重要作用。如苏联的植物育种家米丘林和美国、加拿大的植物育种家培育的寒带苹果，都是用《齐民要术》中提到的海棠果作亲本培育成功的。在果树的繁殖上贾思勰记载了数种嫁接技术。为使果类增产，他还提出“嫁枣”（敲打枝干）、疏花的措施，以减少养分的虚耗，促多坐果，这是很有见地的。

在养殖业方面，《齐民要术》从大小牲畜到各种鱼类几乎都有涉猎，记之甚详，特别大篇幅强调了马的饲养。从养马、相马、驯马、医马到定向选育、培育良种都作了科学的论述，现在世界各国的养马业，都继承了这些理论和方法，不过更有所提高和发展罢了。

在农产品的深加工方面，记述的餐饮制品从酒、酱到菜肴、面食等，多达数百种，制作和烹饪方法多达20余种，都体现了较高的科技水平。在《造神曲并酒第六十四》篇中的造麦曲法和《笨曲并酒第六十六》篇中的三九酒法，记载着连续投料使霉菌得到深层培养，以提高酒精浓度和质量的工艺，这在我国酿酒史上具有重要意义。

贾思勰除了在农业科学技术方面有重大成就外，还在生物学上有所发现。如对植物种间相互抑制或促进的认识和利用以及对生物遗传性、变异性和人工选择的认识和利用等。达尔文《物种起源》第一章《家养状况下的变异》中提到，曾见过“一部中国古代的百科全书”，清楚地记载着选择，经查证这部书就是《齐民要术》。总之，《物种起源》和《植物和动物在家养下的变异》中都参阅过这部“中国古代百科全书”，六次提及《齐民要术》，并援引有关事例作为他的著名学说——进化论佐证。如今《齐民要术》更是引起欧美学者的极大关注和研究，说它“即使在世界范围内也是卓越的、杰出的、系统完整的农业科学理论与实践的巨著。”

达尔文在《物种起源》中谈到人工选择时说：“如果以为这种原理是近代的发现，就未免与事实相差太远。在一部古代的中国百科全书中，已有关于选择原理的明确记述。”“农学家们的普遍经验具有某种价值，他们常常提醒人们当把某一地方产物试在另一地方栽培时要慎重小心。中国古代农书作者建议栽培和维持各个地方的特有品种。”达尔文说：“在上一世纪耶稣会士们出版了一部有关中国的大部头著作，这部著作主要是根据古代中国百科全书编成的。关于绵羊，书中说‘改良品种在于特别细心地选择预定作繁殖之用的羊羔，对它们善加饲养，保持羊群隔离。’中国人对于各种植物和果树也应用了同样的选择原理。”“物种能适应于某种特殊风土有多少是单纯由于其习性，有多少是由于具备不同内在体质的变种之自然选择，以及有多少是由于两者合在一起的作用，却是个朦胧不清的问题。根据类例推理和农书中甚至古代中国百科全书中提出的关于将动物从一个地区迁移至另一地区饲养时要极其谨慎的不断忠告，我应当相信习性有若干影响的说法。”

李约瑟是英国近代生物化学家和科学技术史专家、原英国皇家学会会员（FRS）、原英国学术院院士（FBA）、剑桥大学李约瑟研究所创始人，其所著《中国的科学与文明》（即《中国科学技术史》）对现代中西文化交流影响深远。李约瑟评价说：“中国文明在科学史中曾起过从未被认识的巨大作用，在人类了解自然和控制自然方面，中国有过贡献，而且贡献是伟大的。”李约瑟及其助手白馥兰，对贾思勰的身世背景作了叙述，侧重于《齐民要术》的农业技术体系构建，就种植制度、耕作水平、农器组配、养畜技艺、加工制作以及中西农耕作业的比较进行了阐述，并指出：“《齐民要术》是完整保留至今的最早的中国农书，其行文简明扼要，条理清晰，所述技术水平之高，更臻完美。其结果是这本著作长期使用至今还基本上是完好无损。”“《齐民要术》所包含的技术知识水平在后来鲜少被超越。”

日本是世界上保存世界性巨著《齐民要术》的版本最多的国家，也是非汉语国度研究《齐民要术》最深入的国家。日本学者薮内清在《中国、科学、文明》一书中说：“我们的祖先在科学技术方面一直蒙受中国的恩惠，直到最近几年，日本在农业生产技术方面继续沿用中国技术的现象还到处可见。”并指出：“贾思勰的《齐民要术》一书，详细地记述了华北干燥地区的农业技术，在日本，出版了这本书的译本，而且还出现了许多研究这本书的论文。”日本鹿儿岛大学原教授、《齐民要术》研究专家西山武一在《亚洲农法和农业社会》（东京大学出版会，1969）的后记中写道：“《齐民要术》不仅是中国农书中的最高峰，也是最难读懂的农书之一。它宛如瑞士的高山艾格尔峰（Eiger）的悬崖峭壁一般。不过，如果能够根据近代农学的方法论搞清楚其书写的旱地农法的实态的话，那么《齐民要术》的谜团便会云消雾散。”日本研究《齐民要术》专家神谷庆治在西山武一、熊代幸雄《校订译注〈齐民要术〉》的“序文”中就说，《齐民要术》至今仍有惊人的实用科学价值。“即使用现代科学的成就来衡量，在《齐民要术》这样雄浑有力的科学论述前面，人们也不得不折服。在日本旱地农业技术中，也存在春旱、夏季多雨等问题，而采取的对策，和《齐民要术》中讲述的农学原理有惊人的相似之处”。神谷庆治在论述西洋农学和日本农学时指出：“《齐民要术》不单是千百年前中国农业的记载，就是从现代科学的本质意义上来看，也是世界上的农书巨著。日本曾结合本国的实际情况和经验，加以比较对照，消化吸收其书中的农学内容”。日本农史学家渡部武教授认为：“《齐民要术》真可以称得上集中国人民智慧大成的农书中之雄，后世几乎所有的中国农书或多或少要受到《齐民要术》的影响，又通过劝农官而发挥作用。”日本学者山田罗谷评价说：“我从事农业生产三十余年，凡是民家生产上生活上的事，只要向《齐民要术》求教，依照着去做，经过历年的试行，没有一件不成功的。尤其关于农业生产的切实指导，可以和老农的宝贵经验媲美的，只有这部书。所以要特为译成日文，并加上注释，刊成新书行世。”

《齐民要术》在中国历朝历代，更被奉为至宝。南宋的葛祐之在《齐民要术后序》中提到，当时天圣中所刊的崇文院版本，不是寻常人可见，藉以称颂张𬭁能刊行于州治，“欲使天下之人皆知务农重谷之道”。《续资治通鉴长编》的作者南宋李焘推崇《齐民要术》，说它是“在农家最翘然出其类”。明代著名文学家、思想家、哲学家，明朝文坛“前七子”之一，官至南京兵部尚书、都察院左都御史的王廷相，称《齐民要术》为“惠民之政，训农裕国之术”。20 世纪 30 年代，我国一代国学大师栾调甫称《齐民要术》一书：“若经、若史、若子、若集。其刻本一直秘藏于皇家内库，长达数百年，非朝廷近人不可得。”著名经济史学家胡寄窗说：“贾思勰对一个地主家庭所须消费的生活用品，如各种食品的加工保持和烹调方法；如何养鱼养马；甚至连制造笔墨及其原材料等所应具备的知识，无不应有尽有。其记载周详细致的程度，绝对不下于举世闻名的古希腊色诺芬为教导一个奴隶主如何管理其农庄而编写的《经济论》。”

寿光是贾思勰的故里，我对寿光很有感情，也很有缘源，与其学术活动和交流十分频繁。2006 年 4 月，我应中国（寿光）国际蔬菜博览会组委会、潍坊科技职业学院（现潍坊科技学院）、寿光市齐民要术研究会的邀请，来到著名的中国蔬菜之乡寿光，参观了第七届中国（寿光）国际蔬菜博览会，感到非常震撼，与会“《齐民要术》与现代农业高层论坛”，我在发言中说：“此次来到中国蔬菜之乡和贾思勰的故乡，受益匪浅。《齐民要术》确实是每个研究农学史学者必读书目，在国内外影响非常之大，有很多学者把它称为是中国古代农业的百科全书，我们知道达尔文写进化论的时候，他也在书中强调，在有些篇章有些字句里面，也引用了《齐民要术》和中国农书的一些重要成果，对它给予充分肯定。《齐民要术》研究和现代农业研究结合起来，学习和弘扬贾思勰重农、爱农、富农的这样一个思想，继承他这种精神财富，来建设我们的新农村，是一个非常重要的主题。寿光这个地方有着悠久的传统，在农业方面有这样的成就，古有贾思勰、今有寿光人，古有《齐民要术》、今有蔬菜之乡，要把这个资源传统优势发挥出来”。2006 年 5 月，潍坊科技职业学院副院长薛彦斌博士前往南京农业大学中华农业文明研究院，我带领薛院长参观了中华农业文明研究院和古籍珍本室，目睹了中华农业文明研究院馆藏镇馆之宝——明嘉靖三年马直卿刻本《齐民要术》，薛院长与我、沈志忠教授一起商议探讨了《〈齐民要术〉与现代农业高层论坛论文集》的出版事宜，决定以 2006 年增刊形式，在 CSSCI 核心期刊《中国农史》上发表。2006 年 9 月，我与薛院长又一道同团参加了在韩国水原市举行的、由韩国农业振兴厅与韩国农业历史学会举办的“第六届东亚农业史国际研讨会”，来自中韩日三国的 60 余名学者参加了学术交流，进一步增进了潍坊科技学院与南京农业大学之间的了解和学术交流。2015 年 7 月，寿光市齐民要术研究会会长刘效武教授、副会长薛彦斌教授前往南京农业大学中华农业文明研究院，与我、沈志忠教授一起，商议《中华农圣贾思勰与〈齐民要术〉研究丛书》出版前期事宜，我十分高兴地为该丛书写了推荐信，双方进行了深入的学术座谈、并交换了学术研究成果。2016 年 12 月，薛院长又前往南京农业大学中华农业文明研究院，向我颁发了潍坊科技学院农圣文化研究中心学术带头人和研究员聘书，双方交换了学术研究成果。寿光市齐民要术研究会作为基层的研究组织，多年来可以说做了大量卓有成效的优秀研究工作，难能可贵。特别是此次，聚心凝力，自我加压，联合潍坊科技学院，推出这项重大研究成果——《中华农圣贾思勰与〈齐民要术〉研究丛书》，即将由中国农业科学技术出版社出版，并荣获国家新闻出版广电总局 2016 年度国家出版基金资助，入选“十三五”国家重点图书出版规划项目，可喜可贺。在策划和写作过程中，刘效武教授、薛彦斌教授始终与我保持着学术联系和及时沟通，本人有幸听取该丛书主编刘效武教授、薛彦斌教授对丛书总体设计的口头汇报，又阅读“三辑”综合内容提要和各分册书目中的几册样稿，觉得此套丛书的编辑和出版十分必要、非常适时，它既梳理总结前段国内贾学研究现状，又用大量现代农业创新案例展示它的博大精深，同时也填补了国内这一领域中的出版空白。该丛书作为研读《齐民要术》宝库的重要参考书之一，从立体上挖掘了这部世界性农学巨著的深度和广度。丛书从全方位、多角度进行了比较详细的探讨和研究，形成三辑 15 分册、近 400 万字的著述，内容涵盖了贾思勰与《齐民要术》研读综述、贾思勰里籍及其名著成书背景和历史价值、《齐民要术》版本及其语言、名物解读、《齐民要术》传承与实践、贾思勰故里现代农业发展创新典型等方方面面，具有“内容全面”“地域性浓”“形式活泼”等特色。所谓内容全面：既考订贾思勰里籍和《齐民要术》语言层面的解读，同时也对农林牧副渔如何传承《齐民要术》进行较为全面的探讨；地域性浓：即指贾思勰故里寿光人探求贾学真谛的典型案例，从王乐义“日光温室蔬菜大棚”诞生，到“果王”蔡英明——果树“一边倒”技术传播，再到庄园饮食——“齐民大宴”，及“齐民思酒”的制曲酿造等，突出了寿光地域特色，展示了现代农业的创新成果；形式活泼：即指“三辑”各辑都有不同的侧重点，但分册内容类别性质又有相同或相近之处，每分册的语言尽量做到通俗易懂，图文并茂，以引起读者的研读兴趣。

鉴于以上原因，本人愿意为该丛书作序，望该套丛书早日出版面世，进一步弘扬中华农业文明，并发挥其经济效益和社会效益。

（南京农业大学中华农业文明研究院院长、教授、博士生导师）

2017 年 3 月

序 三

寿光市位于山东半岛中北部，渤海莱州湾南畔，总面积2 072平方千米，是“中国蔬菜之乡”“中国海盐之都”，被中央确定为改革开放30周年全国18个重大典型之一。

寿光乾坤清淑、地灵人杰。有7 000余年的文物可考史，有2 100多年的置县史，相传秦始皇筑台黑冢子以观沧海，汉武帝躬耕洰淀湖教化黎民，史有“三圣”：文圣仓颉在此创造了象形文字、盐圣夙沙氏开创了煮海为盐的先河，农圣贾思勰著有世界上第一部农学巨著《齐民要术》，在这片神奇的土地上，先后涌现出了汉代丞相公孙弘、徐干，前秦丞相王猛，南北朝文学家任昉等历史名人，自古以来就有“衣冠文采、标盛东齐”的美誉。

食为政之首，民以食为天。传承先贤“苟日新，日日新，又日新”的创新基因，勤劳智慧的寿光人民以“敢叫日月换新天”的气魄与担当，栉风沐雨、自强不息，创造了一个又一个绿色奇迹，三元朱村党支部书记王乐义带领群众成功试种并向全国推广了冬暖式蔬菜大棚，连续举办了17届中国（寿光）国际蔬菜科技博览会，成为引领现代农业发展的“风向标”。近年来，我们深入推进农业供给侧结构性改革，大力推进旧棚改新棚、大田改大棚“两改”工作，蔬菜基地发展到近6万公顷，种苗年繁育能力达到14亿株，自主研发蔬菜新品种46个，全市城乡居民户均存款15万元，农业成为寿光的聚宝盆，鼓起了老百姓的钱袋子，贾思勰“岁岁开广、百姓充给”的美好愿景正变为寿光大地的生动实践。

国家昌泰修文史，披沙拣金传后人。贾思勰与《齐民要术》研究会、潍坊科技学院等单位的专家学者呕心沥血、焚膏继晷，历时三年时间撰写的这套三辑

15分册，近400万字的《中华农圣贾思勰与〈齐民要术〉研究丛书》即将面世了，丛书既有贾思勰思想生平的旁求博考，又有农圣文化的阐幽探赜，更有农业前沿技术的精研致思，可谓是一部研究贾思勰及农圣文化的百科全书。时值改革开放40周年之际，它的问世可喜可贺，是寿光文化事业的一大幸事，也是贾学研究具有里程碑意义的一大盛事，必将开启贾思勰与《齐民要术》研究的新纪元。

抚今追昔，意在登高望远；知古鉴今，志在开拓未来。寿光是农业大市，探寻贾思勰及农圣文化的精神富矿，保护它、丰富它并不断发扬光大，是我们这一代人义不容辞的历史责任。当前，寿光正处在全面深化改革的历史新方位，站在建设品质寿光的关键发展当口，希望贾思勰与《齐民要术》研究会及各位研究者，不忘初心，砥砺前行，以舍我其谁的使命意识、只争朝夕的创业精神、踏石留印的务实作风，“把跨越时空、超越国度、富有永恒魅力、具有当代价值的文化精神弘扬起来”，继续推出一批更加丰硕的理论成果，为增强国人的道路自信、理论自信、制度自信、文化自信提供更加坚实的学术支持，为拓展农业发展的内涵与深度不断添砖加瓦，为在更高层次上建设品质寿光作出新的更大贡献！

（中共寿光市委书记）

2017年3月

内容提要

本书是《齐民要术》农学文化思想研究的一项重要学术成果，内容从贾思勰的家学传承、齐鲁文化、齐鲁圣贤文化、农圣文化相关联的独特视角，科学缜密地阐述了《齐民要术》农学文化思想的渊源，对《齐民要术》农学文化思想内涵进行了按图索骥式分析解读。全书既有对理论的研究，又有实践的佐证，结构系统科学，资料丰富翔实，观点新颖，逻辑严密，论述严谨，文风朴素，图文并茂，信息容量大。

在“贾学”研究材料有限的情况下，本书既可作为学术参考资料，为专家学者的学术研究提供理论参考；又可作为科普读物，方便广大读者了解贾思勰《齐民要术》及其农学文化思想。同时，对挖掘和传承创新中华优秀传统文化，增强理论自信、民族自信、文化自信，服务经济社会发展，也具有积极和现实的意义。

前言

文化，是人类共同创造的精神财富，也是人类共同的发展基因。著名作家梁晓声曾用四句话来表述“文化”的内涵，具有一定的代表性，值得思考品味。他说，文化是一种植根于内心的修养，无需提醒的自觉，以约束为前提的自由，为别人着想的善良。一方水土养一方人。水土是有灵性的，它厚德载物，承载着人类的繁衍生息、喜怒哀乐，也承载着人类永远没有结尾的故事，但它从未索取和标榜过自己的伟大。然而，水土是伟大的。人，是万物之灵，却终不能免要食人间烟火的，因而成为一方水土之上“你方唱罢我登场”，接续不断的故事主人公。人创造了历史，也创造了无数个鲜活的经典故事，形成一个个精神标识，历久弥新，代代相传，绵延不止。这样的水土之上，无数个你我的接转相承，在岁月的长河中积淀下一种启人心智、促人精进的宝贵财富——文化。一方水土一方人，创造了一方文化，繁荣了一方经济，成为人类发展的内在源泉。在中国是这样的，在世界上也是这样的。

文化是一种生命现象的精彩流传，作为人类共有的精神财富和人类共同的发展基因，在人类发展过程中产生了不可估量的作用，成为不同区域、不同肤色、不同人种普遍认同而又各具特色的内在品质和外在标识。中华民族是由 56 个民族组成的一个大家庭，每一个地方都有其特色鲜明的代表性地方文化，每一个民族也都有着值得自己骄傲的民族特色文化，而 56 种各具特色的民族文化又共同构成了博大精深、异彩纷呈的中华文化，这是中华民族千百年来集体智慧的结晶，也是一代代先人和前贤留传给我们，以及子孙后代最珍贵的遗产，更是中华民族奉献给全人类最宝贵的精神财富。同时，中华文化也是我们中华民族生存发展、生生不息的深厚文化基础，已经深入到每一个中国人的灵魂和血液，成为中华民族的“根”和“魂”。习近平总书记曾指出，“中华传统文化是我们最深厚的软实力”。正因为中华文化的博大精深、源远流长，才以其波澜壮阔的伟大成就，奠定了中国作为“四大文明古国”之一的地位，在人类文明发展的历史长河中，又以其鲜明的特色影响了世界，改变了世界，是世界先进文化不可分割的一部分，世界文明也因为中华文化的存在而更加精彩。

山东省寿光市在中国九百六十多万平方公里的版图中，只是一个不起眼的小点，但寿光却有着“中国蔬菜之乡”“中国海盐之都”的耀眼光环，有着深厚的人文底蕴和光辉灿烂的文化历史，是一块人杰地灵的风水宝地。在寿光人世代相传的故事里面，有三位人物值得一提，他们不仅在寿光赫赫有名，就是在全国，甚至在世界范围内都是响当当的人物，这就是被寿光人誉为“寿光三圣”的“字圣”仓颉、“盐圣”夙沙氏、“农圣”贾思勰。字圣仓颉，史传是在寿光始创文字，中华文明从此开启了新的篇章；盐圣夙沙氏，相传是在寿光北部的渤海之滨“煮海为盐”，让老百姓的生活从此有了滋味；农圣贾思勰，也是在寿光完成了《齐民要术》的创作，中华农业文明由此进入了“精耕细作”的全新时代。然而，仓颉、夙沙氏都是文字记载之前传说中的人物，是否真有其人其事，众说纷纭莫衷一是。但，农圣贾思勰是地地道道的寿光人，这是专家学者已经考证认可，没有什么异议的了。然而，就是这样一位被尊称为“圣人”级的人物，在古代典籍中却没任何详细的传记或者记载，这不能不说是历史开了一个天大的玩笑，对于今天的我们来说更是一种莫大的遗憾。不过，让人们欣慰的是，贾思勰留下一部《齐民要术》，让世界震惊的同时，也让人们在迷茫中探索，一代圣人的故事和传说，或者相习已久难以割舍的那些与《齐民要术》记载相关的风俗习惯，以一种特有的文化形式在寿光甚至在中国世代相传，历久弥新……

谜一样的贾思勰，谜一样的《齐民要术》，形成了“谜”一样的“农圣文化”，诞生了“谜”一样的“中国蔬菜之乡”……

其实，“谜”底就是贾思勰和他的《齐民要术》，“谜”就是一种文化魅力，一种文化价值。为深入挖掘贾思勰《齐民要术》的文化内涵和当代价值，传承创新中华民族优秀传统文化，服务中国特色社会主义经济文化建设，本书作者以贾思勰《齐民要术》为素材来源，以古今中外专家学者的学术研究成果为参考，历经三年时间创作完成了52集文学作品《农圣贾思勰》，现已拍成三维动画片，并获得了国产电视动画片播放许可证。同时，在综合分析各家的学术成果时发现，大多局限于《齐民要术》在农学史、农业科技、生产知识方面的贡献，或者版本流传方面的研究，极少一部分是有关《齐民要术》语言和思想方面的，涉及精神文化方面的就更少了。而对于贾思勰及其《齐民要术》所形成的“农圣文化”方面的研究，就更少得可怜了，对“农圣文化”精神层面的研究则更极少有人涉及。而文化是人类传承发展的根，在浩如烟海的文化宝库中最可贵的“软实力”则是精神。

鉴于此，本书作者对《齐民要术》进行了全面深入的研究，从文化的界定，贾思勰《齐民要术》的体例、内容，以及贾思勰的家学传承等着手，结合相关史料，深刻分析了《齐民要术》农学文化思想，也即“农圣文化”形成的渊源，总结了《齐民要术》农学文化思想的特点和基本内涵，结合“农圣文化”在其发源地——山东省寿光市具有典型的代表性实践，对《齐民要术》农学文化思想内涵作了按图索骥式的归纳、分析和解读，方便读者在了解“农圣文化”的同时，能够触类旁通，并由此深刻体会中华文化的博大精深和强劲的生命力，从而增强对中华文化的文化自觉和文化自信，以高度的责任感、紧迫感和“踏石留印，抓铁有痕”的实际行动，积极投身于传承中华优秀传统文化的行列和伟大进程，为实现中华民族伟大复兴的“中国梦”作出自己应有的贡献。

全书共 15 章，第 1~4 章主要介绍研究对象、研究内容，《齐民要术》农学文化思想的形成基础（贾思勰的家学传承情况研究），第 5~6 章主要研究《齐民要术》（贾思勰）农学文化思想的特点、内涵，以及在其发源地的创新实践情况。第 7~15 章是全书重点，主要以《齐民要术》为关键依据，结合古今中外历史事实，详细解读了《齐民要术》农学文化思想 9 个方面的基本内涵，为读者深入理解、传承创新包括“农圣文化”在内的中华优秀传统文化提供参考。附录部分为读者提供了一些与本书相关的具体史料。

该书既可作为学术资料，为专业人士研究贾思勰《齐民要术》和农学文化思想提供重要参考，又可作为科普读物，为广大读者了解、学习“农圣文化”以及中华民族优秀传统文化提供帮助。

本书在编写过程中，借鉴了众多专家学者的文章和研究成果，参考了网络诸多现成资料，限于篇幅难以一一列举，书中附有参考文献或资料来源情况说明，若有疏漏或错讹之处也敬请谅解，作者在此一并表示最诚挚的谢意。同时，也感谢潍坊科技学院、中国农业历史学会贾思勰与《齐民要术》研究会领导、同仁的大力支持，感谢中国农业历史学会、山东农业历史学会给予的学术支持，感谢中国农业科学技术出版社领导、责任编辑对选题、编印等工作的支持帮助，感谢国家出版基金对该书出版的立项资助……

由于受资料、个人研究水平、时间等诸因素影响，书中难免存在错漏与不足，部分观点也可能存在一定的局限或值得商榷的地方，读者参考时可作适当取舍。同时，也欢迎各位专家学者和读者朋友批评指正。

著　者

2016 年 12 月

目录

第一章

文化简识

什么是文化?《齐民要术》到底有什么文化内涵?作为一个处在封建社会底层的地方官吏，贾思勰文化基础如何，他的学识修养又是从何而来?有没有一定的家族背景?怎么就可以认定《齐民要术》这么一部农书具有积极而深远的文化内涵呢?难道贾思勰真的是“圣人”，有着超前眼光和创造文化的诸多本事?……这一系列的问题相信对文化感兴趣的人都自然会产生疑问。

因此，为便于读者深入理解贾思勰《齐民要术》中农学文化思想的丰富内涵，有必要先厘清一下文化的概念。

文化，是一个既抽象又具体的社会学概念。说“文化”抽象，是因为有的时候一些文化还真是看不见摸不着的，它就像是人们思想中固有的一种秉性一样，说不出个所以然来，但就是应该这么做或者是这么来，是“生就的骨头造就的肉”，不这么做或者这么来反倒行而不通或者通而不过。这其中有没有理由呢?没有。其实，没有原因也就是原因所在。那到底是什么原因呢?应该说，是文化的作用，是长期以来人们约定俗成的，凝结在物质之中又游离于物质之外的，能够被传承的国家或民族的历史、地理、风土人情、传统习俗、生活方式、文学艺术、行为规范、思维方式、价值观念等，它是人类之间进行交流的，普遍认可的一种能够传承的意识形态，是流淌在人们血液中已经内化成自觉行为的一种人文基因，正如中国传统经典《周易·易传》里所说的“百姓日用而不知”。譬如，中国传统文化中的“五常”：仁、义、礼、智、信，就是中国人传统思想中用来调整、规范人伦关系的一种行为准则，做到了大家都点赞，做不好或者做不到，就会受到人们的指责或者谴责。世界上的文化多种多样丰富多彩，有国家的、民族的、区域的文化等等，而“五常”理论体系作为中国传统文化的一部分，塑造出了中国人鲜明的精神特质，是中国文化的一种凝练表达，丰富了人类文化的内涵，乃至人间精彩。

说“文化”具体，是因为有些时候文化又是真实、具体而可感可知的，譬如东、西方人的一些生活观念、行为习惯，等等，再如男人穿裙子的风俗，也门男子穿短裙，印度南部的图塔人男子也系围裙，易洛魁人男子穿鹿皮短裙，霍比人男子穿白棉布短裙，缅甸、泰国泰族男子穿筒裙，英国的苏格兰人男子喜欢穿花格短裙，等等；南太平洋国家如萨摩亚、斐济等国，男子普遍穿裙，而我国少数民族中也有部分傣族男子穿裙。这些都是能真切地感受得到的，是文化传统不同、文化心理不同的原因造成的。其实，这就是文化，这就是文化的魅力和作用。

“人类学之父”英国人泰勒（Edward Burnett Tylor）曾提出：“文化或文明，从人种论的观念来看，是一个整体的复合物，包括知识、信仰、艺术、道德、法律、风俗以及人作为社会一员所得到的一切其他能力和习惯。”的论断，后来他在此基础上增加了“技术和物质文化的发展”，使文化的定义更加准确（图1-1）。

图1-1 “人类学之父”英国泰勒（Edward Burnett Tylor，1832—1917）及其著作

在中国语言系统中“文化”是古已有之的词汇，“文”的本义，是指各色交错的纹理。《周易·系辞下》载：“物相杂，故曰文。”《礼记·乐记》称：“五色成文而不乱。”《说文解字》称：“文，错画也，象交叉”均指“文”之本义。后人在此基础上，又引申出“文”的若干义项，如包括语言文字内的各种象征符号，进而具体化为文物典籍、礼乐制度。《尚书·序》所载伏羲画八卦，造书契，“由是文籍生焉”，《论语·子罕》所载孔子说“文王既没，文不在兹乎”（图1-2）。另如，由伦理说而引申出的彩画、装饰、人为修养之义，与“质”“实”相对称，所以《尚书·舜典》疏曰“经纬天地曰文”，《论语·雍也》称“质胜文则野，文胜质则史，文质彬彬，然后君子”。再如，引申出有关人的美、善、德行之义，《礼记·乐记》所谓“礼减而进，以进为文”，郑玄注“文犹美也，善也”，《尚书·大禹谟》所谓“文命敷于四海，祗承于帝”（图 1-3，图 1-4）。

图 1-2　儒学创始人：大成至圣孔子像

“化”，本为改易、生成、造化之义。《庄子·逍遥游》“化而为鸟，其名曰鹏”，《易·系辞下》“男女构精，万物化生”，《黄帝内经·素问》“化不可代，时不可违”，《礼记·中庸》“可以赞天地之化育”等等。后来，“化”又引申为教行迁善之义，而“文”与“化”并联使用，较早见之于《易·贲卦·象传》“（刚柔交错），天文也。文明以止，人文也。观乎天文，以察时变；观乎人文，以化成天下”，表明“文化”一词在我国早已使用。

中国学者梁漱溟认为，“文化，就是吾人生活所依靠之一切”，包括精神生活、物质生活和社会生活三方面的内容。胡适对文化与文明的概念进行了区分，他认为文明（Civilization）是一个民族应付她的环境的总成绩，而文化（Culture）则是文明所形成的生活的方式。梁启超认为文化是“人类心能所开积出来之有价值的共业”或“人类思想的结晶”。钱穆认为，“文化是指时空凝合

图 1-3　曲阜孔庙大成殿前庄严肃穆的孔子诞辰纪念仪式

图 1-4　中华文化薪火相传的重要仪式——祭孔大典

的某一大群的生物之各部门各方面的整一全体。”1982 年，在墨西哥召开的世界文化政策会议，对文化的含义作了“文化是体现出一个社会或一个社会群体特点的那些精神的、物质的、理智的和感情的特征的完整复合体。文化不仅包括艺术和文学，而且包括生活方式、基本人权、价值体系、传统和信仰……”的描述，得到了世人的普遍认可。

因此，我们可以说文化是人类在历史发展进程中创造，并随时代的发展不断充实、完善、融合、积淀而化成的。文化是人类社会所创造的一切成果和人类生活的各个方面，文化是推动人类不断向前发展的重要源动力。因此，从文化的形成上看，文化既有其鲜明的个性特色，又具有相同或相似的共性。从人类文化发展的历史来看，没有自己的特色和个性的文化，最终将被人类发展的历史潮流所淘汰而消失。

中华民族具有 5000 多年连绵不断的文明历史，创造了博大精深的中华文化，为人类文明进步作出了不可磨灭的贡献，这是世人皆知有目共睹的。中华文明同世界各国人民创造的丰富多彩的文明一道，为人类提供了正确的精神指引和强大的精神动力，这是为世界发展历史所证明，并仍然在不断地证明着的事实。中华文化积淀着中华民族最深沉的精神追求，是中华民族生生不息、发展壮大的丰厚滋养；中华优秀传统文化是中华民族的突出优势，是我们最深厚的文化软实力；中国特色社会主义植根于中华民族优秀传统文化的沃土，反映了中国人民意愿，适应了中国和时代发展的进步要求，有着深厚的历史渊源和广泛的现实基础。

中国传统文化博大精深，既是建设中国特色社会主义的文化支撑，也是建设中国特色社会主义和谐家庭，创造幸福美好生活的根本和基础。学习和掌握其中的各种思想精华，既是每一个中国人义不容辞的义务，又对每一个中国人树立正确的世界观、人生观、价值观有很大益处。纵观世界历史风云，在中华民族艰难而辉煌的发展历程中，中华优秀传统文化薪火相传、历久弥新，始终为国人提供着精神支撑和心灵慰藉，培养和塑造了中国人的浩然之气以及忍辱负重、克艰攻难、坚强不屈、卓然挺立的形象，形成了中国人特有的精神特质和文化心理。在世界风云变幻的当下，中华民族优秀传统文化正以其更加淡然和自信的力量，引起世界的关注。而历史和现实也以其无比丰富的经验和毋庸置疑、不可辩驳的结论告诉我们，学史可以看成败、鉴得失、知兴替；学诗可以情飞扬、志高昂、人灵秀；学伦理可以知廉耻、懂荣辱、辨是非。

习近平总书记在中共中央政治局第十三次集体学习时的讲话强调，中华文化源远流长，积淀着中华民族最深层的精神追求，代表着中华民族独特的精神标识，为中华民族生生不息、发展壮大提供了丰厚滋养。抛弃传统、丢掉根本，就等于割断了自己的精神命脉。不忘本来才能开辟未来，善于继承才能更好创新。要讲清楚中华优秀传统文化的历史渊源、发展脉络、基本走向，讲清楚中华文化的独特创造、价值理念、鲜明特色，增强文化自信和价值观自信。这是时代发展和中国道路上的文化传承，也是中国向世界人民的自信宣言，更是对每一个中国人的良知启发与精神唤醒。

增强文化自信，发展和繁荣中华民族的优秀传统文化，已经成为我们中华民族在强国之路上阔步前行的先决条件，也成为推动中华民族克艰攻难、创新发展、走向繁荣，实现中华民族伟大复兴“中国梦”的动力之源。

第二章

解读贾思勰和《齐民要术》

第一节 “农圣”贾思勰

一、贾思勰其人之“谜”

贾思勰，世界古代农学巨著《齐民要术》的作者，生活在中国南北朝时期（北朝）北魏后期，由于古代史籍无传，其生卒年月、详细身世和经历缺乏记载，是一个典型的“人以文传”的人物（图 2-1，图 2-2）。关于贾思勰的相关信息，我们只能从他撰写的《齐民要术》里找到一些蛛丝马迹，勾勒出贾思勰的形象。《齐民要术》卷首书有“后魏高阳太守贾思勰撰”字样，从中我们至少可以得到以下确切信息。

一是，《齐民要术》的作者。综合历史典籍和各家版本的研究，从全书的署名看，可以毫无疑问地肯定《齐民要术》的作者就是贾思勰。

二是，贾思勰生活的时代——后魏。后魏即后代史书中所称的北魏，而后魏是后世对北魏的习惯称法。北魏是由鲜卑族拓跋氏于公元 386 年在我国北部（初期设都于代，后来迁至大同，孝文帝改革后迁都至洛阳）建立的一个封建王朝，也是南北朝时期北朝第一个朝代，公元 534 年北魏分裂为东魏（推元善见为帝，史称孝静帝）和西魏（推元宝炬为帝，史称文帝）。东魏、西魏存在的时间都不长，并且都自诩为后魏的正统继承者，正史书一般以东魏为正统。公元 550 年高洋灭东魏，建立北齐政权；公元 557 年宇文氏灭西魏，建立北周政权。北齐、北周也都是短命王朝，存在时间不过 20 多年。由北魏存在的时间，结合贾思勰“北魏高阳太守”分析，我们可以肯定，贾思勰就生活在从北魏建国到北齐灭亡这段时间里。

图 2-1　济南泉城广场文化长廊的贾思勰雕塑

图 2-2　52 集原创三维动画片《农圣贾思勰》中贾思勰儿时、青年和老年时期的卡通形象

三是，贾思勰的任职地域及官职——高阳太守。在官员体制和用人制度上，北魏施行的是与三国曹魏时期一样的“九品中正制”。“九品中正制”又称“九

品官人法”，主要是根据家世（家庭出身和背景）、行状（个人品行才能）、定品（确定品级）三方面内容选拔人才，将人才确定为上品、中品、下品三个类别，共有上上、上中、上下、中上、中中、中下、下上、下中、下下九个品级。曹魏时期“九品中正制”的特点是任人唯才，还算是正常的，但到了北魏时期，这一制度逐渐演变为任人唯亲唯贵不唯才的畸形用人制度，等级森严的门阀制度形成了“上品无寒门，下品无士族”的局面。

太守一职是北魏地方官吏中一个“郡”的主要官员，《四库全书·齐民要术·后序》“谓古今亲民之官，莫如守令。故守令皆以劝农为职”而郡之守官又分为上郡太守（北魏官制第四品职）、中郡太守（北魏官制第五品职）、下郡太守（北魏官制第六品职）三个层次，官秩公田食租 10 顷。根据北魏官制，太守之职上有刺史，下有令长，未能实际治民，所以大多是空有其名的。

根据现已掌握的历史文献资料推理考证，学界普遍认同贾思伯、贾思同、贾思勰都是“齐郡益都”（治所包括今淄博市临淄区、潍坊市青州市、寿光市的大部分范围）钓台里（今寿光市城区南李二村）人，是同属寿光贾氏家族的同辈兄弟。贾思伯最后官至太常卿（北魏正三品职，相当于祭祀部部长），兼任度支尚书（北魏正三品职，相当于国务院财政部长），贾思同最后官至散骑常侍（北魏从三品职，相当于顾问院总顾问长）、兼任七兵尚书（相当于国务院国防部长），又任过侍中（北魏三品职）。联系北魏的用人制度，考虑贾思伯、贾思同官位权势，在没有其他证据材料的情况下，我们不排除贾思勰也是因为同族兄弟贾思伯、贾思同的关系，才有机会担任高阳太守的可能性。

“高阳太守”一职是贾思勰仕途中最高也是最后的一个，而且是一个空有其名的闲职而已。因为按照中国史书编写的惯例，显赫人物传中或多或少必然会涉及同族上下对其有着重要影响的一些关系人，一则显示望族之百世其昌，二则体现同族之优秀，也为传主人增添色彩。如在《魏书》①卷八十一之《列传》第六十九“刘仁之”条中，记有“其先代人，徒于洛。父尔头，在《外戚传》。”再查《魏书·外戚传》“刘罗辰”条，果然记有刘罗辰“子尔头，位魏昌、瘿陶二县令，赠巨鹿太守。子仁之，自有传。”虽寥寥数语，但已将酷吏刘仁之的外戚裙带关系等身世交待得清楚明白。再如《魏书》卷七十二之《列传》第六十“贾思伯”条，记载：“贾思伯，字士休，齐郡益都人也。世父元寿，高祖时中书侍郎，有学行，见称于时”，就交待了他的伯父贾元寿官职和学问德行情况。同时，《贾思伯传》文末还记有：“子彦始，武定中，淮阳太守。”说明他的儿子叫贾彦始，武定年间，任职淮阳太守的事情。此外，就连贾思伯的兄弟贾思同，

① 《二十四史全译·魏书》汉语大词典出版社，2004 年版，下文凡引用《魏书》资料者皆同，不另注

也因为官居要职，并且是皇帝侍讲等原因，在《贾思伯传》后再立《贾思同传》，从而彰显了贾氏一门的荣耀和地位，这是史家惯用之法，也是世人通用之法。但《魏书》在记述《贾思伯传》《贾思同传》时独独对贾思勰只字未提，按照中国传统文化意识观，如果贾思勰同贾思伯、贾思同是“一门三英”，因为“高阳太守”的职位，也一定是要入传的，没有将贾思勰入传就有悖常理，这一反常写法也为我们提供了一个了解贾思勰真实情况的重要信息。因此，如果从家庭关系的角度分析，贾思勰一定不是贾思伯、贾思同关系至亲的亲兄弟，或许是堂兄弟也未可知。此外，我们还可以判断，贾思勰在当朝所任官职极有可能不是要职或显职，很大程度上说应该就是一个空有其名的闲职。试想若为实职，作为地方官吏的管理之职、督课之责是相当繁重的，根本不可能有如此宽裕的时间去写这样一部煌煌巨著，否则在《贾思伯传》中也应当会提及的。

在中国古代经济社会，农业虽然是国家根本、治国之基，但作为统治阶级教化百姓和思想统治的文化典籍来说，相对统治者而言农书之类的地位和价值，是根本无法与统治阶级奉为经典的儒家学说相比的。因此，农书之类的书籍在当时还是登不了大雅之堂的，更何况贾思勰的《齐民要术》在当世（因尚属简牍类书，其篇幅长、体制大、重量沉的现实情况，实属不便流传）也未必广为流传，据《四库全书·齐民要术·后序》载“《齐民要术》非朝廷要人不可得”。当时只有那些朝廷官员才有可能得到，其作用当然也是官吏履行督课之责，但我们仍可见《齐民要术》价值之所在。试想，就是传到老百姓手里，在封建专制、文化专享的古代社会，又有多少百姓能读得了《齐民要术》？更不用说读得懂，用得上了。

二、贾思勰身份之“谜”

由于历史资料的匮乏，贾思勰的身份一直是个“谜”，其实相对于《齐民要术》这样一部农学巨著来说，贾思勰到底是谁倒不是那么重要了，但从学术角度研究《齐民要术》，特别是对《齐民要术》农学文化思想进行研究，就很有必要对贾思勰其人进行一些相关的研究，这对传承创新《齐民要术》农学文化思想，让其发挥更大的作用也更加有利。

关于贾思勰的身份，学界有一个基本认同的观点，即认为贾思勰是集官僚、知识分子、地主三重身份于一身的一个历史人物。一方面，《齐民要术》引用古代经典著作 150 多部（种），数量之多，内容之精细，堪为今人之楷模，这也充分反映了贾思勰对古代经典著作的熟识，以及藏书的丰富，是贾思勰作为古代知识分子的有力证明；第二，贾思勰在《齐民要术》的“自序”署“北魏高阳太守贾思勰撰”，从具体的时代、地域、官职等级等关键处，非常清楚地点明了贾思勰官员身份；第三，纵观《齐民要术》全书，贾思勰在记述作物种植、土地经营等方面，动辄以“亩”以“顷”为单位计算，虽然北魏朝廷实行了“均田制”，男女都有授田可耕，但在社会动荡时期，对于一个贫困的农家来说，能够使用这样大的度量衡进行家庭或农业生产的计算单位，是让人根本无法想象的。这不仅显示出贾思勰绝不是一般的农家子弟，也说明了贾思勰拥有大量土地资产、财产，甚至他自己家里还曾养过200多只羊，这在北魏社会动荡的现实情况下，一般人家生存都成问题，对于这样庞大的家庭养殖来说根本无力能及。

此外，贾思勰在“自序”里面说，《齐民要术》的写作是为了“晓示家童”“故丁宁周至，言提其耳，每事指斥，不尚浮辞”，又据缪启愉先生考证，古代对家奴中的小儿用“童”字，而对自己亲生的小儿女一般是用“僮”字，并且在原书里也能找到这样的例证，等等。由此判断，贾思勰的地主身份也昭然若示。同时，这从《齐民要术》所包含的文化思想、农学思想、经营思想等也均能得到充分证明。本书重点研究贾思勰《齐民要术》之农学文化思想内涵，故对文化思想之外的领域不作探讨。

其实，如果我们想进一步全面说明贾思勰的身份，还可以再加上全面的农业技术专家、精明的商人、朴素的思想家、食品加工和酿造专家、烹饪专家、经学专家等。因为，通过深入研究《齐民要术》可知，凡是书中有详细记载的技术内容，从论述的专业性、科学性、前沿性，技术运用的规范性、实用性、熟练性等方面看，贾思勰都可以称得上是专家，《齐民要术》作为一部古代的“农业百科全书”，涉及农、林、牧、渔、副等现代大农业生产的各个方面，内容庞杂，不一而足，故也不多论。

如果客观的评价贾思勰，可以说贾思勰出仕治学，躬耕田畴，至少曾任过“高阳太守”一职，他“身居一郡，博识宏通”，足迹遍至今河南、山西、河北、山东等地，积累了丰富的农业生产实践经验。贾思勰主张“民生在勤，勤则不匮”，认为农业是人民衣食之本，也是富国安邦之本，倡导“食为政首”“要在安民，富而教之”，强调“力能胜贫，谨能胜祸”，农业生产应“顺天时，量地利”“任情返道，劳而无获”，他把商业流通看作是“益国利民，不朽之术”，主张节约，反对奢靡浪费。辞官后，贾思勰“采捃经传，爰及歌谣，询之老成，验之行事”，历时约11年或更长的时间写成农学巨著《齐民要术》，在我国乃至世界农业科学技术史上都有极其重要的地位，被誉为“中国古代农业百科全书”，贾思勰也被世人尊为“农圣”。

三、关于“农圣”冠名之“谜”

《周易·文言》对圣人的品行有一段描述：“夫大人者，与天地合其德，与日月合其明，与四时合其序，与鬼神合其吉凶。”此所谓“大人”即圣人。意思是说，圣人能与天地品德相接合，能与日月的光明相接合，能与一年四季的顺序相接合，能与鬼神般的吉凶相接合。可以看出，圣人观念是中国传统文化中极为重要的观念之一，它既是人生最高的修养目标，又反映出了中国文化的价值观和人学观，如果一个人做人做到了圣人境界，也就达到了人生的极致。我们有什么理由对贾思勰冠以“农圣”呢？那为天下黎民百姓尝遍百草，教以农耕的神农氏又以何名冠之呢？

首先，神农氏是中华民族上古历史传说中的人物，究其实未必真有其人，或者是一个族群的集体称谓。而贾思勰虽然历史记载匮乏，但一部《齐民要术》足见其身其影。此外，学术界和社会各界也皆有定论，现举其要者简列于下。

（一）关于“农圣贾思勰”的界定

关于圣人的概念，在民间是根据不同的价值取向，或者从不同的目的出发，从而确定了很多不同判断标准，有一些标准甚至很不严格，根本不具有权威性。但在学术领域，确定一个人是不是圣人，就需要一些严格的标准，否则其说服力就不够，其影响力就不大，其产生的效益就受到影响。2010 年 5 月，山东省社会科学界联合会党组书记、副主席，研究员，政协山东省委员会常委，中华文化标志城专家咨询委员会委员，山东省社会科学优秀成果评选委员会副主任，山东省社会科学规划领导小组成员，山东省科学技术协会常委，山东省文学艺术界联合会委员刘德龙、李海萍等编著的《‘齐鲁十二圣’文化现象研究与人物传略》① 中（图 2–3）按照四类标准，即：第一，思想、学说、理论或技艺的原创性，也就是所提出的思想理论体系，所创立的学派，应是开创性的，或具有里程碑意义的；所作出的重大发现、技术创造或发明，应该是原创性的。第二，思想文化成就的至高性，即所作出的贡献与成就，应该在相关的领域达到了最高水平，最具有代表性。第三，影响范围的持久性、广泛性，即所作出的贡献，产生的影响应该是重大的，而且是长期的、持久的；其影响范围可以是世界性、全国性的，或者是区域性、领域性的，但都应该是广泛的、深远的。第四，成就的相对突出性，即所作出的成就相比于国内，甚至于国外都是相当突出的，在一定领域是权威，具有不可估量的价值和地位。把管仲、左丘明、孔子、孙武、鲁班、墨子、扁鹊、孟子、刘洪、诸葛亮、王羲之、贾思勰等在山东历史，乃至在中国或世界历史占有重要地位的十二位名人称为文化圣人，提出了“齐鲁十二圣”概念，并按时间顺序明确为商圣管仲、史圣左丘明、文圣孔子、武圣孙武、工圣鲁班、科圣墨子、医圣扁鹊、亚圣孟子、算圣刘洪、智圣诸葛亮、书圣王羲之、农圣贾

① 齐鲁书社 2010 年出版，山东省社会科学规划研究重点项目

思勰，这一观点得到社会各界人士的普遍认同。

图 2-3 刘德龙、李海萍等编著的《‘齐鲁十二圣’文化现象研究与人物传略》书影

（二）关于圣人文化的学术研讨

2015 年 5 月 16—17 日，由光明日报社、中共山东省委宣传部、山东省社会科学界联合会、中共山东省委党校、大众报业集团、山东社会科学院、山东广播电视台主办，山东师范大学承办的“山东社科论坛——齐鲁文化传承与创新研讨会”在山东师范大学举行（图 2-4）。“齐鲁十二圣人思想的时代价值”是其中的重要论题，“农圣贾思勰”是“齐鲁十二圣人”之一，中国社会科学网等纷纷进行转发。论坛共收到论文 229 篇，入选论文 127 篇，参加研讨会的专家学者 150 多名。山东省内绝大多数高校、党校、社科研究机构都有作者与会，国内外 30 多位著名文化专家和汉学家都在沙龙和研讨会作专题报告或发言。中共中央党校原副校长、中共中央直属机关侨联主席李君如，日本驻青岛总领事馆总领事远山茂，德国波恩大学教授沃尔夫冈·顾彬，高雄师范大学经学研究所原所长、教授黄忠天，华侨大学原校长、国务院参事室研究员、中国中外关系史学会会长丘进，中国社会科学院历史研究所所长卜宪群，山东省原政协副主席、山东师范大学齐鲁文化研究院院长王志民，山东师范大学齐鲁文化研究院教授仝晰纲等作主题报告；邓国光、杜永寿、白奚、晁天义、崔乐泉、杨祥全、杨建营、田建国、张文珍、翟奎凤、朱德发、杨守森、王京龙、曹莉等专家学者与来自山东省高校、党校、社科研究机构的专家学者进行了互动研讨。

图 2-4　山东社科论坛——齐鲁文化传承与创新研讨会现场

注：资料来源于山东师范大学官方网站

（三）“中华农圣贾思勰”概念的提出

“中华农圣贾思勰”概念的提出，是根据中华优秀传统文化特点，在传承创新中华优秀传统文化的基础上，结合地域文化特别是“齐鲁文化”的发展及特色，对以贾思勰《齐民要术》为载体的“农圣文化”的一个理论创新，其创新原则既包括国际社会对中国文化一贯提法的综合和提升，也包括对“农圣文化”在国内国际实际影响的综合考量，最重要的是体现了中华民族命运共同体，中华文化同宗同源一脉相承的历史事实，其由来在贾思勰家乡——山东省寿光市，甚至山东省、全国范围内都有着广泛的实践和影响。2015 年底，《中华农圣贾思勰与〈齐民要术〉研究丛书》[①] 在申报国家出版基金立项资助的过程中，国家新闻出版广电总局通过了对“中华农圣贾思勰”的审议，“中华农圣贾思勰”最终得以确立。其实在贾思勰的家乡有许多具体的实践，也充分证明了“中华农圣贾思勰”这一概念已经得到广泛而事实上的应用，且已经为社会普遍认可，为进一步证明这一事实，现列举几个最具代表性事件予以说明。

1. 中国（寿光）国际蔬菜科技博览会

中国（寿光）国际蔬菜科技博览会（简称寿光菜博会）由中华人民共和国农业部、商务部、科学技术部等部委与山东省人民政府联合主办，潍坊市人民政府、寿光市人民政府承办。自 2000 年以来，菜博会已成功举办 17 届，先后共有来自 50 多个国家（地区）和国内 30 个省（区、市）的 2200 多万人次参展参会，实现各类贸易额约 1 919亿元，在国内外蔬菜产业及相关产业领域产生广泛影响，带动了地方产业经济的转型发展，创造了良好的经济和社会效益，成为全国规模

① 以下简称《丛书》

最大最具影响力的国际性蔬菜产业品牌展会，国家 AAAAA 级农业专业展会（图 2-5，图 2-6）。

图 2-5　第十七届中国（寿光）国际蔬菜科技博览会开幕式盛况

注：资料来源于中国（寿光）国际蔬菜科技博览会官方网站

图 2-6　游客如织的中国（寿光）国际蔬菜科技博览会现场

注：资料来源于中国（寿光）国际蔬菜科技博览会官方网站

2. 中华农圣文化国际研讨会

中华农圣文化国际研讨会是中国（寿光）国际蔬菜科技博览会的重要组成部分，又是中华农圣文化节的重要内容之一。研讨会由中华农圣文化节领导小组、中国（寿光）国际蔬菜科技博览会组委会主办，潍坊科技学院、寿光市齐民要术研究会承办，是一个国际性的现代农业高端学术论坛，研讨会旨在弘扬传统农业文化，传播现代农学思想，发展现代农业科技，促进农业国际交流与合作，推动现代农业的发展与进步。自 2010 年至今，已连续成功举办了 7 届，来自世界五大洲40多个国家的1 000多位专家、学者和众多主流媒体参会，取得丰硕的研讨成果，已成为有较大影响的国际性农业学术文化交流峰会（图2-7）。

图2-7　2016年5月11—12日在潍坊科技学院召开的第七届中华农圣文化国际研讨会现场

注：资料来源于潍坊科技学院新闻中心

四、关于贾思勰任职高阳郡所在属地别论

贾思勰究竟担任哪一个高阳郡的太守？历来争议颇多。查《魏书·地形志》可以知道，北魏时有两个高阳郡，一个是当时青州所辖的高阳郡，领县五，人口17 667人；一个是当时瀛州所辖的高阳郡，领县九，人口140 107人，是比青州高阳郡大得多的一个郡治，当属上郡规模。这一规模与人口，是我们考证贾思勰任职高阳郡不可忽视的重要前置信息之一。如果我们再去考究一下与贾思勰同族的贾思伯、贾思同兄弟二人，还会有惊人的发现。

贾思伯、贾思同兄弟二人官居高位，权倾朝野，而且又都做过皇帝的侍讲，可谓是皇帝身边的红人。朝里有人好做官，这是今天人们时常挂在嘴边的一句俗话，其意思无非是说一个人的前程与自己身边的亲朋好友有着较大关系，如果一个人在城里边有亲朋好友，或者有亲戚朋友的官职做得足够大，那么，从一定意义上讲这个人的前程有极大可能是顺风顺水、一路坦途。联系北魏“九品中正制”的用人制度，我们会对世俗的这一说法找到很多例证。可以想象，有着如此显赫家世的贾思勰，即便做的是空有其名的闲职太守，也不至于是中、下郡的太守，因此有理由相信贾思勰所任的高阳太守，应该是河北瀛州的高阳郡太守。梁家勉教授的考证从推理到史料分析符合逻辑推理，也颇具道理，结论也与此同，可参考。栾调甫教授认为贾思勰与贾思同是同一个人，不可取。还有其他学者考证贾思勰为他人者，则更不可取。

基于以上分析，在社会普遍认为贾思勰所任职高阳郡是今淄博市临淄区境内的高阳郡情况下，笔者从社会学、关系学等角度出发进行分析，提出以下几点线索和不同看法以供商榷。

（一）著述原则线索

贾思勰在《齐民要术·序》中曾言及“其有五谷、果、蓏非中国所殖者，存其名目而已；种莳之法，盖无闻焉。舍本逐末，贤哲所非，日富岁贫，饥寒之渐，故商贾之事，阙而不录。花草之流，可以悦目，徒有春花，而无秋实，匹诸浮伪，盖不足存。”这几句的核心意思为：不是自己国家所产的“只存其名目”，原因是自己没有听说过，不知道，所以不写。对于投机倒把的商业活动，因为“贤哲所非”，更主要的原因是有风险，是“饥寒之渐”的根源，所以他也“阙而不录”。对于花草之流，贾思勰认为是些浮华虚假的东西，不值得记录保存。纵观全书，“皆余目所亲见，非信传疑”“已尝经试”等语句所表达出的意思，及所记内容也无一例外地印证了这一原则，可见贾思勰是行言一致的。这些坦诚直白的表达，充分体现了贾思勰实事求是的原则精神，因此，一定程度上我们既可以看作是贾思勰著书的基本原则，也可以说是贾思勰为人处事的原则。

基于此，我们有理由相信，对于道听途说或者穿凿附会的东西，贾思勰是不会轻易入书的。以此为依据，贾思勰在《齐民要术》中述及的可考地名，便不可能是随便听来即入书的，如辽宁的昔阳一带、河北的渔阳、北京的密云等地，相对贾思勰出生的“齐地”寿光来说，可谓遥之又远，若非亲到或亲临彼地不远之处，亲耳所闻或亲眼所见，对当地之事恐怕难知其周详，难以如数家珍般写入书中，否则就违背了贾思勰的原则，是不可以入书而明其名的（图2-8，图2-9）。由此讲，若为临淄之高阳，在当时条件下要想涉地远如此者必不可能。

（二）处境与身家关系线索

近朱者赤，近墨者黑，这是我国古代先贤从生活哲学的意义上，对一个人与其所处环境关系的科学论断，反映了环境对人的能动性影响作用。“‘鲍鱼之肆，不自以气为臭；四夷之人，不自以食为异：生习使之然也。居积习之中，见生然之事，夫孰自知非者也？’斯何异蓼中之虫，而不知蓝之甘乎？”这是贾思勰在《齐民要术·序》中的观点，其道理与传统意义上“近朱者赤，近墨者黑”是相通的，而贾思勰的论述则更加深入具体。基于这样的理论基础，我们来看一下贾思勰生活时代所处的情况：贾思勰作为高阳郡的父母官，可以说，他上有浩荡皇恩，也即北魏朝廷对他信而任之的知遇之恩，中有望族贵亲，也即显赫于朝的贾思伯、贾思同两位兄长的影响和威势所在，对下有黎民百姓的生死之忧所系，对己有前途发展之攸关，四者对贾思勰形成一种思想上压力和行为上的自然约束。加之，儒学作为经过汉朝王权确立与推崇的显学，已成为人们生活的思想指南和行为圭臬，全面而深入地影响着人们的一切活动。

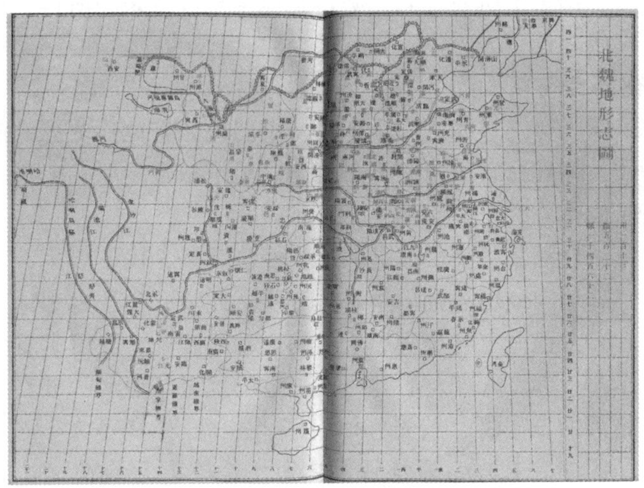

图 2-8 北魏地形志图

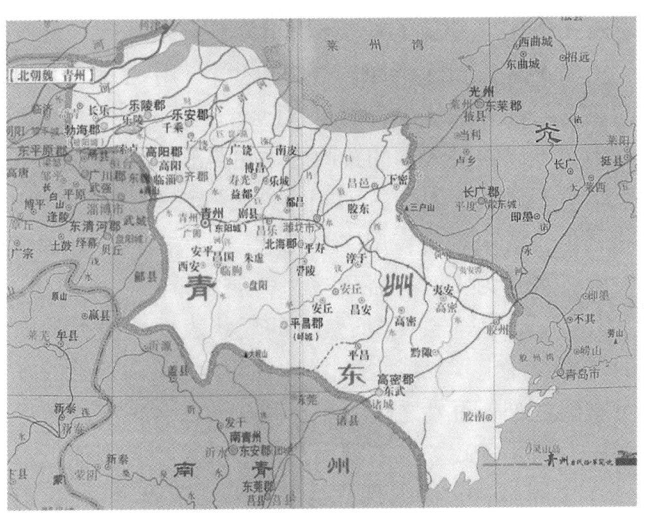

图 2-9 北朝北魏时期青州图

贾思勰是一个饱读诗书之人，自然深知儒学中对“仁”“爱”的重视，是关系一个人的声名与发展的重要方面。因此，从这样的意义上讲，贾思勰绝不可能对上置朝廷“圣意”于不敬，而失大礼；对下，置百姓死生于不顾，而失大仁；对中，置兄长职权利弊于不惜，而失大义；对己，置个人仕途发展于不爱，而失大计，有此闲情逸致云游四方。既熟读诗书又深明事理，若不是任职所在地的辖域之内，在北魏时期动荡不安的社会环境下，贾思勰是没有机会能够四处闲适而游的。由此，贾思勰书中所述地名，必定是他亲至或者亲闻所得，更多的可能是其为官一方的辖内之地。

（三）社会原因线索

国家兴亡，匹夫有责。作为一个饱读诗书的地方官吏，贾思勰深知国家灾难之际，也就是作为朝廷命官的自己挺身而出、勇于担当之时。无论古今中外，可以说这是任何一位有志之士的必然之举。

北魏末期，社会动荡不安，战乱四起，经济萧条，民不聊生，人人自危，或因饥荒难保饿殍满地，或因战乱出逃居无定所。此情此景，身为地方官员的贾思勰自然是入眼入心，也一定会产生思想上的震动。因此，除了有难民四处流浪以求活命之外，作为一郡之太守，心存居安思危的忧患意识和“要在安民，富而教之”责任担当精神的贾思勰，首先，他引用《淮南子》“圣人不耻身之贱也，愧道之不行也；不忧命之长短，而忧百姓之穷。是故禹为治水，以身解于阳盱之河；汤由苦旱，以身祷于桑林之祭。……”以圣人的所做所为当作自己的学习楷模，来表达自己绝不会在其位不谋其政，贪享乐而偏安于朝的决心。

其次，贾思勰又引用《仲长子》“稼穑不修，桑果不茂，畜产不肥，鞭之可也；杝落不完，垣墙不牢，扫除不净，笞之可也。”用地方官吏的督课之责，来强调为官一方的职责与任务，从而表现出自己绝不会不计个人安危和职责而远离属地，对游手好闲，不以农耕为本的荒政之举更是表现出极大的不满。

第三，贾思勰对朝廷政令失所，朝野内外奢靡浪费之风表现出极大的愤慨，他认为“夫财货之生，既艰难矣，用之又无节；凡人之性，好懒惰矣，率之又不笃；加以政令失所，水旱为灾，一谷不登，胔腐相继：古今同患，所不能止也，嗟乎！”对国家不幸、人民灾难、生活贫乏的现状表现出极大的同情心，应该说拥有这样心胸的贾思勰注定了要成为一个关心国家、关心百姓的好官。

第四，面对家国之难、百姓之忧、生产粗放的社会现实，贾思勰也绝不会如此毫无责任心和压力感，置政务于不顾而恣意于旁左，否则他也不会在《齐民要术·序》中说“丁宁周至，言提其耳，每事指斥，不尚浮辞。”因为，他写书的目的是“要在安民，富而教之”，是为老百姓服务的，也是为北魏地方官吏治理好地方，发展地方经济服务的，也因此才有“起自耕农，终于醯、醢，资生之业，靡不毕书”的《齐民要术》面世。

（四）史实推测线索

在缺乏历史资料的情况下，考证的依据只能依靠贾思勰的著作《齐民要术》。《齐民要术》卷五《种桑柘第四十五》中，贾思勰自注有“今自河以北，大家收百石，少者尚数十斛。故杜葛乱后，饥馑荐臻，唯仰以全躯命，数州之内，民死而生者，干椹之力也。”《魏书》中对“杜葛之乱”有记载，即“杜葛之乱”始于公元525年（公元526年），至公元528年失败，其活动范围也仅在河北（时称瀛州）数州之内。入其境方得其真，行之深方知其切，耳听为虚，眼见为实，贾思勰如果不是在瀛州高阳郡任太守一职，那么他对“杜葛之乱”这一事件对当地造成的后果与影响也就不会有如此深切的体会和反映。

另外，贾思勰在《齐民要术》中一再提到“齐”地的农业情况，学术界普遍认为这是认定贾思勰任职今天临淄境内的高阳郡的铁证，而这是不是更加有力地印证了贾思勰是“齐人”的证据？确实也值得思考。对此，梁家勉先生对原著中留下的些许蛛丝马迹有着较为合理的考证，他认为，其一，书中自述，曾亲历“井陉以东”地区。井陉属今河北省境，可能就是当年贾思勰赴任时从山西东北所行经。其二，《齐民要术·白醪曲篇》提到“皇甫吏部”，很可能是皇甫玚。此人为元雍的女婿。元雍受封高阳，封地在青州境还是在瀛州境？虽史无明文，但结合他当时为镇北（后迁“征北”）将军和都督冀、瀛等州诸军事的任务推测，则其封地当是瀛州高阳郡。其时元雍家属，可能部分居洛阳，部分居瀛州或其邻州。皇甫玚也可能一度居其地（瀛州一带），他作白醪曲的“家法”，如果是著者莅官高阳时就地查询所得的话，那就更有力地说明著者治官的高阳是瀛州境而非青州境。其三，从《齐民要术》述及“今自河以北……杜葛乱后……数州之内……”的话推测：当时杜洛周、葛荣的活动，正在这一高阳郡及其邻境，包括冀、定、沧、瀛、殷五州（《魏书·世宗纪》）。高阳在瀛州算是较大的郡（高阳郡领县九），大概杜、葛失败后，著者才来此任太守，所以有此反映。这些论证对于考证贾思勰任职地大有裨益，值得参考和重视。

（五）时代原因线索

每个时代都有其时代的局限性，不可避免地要影响到该时代的社会发展，这是历史发展的必然。北魏时期社会条件还相当低下，人们的交通代步工具也十分有限。在陆地交通方面，以牛车代步是官员身份的象征，绝非寻常百姓家可以享受到的，徒步而行是普通百姓的实际情况，马匹也仅仅是作为战争时期和朝廷传递公文之用，而牛在农家主要作为重要的农耕畜力使用。所以，北魏时候，一个人如果想要到达一个较远的地方，如果不是凭借一定的代步工具，其难度是相当大的。我们再根据《齐民要术》书中出现的地名，对贾思勰经历之地作一些详细考察，会发现基本上与北魏朝廷的迁都历程相近，可谓遍及北魏统治区域的大部乃至全部，如果不是凭借官员的身份而能假用他物，仅凭自己的徒步进行，也恐怕难以作出合理的解释。

因此，《齐民要术》中所列地名便有两种可能而得以入书：其一，必是贾思勰任职所辖之地或途经之地，是贾思勰亲至亲闻甚至亲见的，总之一定是贾思勰所到之处，否则贾思勰是不会轻易地想当然写入书的；其二，必是与贾思勰任职之地相距不远，其所闻所见或在督课巡视之时，或在考察访民之途，或是实地验证之为，绝非道听途说不负责任的随意而为。如果真是这样，那么贾思勰任职之高阳位于瀛州的可能性最大。

（六）文化传统原因线索

文化，根植于人们的思想与血液，对人们的思想、行为，甚至生活习惯都有着不可估量的影响，这种影响的深远并非随着环境的改变而改变，也不因身份的变化而改变，譬如东西方的文化所形成的东西方人在价值观、世界观、人生观上的不同，绝不会因为居所改变而彻底颠覆。当文化的影响深入到一个人思想和精神内核时，是伴随人终老一生的。学界普遍认为，如果贾思勰不是在临淄的高阳郡做太守，就无法解释书中为何动辄即“齐地”如何，亦无法解释贾思勰为何对齐地风俗、种植之法如此熟悉。从社会发展和人生成长的关系上分析，这其实是一件非常容易理解的事情。一个人的童年往往是在自己家乡（出生地）长大的，在社会条件低下、以农耕为主的封建社会，一个农家孩子自然会熟悉自己家乡，对相关农业活动、社会风俗等，也会留下不可磨灭的印象。因为得到朝廷重用、或考取功名，或其他原因而远走他乡的，也实属常事。事实上即使一个人背井离乡，漂泊在外，这种童年的生活经历和印象也不会淡漠。就像今天的我们，没有人会忘记童年那些印记在脑海中的事情，不仅不会忘却，而且在他的笔下、口中往往总会流露出对那些童年记忆的流连情愫。

此外，看《魏书》贾思伯、贾思同传，兄弟二人在朝为官多居京师，贾思伯死于北魏孝明帝孝昌元年（公元 525 年），是在北魏迁都后的洛阳，死后朝廷才追赠了他镇东将军、青州刺史这些与其家乡相关的虚职名，贾思同死于东魏孝静帝兴和二年（公元 540 年）的邺（今河南省临漳一带），死前最后一职是“侍中”，死后朝廷也追赠了其包括都督青徐光三州诸军事、青州刺史等与自己家乡相关的虚职名，这也是中国传统文化里“落叶归根”观念的最好解释。而从贾思同之前所任的“侍中”一职看，能充分证明贾思同是在皇帝身边侍其左右，当然也不会是在自己的家乡做官，这应该是确凿无疑的。那么，为什么到了贾思勰就一定是在离家乡不远的地方任职？这样的说法也值得商榷。

综合专家考证论述，贾思勰撰著《齐民要术》的时限在公元 528—公元 566 年间，应该是贾思勰辞官之后的事，经历了诸多坎坷之后回到“齐郡益都县钧台里”（今山东寿光）老家，抱着“要在安民，富而教之”的理想抱负，贾思勰自然会在著书的过程中结合自己亲历，对寿光老家一带的农业生产等经济和社会活动情况进行系统的总结性提炼，来丰富自己的农书创作。不仅如此，贾思勰还亲自参加过农事实践活动，还在自己家里养过羊，做过醋，等等。因此，不能仅凭《齐民要术》书中对“齐地”之事记录多就轻易断言，贾思勰任职之地的高阳郡就是今天临淄的高阳，这是一种形而上学的错误。因为持这种观点的人忽视了，在中国，自古至今“家”是一个人一生最深的记忆，“家”是一个人一生永远的怀念，“家”也是一个人一生最亲切的地方，所以“少小离家老大回，乡音无改鬓毛衰。”所以才有叶落归根的传统俚俗。

基于以上研究分析，在资料匮乏的情况下，我们不妨可以这样大胆地推测还原：北魏社会动荡不安，瀛州一带突发“杜葛之乱”，北魏朝廷在平定战乱的同时，迫切地希望恢复当地的农业生产，此时贾思勰因重视农本体恤民情而声闻于朝野，又凭借着族兄贾思伯、贾思同二人在朝廷的地位和影响，从而得到北魏朝廷的重用，临危受命赴任瀛州高阳郡太守；除此之外还有另一种可能，贾思勰不安于自己的饱食无忧，怀着“要在安民，富而教之”的伟大理想，通过贾思伯、贾思同的关系，得以上书为朝廷分担“杜葛之乱”造成的破坏性影响，最终委任瀛州高阳太守。或者其他，等等。总之，贾思勰做的是瀛州高阳郡太守似乎更合道理。

附：延伸资料

1. 贾氏家族大事年表

汉高祖六年（公元前201年）至汉文帝十二年（公元前168年）

贾思伯、贾思同远祖贾谊在世，居洛阳。曾任太中大夫、长沙王太傅。少年即才华横溢，世称“贾生”。

汉桓帝建和间（公元147年—公元149年）

贾思伯、贾思同十一世祖贾龚官至轻骑将军。贾家由洛阳迁居武威郡姑臧县（今甘肃省武威县）。

汉桓帝建和元年（公元147年）至魏文帝黄初四年（公元223年）

贾思伯、贾思同十世祖贾诩在世。贾诩曹魏时官至太尉。死后谥肃侯。

魏明帝青龙三年（公元235年）

贾思伯、贾思同九世祖贾机出任幽州刺史，行至冀州地，在郡治信都（今河北冀县）丧亡。谥关内侯。子孙遂在信都定居。

后燕慕容垂建兴元年（公元386年）

贾思伯、贾思同高祖贾腾出任冀州别驾，兼任宜都王（慕容凤）司马。

后燕慕容宝永康二年（公元397年）

北魏拓跋珪兵陷冀州治所信都，冀州刺史慕容凤同别驾、司马贾腾出逃。贾氏家族开始流落东齐，后定居齐郡益都县（今山东寿光市南部）。

南朝宋孝武帝孝建元年（公元454年）

南朝宋侨置高阳郡，隶属青州，辖县五个（均在今淄博市临淄区内），治所在高阳城（在临淄北部，今为高阳乡）。

北魏献文帝皇兴二年（公元468年）

贾思伯生（曾祖贾宏少有令誉，未宦早丧。祖佚名。父贾道先后任青州主簿、中正、齐郡太守。伯父贾元寿，北魏太和中任中书侍郎）。

北魏孝文帝太和十二年（公元488年）

贾思伯释褐奉朝请，任太子步兵校尉、中书舍人、中书侍郎。

北魏孝文帝太和二十年（公元496年）

拓跋氏改姓元氏。贾思同释褐至彭城王元勰（孝文帝元宏六弟）家任王国侍郎。

北魏宣武帝正始三年（公元506年）

贾思伯、贾思同母去世。

北魏宣武帝永平元年（公元508年）

贾思伯出任荥阳太守。翌年，出任南青州刺史。

北魏宣武帝永平三年（公元510年）

贾思伯、贾思同丁父艰，家居。

北魏宣武帝延昌四年（公元515年）

贾思伯任兖州刺史。贾思同在朝任司库郎中。

北魏孝明帝熙平二年（公元517年）

贾思同任尚书考功郎。

北魏孝明帝神龟二年（公元519年）

贾思同出任青州别驾。兖州民为贾思伯立去思碑，称“贾使君碑”。

北魏孝明帝正光三年（公元522年）

贾思伯为皇帝侍讲（冯元兴为侍读），讲《杜氏春秋》。

北魏孝明帝正光四年（公元523年）

贾思同试任荥阳太守。

北魏孝明帝孝昌元年（公元525年）

七月，贾思伯卒于洛阳怀仁里，十一月归葬青州齐郡益都县钓台里。

北魏孝庄帝建义元年（公元528年）

贾思同出任襄州（今河南地）刺史，“百姓安之”。

北魏孝庄帝永安二年（公元529年）

贾思同被封为营陵县男，邑200户。并除抚军将军、给事黄门侍郎、青州大中正。不久，又擢升镇东金紫光禄大夫，仍兼黄门。寻加东骑大将军、左光禄大夫。

东魏孝静帝天平元年（公元534年）

贾思同从洛阳入邺（今河南省临漳一带），除黄门侍郎兼侍中、河南慰劳大使。

东魏孝静帝元象元年（公元 538 年）

贾思同为孝静帝侍讲，授《杜氏春秋》，加散骑常侍，兼七兵尚书，拜侍中。

东魏孝静帝兴和二年（公元 540 年）

贾思同卒。

东魏孝静帝兴和三年（公元 541 年）

贾思同归葬故里，墓在其兄贾思伯以东并列。贾思伯夫人刘静怜卒，与贾思伯合葬。

东魏孝静帝武定二年（公元 544 年）

贾思伯子贾彦始出任淮阳郡（今河南省东部）太守。

说明：本资料综合参考了《汉书》《三国志》《唐书·宰相世系表》《兖州贾使君碑》《寿光贾思伯墓志铭》《贾思伯夫人墓志铭》以及《魏书·贾思伯传》等文献。

2. 北魏时期帝王年表对照

东晋太元十一年（公元 386 年），鲜卑族拓跋部首领拓跋珪在牛川（今内蒙古土默特左旗东）称代王，重建代国，都盛乐（今内蒙古呼和浩特西南）。同年四月改国号魏，史称北魏。皇始三年（公元 398 年），迁都平城（今山西大同）。同年十二月（公元 399 年），拓跋珪称帝。太和十七年（公元 493 年），高祖元宏迁都洛阳，改姓元。永熙三年（公元 534 年），孝武帝元修被权臣宇文泰毒杀，北魏灭亡。

庙号	谥号	姓名	年号	使用时间
—	献明皇帝（北魏太祖追崇）	拓跋寔	—	—
北魏太祖（初谥烈祖、西魏文帝改为烈祖）	道武皇帝（初谥宣武皇帝）	拓跋珪	登国	386—396 年
			皇始	396—398 年
			天兴	398—404 年
			天赐	404—409 年
北魏太宗	明元皇帝	拓跋嗣	永兴	409—413 年
			神瑞	414—416 年
			泰常	416—423 年
北魏世祖	太武皇帝	拓跋焘	始光	424—428 年

（续表）

庙号	谥号	姓名	年号	使用时间
			神䴥	428—431 年
			延和	432—434 年
			太延	435—440 年
			太平真君	440—451 年
			正平	451—452 年
—	南安隐王	拓跋余	承平或永平	452 年
北魏恭宗（北魏高宗追崇）	景穆皇帝	拓跋晃	—	—
北魏高宗	文成皇帝	拓跋浚	兴安	452—454 年
			兴光	454—455 年
			太安	455—459 年
			和平	460—465 年
北魏显祖	献文皇帝	拓跋弘	天安	466—467 年
			皇兴	467—471 年
北魏高祖	孝文皇帝	元宏[1]（拓跋宏）	延兴	471—476 年
			承明	476 年
			太和	477—499 年
北魏世宗	宣武皇帝	元恪	景明	500—503 年
			正始	504—508 年
			永平	508—512 年
			延昌	512—515 年
北魏肃宗	孝明皇帝	元诩	熙平	516—518 年
			神龟	518—520 年
			正光	520—525 年
			孝昌	525—527 年
			武泰	528 年
—		元氏	—	528 年
—		元钊	建义	528 年
北魏肃祖（北魏敬宗追崇）	文穆皇帝	元勰	—	—
—	孝宣皇帝（北魏敬宗追崇）	元劭	—	—
北魏敬宗	孝庄皇帝（初谥武怀皇帝）	元子攸	建义[2]	528 年
			永安	528—530 年
—	长广敬王	元晔	建明	530—531 年
—	节闵皇帝　前废帝	元恭[3]	普泰	531—532 年
—	后废帝	元朗[4]	中兴	531—532 年
—	武穆皇帝（孝武皇帝追崇）	元怀	—	—

（续表）

庙号	谥号	姓名	年号	使用时间
——	孝武皇帝（出皇帝）	元脩[5]	太昌	532 年
			永兴	532 年
			永熙	532—534 年
	（东魏）孝静帝	元善见	天平	534—537 年
			元象	538 年
			兴和	539—542 年
			武定	543—550 年
	（西魏）文帝	元宝炬	大统	535—551 年

注：[1] 北魏孝文帝下令将国姓由拓跋改为元。本表自孝文帝以下一律使用元姓。[2] 孝庄帝登基后未改元。[3]《魏书》作前废帝，《北史》《北齐书》作节闵帝。[4]《魏书》作后废帝。[5]《魏书》作出帝，《北史》《北齐书》作孝武帝。[6] 本资料来源于百度知识

第二节　“中国古代农业百科全书”《齐民要术》

《齐民要术》是世界上现存最早、最完整的一部农业科学巨著，被誉为“中国古代农业百科全书”，无论在中国还是世界范围内，其影响都是深远的，尤其在生产力低下的农耕时代，被历代朝廷官员视为指导农业生产经营的圭臬（图 2-10）。

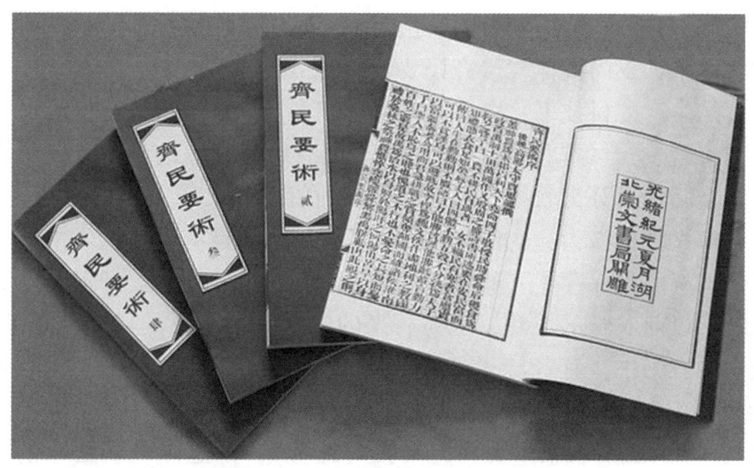

图 2-10　清代光绪年间湖北崇文书局《齐民要术》影印版

一、《齐民要术》的主要影响略述

《齐民要术》对我国隋、唐及其以后的农业科技发展产生了重大影响，历朝历代都奉之为治农重典。唐朝初年，太史李淳风曾撰《演齐人要术》推演齐民要术，武则天也曾令臣下编撰由她删定的《兆民大业》，而“兆民”也就是“齐民”，《齐民要术》能得到当时官方最高统治者的青睐，可见影响非同一般。南宋时，李焘在《孙氏齐民要术音义解释序》中称“贾思勰著此书，专主民事，又旁摭异闻多可观，在农书中最峣然出其类”。元代司农编撰的《农桑辑要》、王祯编撰的《农书》，明代徐光启编撰的《农政全书》，清代的《授时通考》等著名的农书，都与《齐民要术》有着明显的传承关系。明代的大思想家王廷相更是称《齐民要术》为“惠民之政，训农裕国之术”。

1744年，日本学者田好之等译注的《齐民要术》新序中说“民家之业，求之《要术》，验之行事，无一不可者矣。”达尔文在著《物种起源》时曾参考过《齐民要术》，并援引有关事例作为他的著名学说——进化论的佐证，他赞扬道，“我看到了一部中国古代的百科全书，清楚地记载着选择原理。”英国李约瑟博士在《中国科学技术史》中也谈及“中国文明在科学史中曾起过从未被认识的巨大作用。在人类了解自然和控制自然方面，中国有过贡献，而且贡献是伟大的。”其所指也是《齐民要术》。1957年，日本学者神谷庆治在西山武一、熊代幸雄的《校订译注〈齐民要术〉》序中说，“即使用现代科学的成就来衡量，在《齐民要术》这样雄浑有力的科学论述前面，人们也不得不折服。”

近现代以来，王尚殿称“《齐民要术》是我国古代一部优秀的农书，是农产品加工和食品生产的科技书，内容极其广泛和丰富。……可谓我国6世纪的食品百科全书。”经济史学家胡寄窗评价说“其记载周详细致的程度，绝对不下于举世闻名的古希腊色诺芬为教导一个奴隶主如何管理其农庄而编写的《经济论》。”农史学家石声汉教授认为，《齐民要术》以前，中国是有过一些农书的，但有的已完全散佚，有的只保存了一部分。就这些现存的农书看来，《齐民要术》的成就，是总结了以前农学的成功，也为后来的农学开创了新的局面。《齐民要术》以后，我国的农书中，有着与《齐民要术》相似规模的只有4种：元代司农司编的《农桑辑要》；王祯的《农书》；明代徐光启的《农政全书》与清代“敕修”的《授时通考》。而《农桑辑要》与《授时通考》，都是以“朝廷”的力量，用集体工作的方式，编纂出来的“官书”。缪启愉教授说“它的宏观规划、布局、体裁，完全是独创的，自出心裁的。《齐民要术》本身虽然没有先例可循，却给后代农书开创了总体规划的范例，后代综合性的大型农书，无不以《齐民要术》的编写体例为典范。”可见贾思勰撰写的《齐民要术》影响之大、价值之高。那么《齐民要术》到底是一部什么样的书？都写了些什么内容呢？

二、《齐民要术》的概况

《齐民要术》是现在所知的贾思勰惟一存世作品，全书“凡九十二篇，束为十卷”，意思是全书共有92篇文章，分成了10卷（北魏时期尚未有现在的书本行世一般书写在简牍之上，束为卷或轴。）。据研究，《齐民要术》全书除了《序》外共有111 800字，其中大字体内容属于书稿的正文，共有68 450字，小字体内容属于贾思勰创作时增加的注文部分，共有42 350字（图2-11）。全书内容“起自耕农，终于醯醢，资生之业，靡不毕书”，涉及农、林、牧、渔、副等现代大农业体系的各个方面，凡是与老百姓生产生活相关的，没有不录入。“卷首皆有目录，于文虽烦，寻览差易。”同时，每卷书的前面都有本册内容的目录，虽然繁琐了点，但是为人们的查阅提供了极大方便。纵观全书，体系完整，结构科学合理，叙述详略得当，科学总结了6世纪以前我国北方劳动人民，特别是黄河流域劳动人民在长期的劳动生产过程中积累的农业生产经验，对于当时及后世农业和其他科学的发展均产生了重大影响。

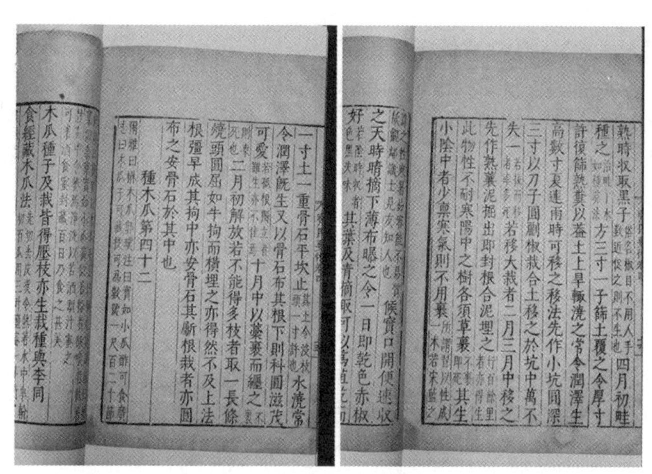

图2-11　胡震亨沈士龙刻本《齐民要术》影印内页

《齐民要术》自宋代到近代，相继产生过许多版本，版本质量相差也很大，因为本《丛书》中有版本的流传情况专题研究，这里不再赘述。

《四库全书·齐民要术提要》中提到，《齐民要术》“奇字错见，往往艰读。”“盖书多奇字，自王世祯已费检核。辗转讹脱，理固有所不免也。”意思是说《齐民要术》中有很多生僻字、难字，又因为传抄的原因，书中的错误字、脱落的字也很多，是一部很难读的书。缪启愉先生认为，这是由历史原因造成的，他还分析主要是有两种情况：一是书里面确实有不少不能用通用的意义来解释的词语，大都是贾思勰那个时候的民间“土语”和生产上的“术语”。由于成书时代久远了，方言又有地域性的局限，所以后人对这些词语就感到很陌生而难以理解。但是经过细心地探索、论证和比较研究，基本上还是可以解决读通的。二是《齐民要术》在长期流传的过程中，不可避免地产生很多抄刻上的错（错误的字）、脱（脱落缺少的字）、窜（因抄写窜行而导致的错误）、衍（抄刻人随意增加的字），更加增加了阅读的困难。缪启愉教授认为，这种人为的错乱原因，才是导致《齐民要术》难读的主要方面。

随着时代的发展，在电脑、手机大行其势的时代，年轻人书写的基本功呈明显的降低趋势，对传统文化，尤其是对农书类这些相对偏僻的文化典籍，如果不加强教育创新，对其传承的积极性和热情将难免会受到很大影响，这是学人的责任，也是每一个中国人的责任。因此，我们有责任对祖国这些宝贵文化遗产进行科学恰当的整理和修订，为今后的传承创新奠定基础。从此意义上讲，廓清了这种种错乱，其实《齐民要术》的行文还是浅近平易，不饰雕琢的，也正如贾思勰自序中说的“不尚浮辞”，清楚明快的。

三、《齐民要术》的内容体系

《齐民要术》全书 10 卷 92 篇的内容主要包括：卷一至卷二前半部分，即第 1~7 篇、第 9~12 篇、第 16 篇，是介绍农作物的耕种和个别谷物粮食的栽培方法。卷二后半部分，即第 8、第 9、第 13、第 15 等篇是纤维作物与油料作物的种植。卷二第 14 篇，卷三第 17~29 篇主要是蔬菜的种植经营，第 30 篇“杂说第三十”，是如何经营农业，以作为家庭生活的资源。卷四第 31、第 32 篇是木本植物栽种法，第 33~44 篇是果树的栽种法。卷五第 45~51、第 55 等篇是林木的种植采伐等，第 52~54 篇是染料作物的种植与提炼。卷六第 56~60 篇是介绍畜牧业，第 61 篇附有养鱼方法。卷七《货殖第六十二》首篇“货殖第六十二”，是如何利用农产品来经营商业，《涂瓮第六十三》是介绍器具的制作方法，第 64~67 篇和卷八的第 68~72 篇除了制盐外主要是酿造，包括酒、酱、醋、豉等的制作方法。卷八第 73~76 篇是食品的加工与保存方法，第 77~79 篇和卷九的第 80~88 篇主要是烹调方法和蔬菜的储存。卷九第 89 篇是淀粉加工制作的小食品、制胶（第 90 篇）和利用胶来制笔墨（第 91 篇）的（农家）家庭手工业。图 2-12 至图 2-18。卷十只有《五谷、果蓏、菜茹非中国物产者第九十二》一篇，主要是对江南地区，也就是当时并非北魏朝廷管辖的区域——长江、淮河以南地区的五谷、果蔬等作了“存其名目，记其怪异”只保留了条目概况，记录了一些奇闻式的记录。

图 2-12 农耕纸雕效果图

图 2-13 林业纸雕效果图

图 2-14 牧业纸雕效果图

图 2-15 渔业纸雕效果图

图 2-16 家庭副业（手工制作业）纸雕效果图

齊民要術序 史記曰齊民無蓋藏如淳注曰齊無貴賤故謂之齊民者若今言平民也
後魏高陽太守賈思勰撰
蓋神農爲耒耜以利天下堯命四子敬授民
時舜命後稷食爲政首禹制土田萬國作乂
殷周之盛詩書所述要在安民富而教之管
子曰一農不耕民有饑者一女不織民有寒
者倉廩實知禮節衣食足知榮辱丈人曰四
體不勤五谷不孰爲夫子傳曰人生在勤勤
則不匱古語曰力能勝貧謹能勝禍蓋言勤
力可以不貧謹身可以避禍故李悝爲魏文
侯作盡地力之教國以富強秦孝公用商君
急耕戰之賞傾奪鄰國而雄諸侯

齊民要術 序

今采捃經傳爰及歌謠詢之老成驗之行事
起自耕農終于醯醢資生之業靡不畢書號
曰齊民要術凡九十二篇束爲十卷卷首皆
有目錄于文雖煩尋覽差易其有五谷果蓏
非中國所殖者存其名目而已種蒔之法蓋
無聞焉捨本逐末賢哲所非日富歲貧饑寒
之漸故商賈之事闕而不錄花草之流可以
悅目徒有春花而無秋實匹諸浮僞蓋不足
存鄙意曉示家童未敢聞之有識故丁寧周
至言提其耳每事指斥不尚浮辭覽者無或
嗤焉故禹爲治水以身解于陽盱之河湯由
苦旱以身禱于桑

齊民要術 序

图 2-17 《齐民要术》原书内页展示书样效果图

《齐民要术》卷一前面有贾思勰自己撰写的《序》，全文共有 2 700余字。《序》是《齐民要术》的灵魂所在，体现着贾思勰的原则立场，统领着全书的创作方向，是主要说明贾思勰的写作目的、基本思想和观点，以及全书的结构体例、论说对象和创作资料来源的。

图 2-18　山东寿光齐民思股份有限公司内的贾思勰与《齐民要术》雕塑

此外，《序》后面另有一篇《杂说》，阅读全书我们会发现正文内还有一篇《杂说》，按照写作的常规来说，因为有重复的嫌疑，贾思勰似乎不应该有这样明显的失误。同时，从《序》后这篇《杂说》的文风、用词和写作特点等分析，据专家考证与北魏时期的语言习惯有着明显区别，不是一个时代的作品，学术界基本认同《序》后面的《杂说》是后人的伪托之作，是后来加进去的，如缪启愉先生分析认为，《序》后的《杂说》在北宋最早的刻本中已有，其人以善于经营农业生产自负，大概是唐代的一个经营者为了流传他的经营方法而凭借名著夹带进去的。但是，因为序后这篇《杂说》写入《齐民要术》并随全书刊行的时间比较早，这也是已经被大多数研究者所接受的了，后世在印刷的时候也大都保留了这一篇，使之成为全书的一部分了。

第三章

贾思勰家学传承的研究与解读

在中国有“将门无犬子，官家无白丁”，强将手下无弱兵，书香门第，近朱者赤、近墨者黑等约定俗成的俚语或成语，还有“龙生龙凤生凤，老鼠的儿子会打洞”等等中国人耳熟能详的俗话。大概的意思是说，一个人家如果父辈有才能，他的子孙也不会是庸才俗辈，一个人如果是生在一个良好的家庭环境，经过后天的学习和努力，他的成长一般也不会出什么大问题。在现实社会中，我们虽然不能一概而论，但从遗传学、环境影响评价学、社会学、传统逻辑学的角度分析，这其中也不乏有一定的道理。因为，它们都指向了一个基本逻辑，那就是一个人的成长和成就与他的家庭成长环境有着不可分割的联系。有时，我们可以根据一个人的家族情况，结合他的个人发展，来判断和分析一个人，其结论与实际是非常接近的，这也是我们为什么通过研究贾思勰的家学传承，来对《齐民要术》农学文化思想内涵进行研究和解读的原因。

纵观古今中外的文明史，能写出 11 多万字的《齐民要术》，且文章朴素通俗，知识覆盖面非常广，科技含量极高，实际应用价值也非常大，这绝不是一个普通人能做得到的。即使放到今天这样一个知识爆炸的时代，如果没有扎实的学习基础和实践经验，或者间接的经验支撑，恐怕也是难以做到。但 1 500年前的贾思勰做到了，不仅有物证，而且还有世界范围内诸多的理论和实践验证。这足以说明，贾思勰的文化基础是相当深厚的。可以毫不夸张地说，贾思勰是一个文化底蕴深厚、学识丰富、旁涉极广的资深文化人。这样评价贾思勰绝不是空口无凭、毫无根据的胡乱猜测。虽然贾思勰在历史典籍中没有更加详细的记载，但追根溯源，通过研究分析他的著作、与他相关的资料和历史文献，我们可以比较清楚地梳理出贾思勰是一位资深文化人的若干证据。现在就相关的研究资料，列出以下主要条目来加以说明，这对理解贾思勰的思想和《齐民要术》农学文化思想内涵具有重要的基础作用。

第一节 《齐民要术》传达出来的重要证据信息

三国曹魏时期的曹丕在《典论·论文》中曾言“文章乃经国之大业，不朽之盛事。”意思非常清晰明白，写文章（也可以理解为著书立说）是治理国家的大事，是万代不朽的盛大事业。因此，可以说著书立说向来是人们特别是学者表达个人观点，阐述个人见解，期望社会认同，取得学业成就的重要渠道。基于这样的观点，我们要研究贾思勰《齐民要术》的农学文化思想内涵，在没有有关贾思勰的其他直接证据资料的前提下，就有必要对《齐民要术》文本进行深入地研究。

一、基于《齐民要术》“中国古代农业百科全书”的评价分析

中国智慧，自成语境。《齐民要术》虽然是贾思勰写的一部农学著作，是“一家之言”，但其内容却涉及社会生产生活的方方面面，既有对历史传统文化的继承，又有对现实生产生活经验的总结创新，更有显示出贾思勰思维缜密、智慧闪烁的可圈可点的独到之处，是一部充满创造创新的书。《齐民要术》被誉为“中国古代农业百科全书”，实在是实至名归、理所当然的事。从中国语言的结构特点分析，如果仅仅是称《齐民要术》为“中国古代的一部农业书籍”也罢了，算不上什么惊世骇俗，关键是我们在评价《齐民要术》时加上了“百科全书”，其意义就非同一般了。

一方面，后人对《齐民要术》的评价冠以“百科”，说明了《齐民要术》一书的内容庞杂、规模宏大，事实上《齐民要术》内容包括了社会生产生活的各个领域各个方面，正如贾思勰所言“资生之业，靡不毕书”与生产生活相关的，没有不写的。虽然作者在《序》中也曾说道：“舍本逐末，贤哲所非，日富岁贫，饥寒之渐，故商贾之事，阙而不录。花草之流，可以悦目，徒有春花，而无秋实，匹诸浮伪，盖不足存。”商家不写、花草不写，因为或者“舍本逐末”，或者华而不实，但从全书内容的整体架构上来讲，不会造成很大的影响，也掩盖不了全书集大成的光芒。另一方面，对《齐民要术》的评价名以“全书”，又说明了《齐民要术》体系完整、资料丰富，既是对“百科”性质的进一步说明，又是对全书的一种客观考量，也恰恰就证明了《齐民要术》是一部非同一般的书，这些都是证明贾思勰是一位资深文化人最根本的、也是最重要的依据。

二、基于《齐民要术》知识容量与架构的分析

通过前文对《齐民要术》主要内容的解读我们可以知道，《齐民要术》内容是非常庞杂的，涉及生产、生活的各个方面，不仅领域广、内容多、知识丰富，而且作者引用的古代经典书籍也非常多。根据胡立初先生的统计，《齐民要术》引用的书，经部30种，史部65种，子部41种，集部19种，合计155种。另根据缪启愉先生的重新检算，如果把同一本书不同的各家注本，都分别计算在内，共有164种；如果同一本书不同的各家注本，归入同一本书，不重复计算，则是157种。其中，无书名可考的还有数十种之多，涉及中国传统知识领域的子、史、经、集各个门类。贾思勰引用的这些书中，后世许多已佚失，如《广州记》《交州记》之类的古书，现在都已失传，今天我们在考证华南植物时，《齐民要术》就为我们提供了一些重要的间接史料，这也使得《齐民要术》的摘引有了保存文献的特殊价值，对今天的研究来说难能可贵。

同时，最能体现贾思勰的文化涵养，也让后人奉为楷模榜样的是，《齐民要术》每章的内容都逻辑严密、自成体系，解题、正文、注文、引文体例规范，结构严谨，为后世的农书撰写确立了一个成功的范本，《齐民要术》成为后人学习模仿的首要对象。巧妇难为无米之炊，如果没有非常的家学传承，没有丰厚的知识积淀，没有丰富的生产生活经验，要做到这一地步几乎是不可能。由此意义上讲，我们可以肯定，贾思勰绝不是个一般的人物，他应该是一位有着丰富的知识储备和渊博学识的古代知识分子。

三、从《齐民要术》的语言特色分析

字如其人、文如其人，说的是我们可以根据信息学的规律、特点，通过一个人写的字、文章等外在信息，对一个人的内在秉性或品质作出较恰当的分析和判断，这是中国传统文化意识里面极为重要的一种理论观点。因此，研究贾思勰的农学文化思想，有必要对其所著《齐民要术》的语言特色等进行分析和说明。

《齐民要术》的行文正如贾思勰在《序》中所言："每事指斥，不尚浮辞"，就是说每介绍一种方法都直截了当，不追求华美的辞藻；还说"采捃经传，爰及歌谣，询之老成，验之行事"。我们阅读原著可以发现，《齐民要术》行文要而不繁、质朴简约，全书正文仅4万余字，注解达到7万余字。虽然必要的注解稍多些，但也确实要言不烦，点到为止。贾思勰是言行一致的，在写作中也确实是这样做的，为了将问题说明白讲清楚，书中有些地方作者还加入了自己的一些实践体会、理解或者故事，如在书的注解中就记录了贾思勰自己在家养羊的故事。书中还有记载显示，贾思勰自己就曾酿制过醋，也就是书中提到的"酾"，并且

他还对醋的制造工艺进行过技术改良，亲自品尝过改良后的味道，等等。同时，贾思勰在书中还大量的引用了一些方言土语和民歌民谣，这就使得全书通俗易懂，表达的也准确明白。试想，如果贾思勰不是一个有着丰富学养的文化人，如果不是对现实生活非常熟悉的人，如果他没有用心地做过系统周密的构思安排，要达到这样的效果也是根本不可能的。

从此意义上讲，贾思勰是一个不折不扣的文化人。“大象无形，大音稀声”，正是因为有着丰富的学识修养，贾思勰行文才能如此左右逢源、行云流水，用最通俗的文字写得清最深奥的科学知识和道理，由此看，贾思勰不仅是一个文化人，而且是一个有着相当建树的资深文化人。

第二节　贾思勰有着渊源深厚的家学传统

在封建社会，出仕为官的人大多是熟读经诗典籍的饱学之士，如“唐宋八大家”之一的苏东坡，做过大理评事、知州等官，他与其父苏洵、其弟苏辙三人的诗文饮誉当世，被人们称作“三苏”，欧阳修也曾赞其“善读书，善用书，他日文章必独步天下。”从历史发展和相关资料分析，苏东坡官名也不及其诗名；再如“扬州八怪”之一的郑板桥，也是一名地方小吏，虽有一定官名，却远远不及他的诗、书、画名响亮，这样的例子还有很多，不再一一赘述。

需要特别说明的是，在中国南北朝时期的北魏时代，由于受“九品中正制”用人制度的影响，朝廷用人出现了“上品无寒门，下品无士族”的畸形局面，门阀制度的盛行堵死了寒门子弟的仕途之路，读书学习成为世家大族的专享，一般平民老百姓的生活都成问题，对于读书更是可望不可及的事。因此，通过《齐民要术》的规模、内容看，贾思勰家不仅藏书丰富，而且他本人也是读了大量的书，这就说明他的身世非同一般，应该也是当时的世家子弟，应该有着渊源非常深厚的家学传统。著书立说既是读书的愿望，也是对家学的一种传承，反映了寿光贾氏一族在当地是一个书香人家、耕读人家。

为了深入研究贾思勰的思想源头和《齐民要术》所蕴含的农学文化思想内涵，下面就从贾思勰的家族发展史、与贾思勰关系密切的几个代表性人物，以及北魏当时的社会风气与环境，谈谈贾思勰家学传承的来龙去脉和其相关的文化活动。

一、寿光贾氏家族的辉煌发展

家的概念在中国人思想中是根深蒂固的，家风是影响一个人的成长、成才和发展的重要因素之一。一个家族的发展史对家族成员的个人成长，无论是家族习惯、个人性格或者个人的志向，往往都会产生深远的影响，而家族成员的个人发展也会为整个家族带来或积极或消极的综合效应。因此，在中国历史上不乏有家族势力式的利益集团存在，甚至因为家族势力的膨胀与发展，让某个家族成为了一个时代的典型，在社会发展中产生了巨大影响。这是中国传统文化的特色所在，也是深入到中国人的血液和骨子里的家族情节、中国元素。基于这样的文化传统与历史渊源，我们可以通过对贾思勰家族发展史的研究，来勾勒一下贾思勰的形象。

学术界普遍认同贾思勰与贾思伯、贾思同是同族兄弟，都是北魏青州齐郡益都钧台里（今寿光城南李二村）人，这在《隋书经籍志考证》、清嘉庆四年《寿光县志》《山东通志》《青州府志》等文献资料的记载中都可以找到证明，本《研究丛书》也有关于贾思勰里籍方面的考证专题，在此不赘述。因此，在历史文献资料缺乏的情况下，我们通过分析研究贾思伯、贾思同相关的文献资料，大概也可以了解贾思勰的部分情况。

根据 1973 年在寿光市城南李二村发掘的《魏故散骑常侍、尚书右仆射、使持节镇东将军青州使君贾君墓志铭》（本节下文引用文字未特别注明者，皆引于此墓志铭），即《贾思伯墓志铭》，图 3-1，图 3-2。《贾思伯墓志铭》载："其先乃武威之冠族，远祖谊，英情高迈，才峻汉朝。"意思是说，贾思伯的先祖是甘肃武威显贵的豪门世族，他的远祖是西汉初年著名的政论家、文学家——贾谊，图 3-3。贾谊呢，英雄豪情非凡超逸，才气横溢，名冠西汉。据史料记载，贾谊 21 岁那年受汉文帝征召，委任以博士（秩比六百石，掌通古今）之职，是当时所聘博士中最年轻的。贾谊深受汉文帝赏识，一年之内便破格提拔升任太中大夫（掌顾问应对，无常事，唯诏令所使）。他的散文（政论）、辞赋都有相当高的水平，其中又以政论文独步西汉。

西汉著名的史学家、文学家司马迁曾为贾谊和屈原二人写了一篇合传《屈原贾生列传》载入《史记》，对贾生给予了高度评价。东汉著名的史学家、文学家班固在《汉书》中也专门列有一章《贾谊传》。在人类历史的长河中，一个人能够被史学家所重而名载史册绝非易事，能够为历史所公认流芳百世的也绝不是一般人所能做到的，由此可见贾谊的历史地位是极高的。毛泽东主席也曾写过两首诗咏赞贾谊，一首为《七绝·贾谊》，原诗是：

贾生才调世无伦，哭泣情怀吊屈文。
梁王坠马寻常事，何用哀伤付一生。

另一首是《七律·咏贾谊》，原诗是：

少年倜傥廊庙才，壮志未酬事堪哀。
胸罗文章兵百万，胆照华国树千台。

图 3-1　贾思伯墓志铭拓片（原碑现存于寿光市博物馆）

图 3-2　贾思伯夫人刘静怜墓志铭拓片（原碑现存于寿光市博物馆）

注：贾思伯、贾思伯夫人刘静怜墓志于 1973 年发掘出土。贾思伯墓志由青石镌刻，高 57.2 厘米、宽 58 厘米。志盖出土后遗失，盝顶，无字，志文 33 行，满行 33 字，另有一行文字刻于志石左侧面，共 1 114字，均刻在方形界格内，首行题“魏故散骑常侍尚书右仆射使持节镇东将军青州使君贾君墓志铭”。贾思伯夫人刘静怜墓志亦为青石镌刻，正方形，高、宽各 79 厘米。志盖，盝顶，无字。志文 28 行，满行 28 字，首行题“魏故镇东将军兖州刺史尚书右仆射文贞贾公夫人刘氏墓志铭”

图 3-3 湖南贾谊故居的贾谊塑像

雄英无计倾圣主，高节终竟受疑猜。
千古同惜长沙傅，空白汨罗步尘埃。

由此可见，毛泽东非常赞赏贾谊的才华，对贾谊的评价也是非常之高的；鲁迅先生更是盛赞其才，说贾谊的作品是“西汉鸿文，沾溉后人，其泽甚远”。贾谊的代表作《过秦论》《论积贮疏》等编入了中学课本，对后世影响极大，可见贾谊的才情确实非同寻常。可惜贾谊英年早逝，据史料记载贾谊仅仅活了 33 岁。

“十世祖文和，佐命黄运，经纶魏道。”贾思伯的十世祖叫贾诩（公元 147 年—公元 223 年），图 3-4。贾诩曾辅佐曹魏，帮助曹操建立了曹魏政权，与孙权的东吴、刘备的蜀汉构成了三国鼎立之势。贾诩，字文和，是东汉末年至三国曹魏初年著名谋士、军事战略家，也是曹魏时期的开国功臣，《唐会要》尊称他为“魏晋八君子”之首。贾诩精通兵法，著有《钞孙子兵法》一卷，并为《吴起兵法》作过校注，官至太尉①，进爵魏寿乡侯。当代学者易中天曾评价说：“贾诩能在乱世中审时度势，自己是活得时间最长的，还保全了家人。这才是真正的大智慧，贾诩可能是三国时期最聪明的人。”

“九世祖机，作牧幽蓟，中途值乱，避地东徙，遂宅中齐，为四履冠冕。”贾思伯的九世祖叫贾机（亦有写作“玑”的），曾做过幽州（今河北省冀县一带）和蓟州（今河北省蓟县一带）的地方官吏，期间因为后燕分裂战乱，为躲避战乱渡过黄河东迁，进入齐地在古青州区域（指今寿光）居住下来，成为齐地（北魏属青州齐郡辖地）的世家望族。

① 职掌军政，至年终则据武官功过而课其殿最，以行赏罚，一般由列侯担任

图 3–4　贾诩画像和电视剧《三国演义》中的贾诩形象

贾玑是贾诩的次子，官至驸马都尉、关内侯，正是因为贾玑举家东迁后，贾氏一族才在齐地（指今天的山东寿光）一带长期定居下来，并得到了长足发展。在中国古代严谨的家学传承情况下，因为是贾诩的次子，贾玑深受其父的家学影响是不可避免的，其学问自然也是非同寻常。受三国曹魏时期“九品中正制”用人制度的影响（作者注：曹魏时期的“九品中正制”与北魏时期的“九品中正制”截然不同，在考察选拔任用人才时，还是以德才为主），贾玑如果没有相当的学问修养，也不可能会做官做到驸马都尉、关内侯的位置。也就是说，贾氏家学的传承到了贾玑东迁齐地后依然非常兴旺，这就奠定了齐地（主要指今寿光一带）贾氏一族的家学传统，以及对其后人的影响。

“考道最州主簿、州中正、本郡太守。”考，原意是指父亲，后来多指已去世的父亲。这句话的意思是说，贾思伯父亲的名字叫贾道最，曾做过青州主簿、青州中正和齐郡太守之职。在北魏时期郡太守是朝廷第四品的官位，可见寿光贾氏一族在当时的社会地位是很高的。那么，主簿是个什么职务呢？查史料可知，主簿是郡府重要官吏，主要掌管文书工作，是古代典型的文官。东晋著名史学家、文学家习凿齿（？—公元 383）就曾做过东汉名儒桓荣的后代桓温的主簿，时人称习凿齿说“三十年看儒书，不如一诣习主簿”，足见习凿齿的学识渊博，也说明了主簿这一职务只有知识丰富的人才能胜任的。贾道最既然也做过州主簿，可见贾思伯、贾思勰的贾氏家族是有着非常深厚的家学传统的。

“伯父元寿，中书侍郎，追赠青州刺史。自大傅已降，贤明间出。”意思是说，贾思伯的伯父叫贾元寿，曾做过中书侍郎一职，死后追赠青州刺史，从此以后，寿光贾氏一族之中时有贤明之士出现。中书侍郎是中书省的长官，副中书令，帮助中书令管理中书省的事务，是中书省固定编制的宰相，在北魏时期中书侍郎是从四品的官职。由此可以得知，贾氏一族在寿光绝对是世族、望族，贾氏族人非官即宦，是当地的读书人、文化人。那么贾思勰呢？从《齐民要术》作者的署名来看，贾思勰做的是“高阳太守”，也是四品的官职，至于对读书治学等家学传统的尊重自然也是不例外的，只是因为每个人的思想主张不同、选择不同、目标不同、官职也不同，贾思勰偏重于农业方面罢了。

综合上面的分析我们可以看出，贾氏一族可谓“根正苗红”，在中国历史上有着重要地位，甚至产生过重要影响。贾氏一族在寿光也绝不是一般的人家，他们有着显赫的社会地位，有着读书学习的良好基础、条件、环境和家学传统，这在当时是一般乡村人家难以企及的。因此，贾思勰也绝不是一般的农家子弟，他应该就是一个文化人，并且是一个饱读诗书的资深文化人。

二、基于贾思勰同族同辈兄弟及朋友情况的分析

中国老百姓有句俗话“打断骨头连着筋”，说的是亲情关系无论受什么因素的影响，都不会断然割裂开来，没有了联系。贾思伯、贾思同是贾思勰的同族兄弟，他们之间自然有着千丝万缕不可分割的联系。因为历史缺乏贾思勰的记载，基于贾思伯、贾思同、贾思勰的同族关系，我们通过对贾思伯、贾思同相关资料和情况的研究，对了解贾思勰的学习、思想和农学文化思想精神应该是不可多得的信息资料，也是大有裨益的。

（一）给皇帝当老师的长兄——贾思伯

贾思伯（公元468—公元525年），曾做过太子步兵校尉、中书舍人、荥阳太守、南青州刺史、征虏将军、光禄少卿、太常卿、度支尚书、正都官、兖州刺史等官职，最大的官职做到正三品（度支尚书），相当于现在的国务院财政部部长一职。经当时“三公”之一的太保崔光推荐，贾思伯担任了北魏肃宗帝——孝明皇帝元诩的侍讲，给肃宗皇帝讲授《杜氏春秋》。由此可见，贾思伯位高权重，是皇帝身边的近臣。自古以来，伴君如伴虎，贾思伯却能给皇帝讲授《杜氏春秋》，充分说明他的学识是非常渊博的，不是一般人所能达到的。

在《魏故散骑常侍、尚书右仆射、使持节镇东将军青州使君贾君墓志铭》（简称〈贾思伯墓志铭〉）中记载：贾思伯“十岁能诵书诗，成童敦悦礼传，备阅流略之书，多识前古之载。工草隶，善辞赋，文苑儒宗，遐迩归属”意思是说，贾思伯10岁就能诵读诗书，成年后尊崇礼仪经传，详细阅读学习了前代的大量书籍，知道很多历史记载。贾思伯书法艺术水平很高，工于草书和隶书，擅长写作辞赋，是当时文化界的儒雅大家，远近的人都愿意向他学习。此外，《贾思伯墓志铭》还记载：“年廿一，释褐奉朝请。”21岁那年，贾思伯脱去平民之衣，入朝做了“奉朝请”一职，“奉朝请”就是能够定期参加北魏朝廷朝会这样的官。如果是胸无点墨、没有突出才能的平庸之辈，要想达到这一步是根本不可

能的，因此，贾思伯可以称得上是少年得志（图3-5）。

图3-5　52集原创三维动画片《农圣贾思勰》中贾思伯年轻和中年时的卡通形象

贾思伯的知识、儒雅和大度在《魏书》的《贾思伯贾思同传》中有四个故事记载。

第一个故事——虚怀若谷，不伐其功。“钟离之围”是北魏时期一个有名的军事战役（图3-6）。“钟离之围”也叫钟离之战、邵阳之役，发生于公元507年，是梁武帝讨伐北魏期间，两军以钟离城及其邻近之邵阳洲为主战场的战役，为该次大规模北伐行动中具关键意义的一战，也是中国历史上以少胜多的战争之一，结果南梁获得胜利，甚至因此幸免于可能亡国的危机。在此战役中，贾思伯以朝廷任命的持节军司①的身份，随任城王元澄围攻钟离，兵败退却，任城王元澄让贾思伯一介儒生殿后，却没有想到贾思伯能够成功突围，当人们问起贾思伯的突围过程时，“思伯托以失道，不伐其功”贾思伯却向人们说是自己走错了路才出来的，完全没有居功自傲，充分显示出读书人温良敦厚、谦虚无取的高尚品质，“时论称其长者”受到当时人们的尊敬。贾思伯在任兖州刺史期间，政绩显著，深受当地百姓的拥戴，兖州百姓曾为贾思伯立德政碑以表怀念。该碑于孝明帝神龟二年（公元519年）立于兖州，被称为《贾使君碑》（附录部分有此碑文

① 注：军司即军师，持节军司因为是朝廷任命的因此代表政府，所以又比一般的军司身份要高

及拓片，可参考）（图 3-7）。“贾使君碑”又称“贾思伯碑”，由于此碑“书法高古，褚书即从此出”历来被书家尊为学习魏碑书法的典范碑帖，此碑现已移至山东曲阜孔庙内。

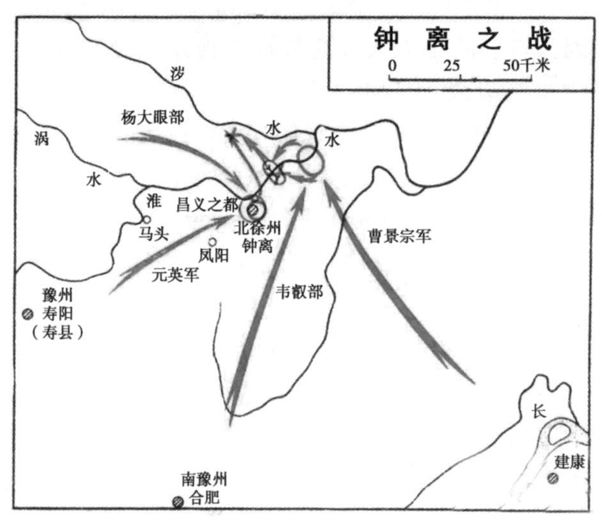

图 3-6　钟离之战形势图

图 3-7　现藏于曲阜孔庙内的贾使君碑（部分）

从贾思伯谦虚为人，不伐其功的修养看，贾思勰的为官之绩虽然在史籍没有记载，但他致力于“要在安民”“富而教之”的理想追求，甘于默默无闻地专注于农学的研究与总结，并且最终写成了农学巨著《齐民要术》，可以说，完全是一名知识分子的行径，他的做法也大有其长兄贾思伯的儒将风范，同样是贾氏一族的优秀典范。

第二个故事——知恩图报，一心为民。公元 509 年，贾思伯做了南青州刺史，之后他给自己当年的老师——北海的阴凤先生送去 100 匹细绢，并派人驱车延请老师，阴凤因为自己的不识人才之故而羞愧难当没有前往。其原因在《魏书·贾思伯传》中也有记载："初，思伯与弟思同师事北海阴凤授业，无资酬之，凤遂质其衣物。"当年贾思伯、贾思同二人拜北海的阴凤先生为师读书学习，最后却拿不出钱资来酬谢老师，阴凤就把他们哥俩的衣物作为了抵押。阴凤当然不会想到，当年穷得连学费都交不起的贾思伯兄弟二人日后会发达，都做了朝廷的高官。因此，当贾思伯来请他时自然羞愧难当。当时人们流传一句笑语"阴生读书不免痴，不识双凤脱人衣"，就是说的贾思伯、贾思同兄弟二人的故事。然而身居高官的贾思伯完全没有抱怨自己的老师，显示出读书人博大的胸怀。贾思勰不辞艰辛踏遍北魏疆域，阅读了百余种古代典籍，甚至为了验证古书或者前辈的说法，自己动手做实验，没有官气，没有贵气，更没有摆架子，有的只是为给老百姓找到一条生活安定、富裕、受到良好教育的路子，他的理想和抱负与贾思伯的宽容大度何其相似。

第三个故事——广征博引，坚持己见。北魏朝廷迁都洛阳后要建设明堂的故事。明堂是中国历史上最著名的礼制建筑，是儒家的礼制建筑典范，也是古代帝王明政教之场所，凡祭祀、朝会、庆赏、选士等大典均在此举行。当时，大家对明堂的建筑形制存在很多不同的意见，贾思伯就写了《明堂议》（具体内容见〈魏书·贾思伯传〉）向朝廷上书说明自己对建设明堂的意见建议，贾思伯在文中引用了《周礼·考工记》《礼记》《王制》《诗·大雅》《孟子》《考工记》《孝经援神契》《五经要义》《旧礼图》等众多古代典籍记载来证明自己的观点，"学者善其议"赢得了当朝学者的普遍认同。这充分证明，贾思伯就是一位饱读诗书的儒雅学者，"近朱者赤，近墨者黑"，毫无疑问，作为同族兄弟的贾思勰必然也会受到他的影响。受"九品中正制"用人制度，特别是北魏盛行的门阀制度影响，甚至连贾思勰的官职都极有可能是因了贾思伯的关系。前文说过，《齐民要术》引用古书多达 150 多种，还有不知名的一些古书，仅从此藏书量和读书量来看，这与贾思伯的博览群书又是不分伯仲的。

第四个故事——谦虚好学，审慎敬业。贾思伯受太保崔光的推荐做了北魏肃宗——孝明皇帝元诩的侍讲后的故事。侍讲是什么意思？就是陪侍皇帝，给皇帝讲课当老师的人，能有资格给当朝皇帝做老师教皇帝学习的人，其本身的学问可想而知。元诩在位时间是公元 516 年—公元 528 年，而贾思伯生于公元 468 年，此时已经 50 多岁，不再年轻了。《魏书》中的《贾思伯传》记载："思伯少虽明经，从官废业，至是更延儒生夜讲昼授。”贾思伯虽然年轻时就读过很多的经书，但是出仕做官后学习自然受到一些影响，做了皇帝侍讲后，贾思伯为了弥补自己因政事而荒废的学业，就邀请了儒学之士晚上来给他讲课，自己先学习明白后，白天再去给皇帝讲课，这绝不是仅仅因为自己知识不够，更多恐怕是对知识的认真和敬畏。毋庸讳言，贾思伯这种勤奋学习的态度、精神和行动，就是拿到今天也是令人敬佩的。《齐民要术》创作历时之长是不言而喻的，关键是贾思勰不仅仅为写书而写书，他还“行万里路”，还亲自通过实践来验证自己的结论，这种精神可以说与贾思伯的学习精神又是难以分出高下的。

通过这四个小故事，我们对贾思伯的学识修养有了一个大概的了解，在敬佩贾思伯做人、学习、为官、敬业的同时，也自然会被寿光贾氏家族深厚的家学传统所折服。有了这样的家学积淀和熏陶，作为贾思伯的同族兄弟，能写出 11 多万字的农学巨著《齐民要术》，身为贾氏家族一员的贾思勰深受家学影响也就不难理解了。

（二）另一位给皇帝当老师的次兄——贾思同

贾思同（公元 471—540 年），《魏书·贾思同传》中说他“少厉志行，雅好经史。”少年时候就有志向，喜欢读经书研究历史（这为有的专家认为贾思同、贾思勰为同一人提供了反面证据，贾思同是雅好经史，贾思勰是专注农学，是两个截然不同的研究方向）。他“释褐彭城王国侍郎，五迁尚书考功郎，青州别驾。”做过彭城王元勰的侍郎，侍郎是“主作文书起草”的官（作者注：据《后汉书·百官志三》），侍郎干得也是文差事。尚书考功郎是掌管考课百官及考试秀孝的官职，贾思同就曾做过五个地方的考功郎，可见贾思同也绝非等闲之辈（图 3-8）。

据《魏书》记载，贾思同还做过镇远将军（正四品）、中散大夫（正四品，初级资政官）、荥阳太守（五品）；又授平南将军、襄州刺史（相当于现在省长级）；封营陵县开国男（五品）；又任抚军将军（从二品）、给事黄门侍郎（四品，掌侍从皇帝，传达诏命）、青州大中正；又任镇东将军、金紫光禄大夫（从二品，高级资政官）、仍兼黄门；不久又任车骑大将军（二品）、左光禄大夫（二品）；迁邺后，任黄门侍郎（四品）、兼侍中（三品，监督院总监督长）、河南慰劳大使；又加授散骑常侍（从三品，相当于顾问院总顾问长）、兼七兵尚书（相当于国务院国防部长），不久又任侍中（三品）等系列要职，从中可以看出贾思同所任官职有文有武，也证明了他是一个文武兼备的人物，应当说这与贾氏家族的家学传统不无关系。

更为重要的是，贾思同和贾思伯一样，也做过皇帝的侍讲。不过此时，北魏已分裂为东魏、西魏，贾思同做的是东魏孝静帝元善见的老师，并且讲的也

图 3-8　52 集原创三维动画片《农圣贾思勰》中贾思同青、中年时的卡通形象

是《杜氏春秋》。能给皇帝当上老师，说明贾思同的才学也不是一般人所能达到的。

贾思勰有着同为皇帝老师这样优秀出众的同族同辈兄弟，可想而知，长期以来的耳濡目染，贾思勰也必然是熟读经书的，一定程度上讲，他的才智也未必就落后于贾思伯、贾思同二人。可能是因为贾思勰的官职太低，写的又是农书，没有被朝廷看重而已。这与我们看到的从贾思勰在《齐民要术·序》中透露出来强调“重农本”的思想也是相符的。

（三）基于贾思勰交往的朋友方面分析

正如贾思勰在《齐民要术》中所写的那样：“观邻识士，见友知人”，观察某个人的邻居就能了解他的为人，看到他结识的朋友就能知道这个人的人品怎么样。这里，我们也不妨通过贾思勰交往的朋友来进一步了解一下贾思勰的情况。通过史料和对《齐民要术》的研究，我们可以发现，在北魏历史上贾思勰生活的大致时代，有两个重要人物与贾思勰有着非常紧密的关系，他们之间通过贾思伯、贾思同有着交流沟通，建立了友谊：其中一个是皇族贵戚，“外示长者，内怀矫诈”的酷吏式人物——刘仁之，另一个是在北魏当朝与贾思伯同朝共事，亦是做皇帝侍读的，仕途坎坷、郁郁寡欢而终的《浮萍诗》的作者——冯元兴。通过贾思勰这两位朋友的情况，我们可以进一步分析贾思勰的文化背景和对其文化思想形成有着重要影响的因素，以期对我们全面地理解和掌握《齐民要术》农学文化思想内涵，起到一定的帮助作用。

1. 被贾思勰称为“老成懿德”的西兖州刺史——刘仁之

贾思勰在《齐民要术》中曾用小字体作注方式，记述了他的朋友刘仁之（今河南省洛阳人）的事，图3-9。原文记载，“西兖州刺史刘仁之，老成懿德，谓余言曰：‘昔在洛阳，于宅田以七十步之地，试为区田，收粟三十六石①。’”意思是说，西兖州刺史刘仁之，是一个经验丰富有德行的人，他曾对贾思勰说过“我当年在洛阳的时候，在自家的宅田里用七十步见方的一块地，试用区田法耕种，收了三十六石粟”。从贾思勰对刘仁之“老成懿德”的称呼，以及刘仁之与贾思勰交流的内容来看，刘、贾二人关系非同一般，甚至可以说应该是老相识、老朋友，交往也比较多。否则，贾思勰不可能对刘仁之有这样细致的了解和评价。

图3-9　52集原创三维动画片《农圣贾思勰》中刘仁之的卡通形象

《魏书》卷八十一有《刘仁之传》，说刘仁之“少有操尚，粗涉书史，真草书迹，颇号工便。”年轻时就有操行和志向，粗通书史，楷书、草书写得很好。刘仁之的父亲叫尔头，在《魏书·外戚传》中也有记载。从这些史书记载可以

① 音dàn，古代的容量单位，十升为一斗，十斗为一石

知道，刘仁之拥有皇家子弟的身份，又做过御史①、黄门侍郎②、著作郎③、中书令④等官职。

同时，刘仁之“性好文字，吏书失体，便加鞭挞，言韵微讹，亦见捶楚，吏民苦之。而爱好文史，敬重人流。”（〈魏书·刘仁之传〉）刘仁之喜好文字，官吏如果书写得不得体，就用鞭子抽打，说话时语音声调稍有偏差，也会被毒打一顿，官吏百姓对此深感痛苦。然而，他爱好文史，敬重名流，显示出刘仁之在当时文化界有一定的影响。即使附庸风雅，至少也能说明刘仁之肯定是有一定文化修养的，绝不是泛泛的官宦子弟。

通过这些历史记载和评价，我们可以看出刘仁之从事的官职、结交的朋友都是有一定文化修为的，刘仁之也完全可以称得上是一个文化人。特别是刘仁之“爱好文史，敬重人流”的特点，如果贾思勰不是一个有相当文化修养的人，以刘仁之的性格特点，怕也是难以入其耳目的，更何况刘仁之还曾在自家院子里种过一块地，并且用的是当时较为先进的区种法，贾思勰在《齐民要术》中也记载了他们的这些交往事实，因此说贾思勰也是一位文化水平较高的文化人绝不是凭空而来的。

2. 以“浮萍”自喻的中书舍人——冯元兴

冯元兴（今河北省肥乡人），在《魏书》卷七十九《列传》第六十七有关于他的记载，图 3-10。同时，在《贾思伯传》中也记有一句话涉及冯元兴，说贾思伯被推荐为肃宗侍讲时，“中书舍人冯元兴为侍读”，贾思伯做的是皇帝的老师，冯元兴做的是皇帝的陪读，二人共同为一个皇帝的读书学习服务，从这一点看冯元兴与贾思伯二人的关系也应该是不一般的。那么，为什么说冯元兴与贾思勰之间还会有联系呢？我们通过贾思伯、贾思勰是同族兄弟的关系看，既然冯元兴与贾思伯都在皇帝身边服务，是同事关系，那么非常明显，贾思勰与冯元兴的关系自然是通过他的族兄贾思伯建立起来的。

冯元兴“通《礼》传，颇有文才”贾思伯做肃宗侍讲时，“元兴常为擿句，儒者荣之”冯元兴常常负责为肃宗皇帝从经典书籍中摘选文句，当时的儒学之士常以之为荣。这些记载说明，冯元兴不仅饱读诗书，并且因为是皇帝的侍读为皇帝学习服务，为儒学之士争了光而深得同行羡慕，并以之为荣。

北魏社会的动荡不安，也成为当时官场人生的连通器。冯元兴因为依附的元叉权倾势倒而被废职，就写了一首《浮萍诗》以自喻。诗曰：“有草生碧池，无

---

① 监察性质的官职，属于检查部门的，相当于现在的纪委委员，专门监督各部官员

② 四品。负责侍从皇帝，传达诏命

③ 从五品，负责撰述国史

④ 三品，负责传宣诏命

图 3-10 52 集原创三维动画片《农圣贾思勰》中冯元兴的卡通形象

根绿水上。脆弱恶风波，危微苦惊浪。”（《魏书·列传》），以诗抒情，以浮萍自况，表达了自己身世飘零的坎坷经历和人生感遇，情真意切，闻者为之动容。冯元兴的经历代表了官场人生的一个侧面，他的愤而作又是传统文人的普遍行为。这首诗是仕途失意的感遇之作，代表了相当一部分官场失意之人的人生际遇和感慨，因而在历史上也有着重要影响，另一方面也说明了冯元兴的文学功底是相当深厚的。

刘仁之和冯元兴之间有什么关系吗？史书记载的是，冯元兴与刘仁之之间也有着非同一般的关系。《魏书·刘仁之传》中记有刘仁之“与齐帅冯元兴交款，元兴死后积年，仁之营视其家，常出隆厚。”就是说刘仁之与当时号称齐郡帅才的冯元兴交往亲密，冯元兴死后多年，刘仁之还照看帮助他的家人，常常给予冯元兴家人很隆厚的待遇。由此看，刘仁之与冯元兴关系非同一般，而冯元兴与贾思伯的关系又非同一般，继而推断，贾思勰与冯元兴自然也有着非同一般的关系，而冯元兴与刘仁之都是读书之人，且位居高官，其文化水平自然不是寻常人所能达到的。因此说，贾思勰的文化基础也一定是非常了得，具备了一个文化人的资质和实力。

（四）基于北魏时期社会学习风气的分析

社会风气是一个国家价值观的重要体现。在古代社会，一个国家的学习风气的形成主要受以下几个方面的影响：一是社会安定，经济发展；二是国家（主要是执政者）的重视和倡导；三是学术研究较为深厚。这三个方面的情况，在北魏孝文帝时期及以后一段时间内表现较为突出，影响着这一时期人们的学习、生产和生活，也对当时社会学习风气的形成起到了积极的推动作用。

1. 北魏朝廷重视汉民族文化的研究学习

南北朝时期是汉族政权（南朝）与少数民族政权（北朝）并存的时期，也是中国历史上民族大融合的时期，这对民族文化的融合发展，繁荣中华民族优秀传统文化产生了重要影响。一方面，汉民族文化受到少数民族文化的冲击，把少数民族优秀的文化内容有选择性地吸纳进了汉民族文化，丰富了汉民族文化内涵；另一方面，汉民族文化和少数民族文化实现了碰撞和融合，少数民族也在不断借鉴和吸纳汉民族文化的精华，从而丰富了本民族的文化内涵。民族文化的交融发展，共同构成了源远流长、异彩纷呈的中华民族文化。

《魏书·列传》第七十二中的《儒林传》记载，“太祖初定中原，虽日不暇给，始建都邑，便以经术为先，立太学，置五经博士生员千有余人。”图 3-11。意思是说，北魏太祖皇帝拓跋珪初步平定中原，虽然日不暇给，刚建造都城，国事繁重，但他还是以经书典籍学术为先，设立了太学，设置五经博士生员一千多

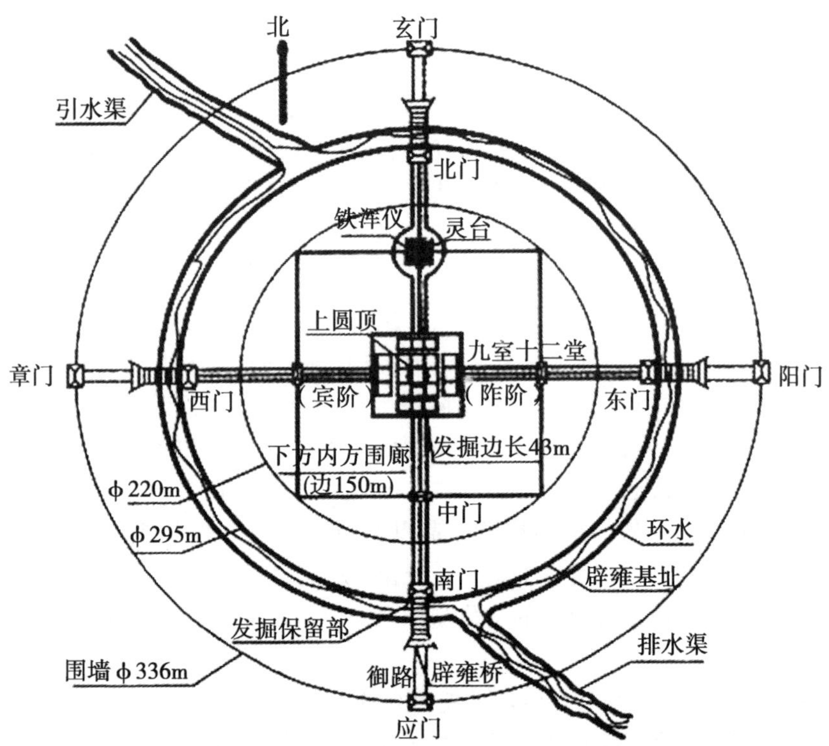

图 3-11　赵一德先生手绘的北魏时期平城明堂辟雍建筑遗址发掘平面实测图

资料来源：赵一德《北魏平城明堂》（山西人民出版社，2007）

人。到了天兴二年（公元399年），国子太学的博士生员增加到了三千人，后来的几任皇帝也都继承了北魏朝廷当初的这一正确做法，对经学儒学的学习一直持续不断。魏献帝时，甚至“诏立乡学，郡置博士二人，助教二人，学生六十人。”（《魏书》）朝廷下令建立乡学，后来更加详细具体，在制度建设上也越来越规范。由此可见，从北魏政权建立之初，北魏朝廷就非常重视汉学知识的学习和传播，这对营造良好的社会学习风气起到了积极的推动作用。

另据《魏书·列传》第七十二《儒林》记载“太和中，改中书学为国子学，建明堂辟雍，尊三老五更①，又开皇子之学。”即到了魏孝文帝拓跋宏时，朝廷设立了明堂辟雍（图3–12）。而这个时间，应该与贾思勰的年轻时代大体相近，受此影响的可能性极大。明堂是中国古代最高等级的皇家礼制建筑之一，主要职能是朝廷颁布政令，接受朝觐和祭祀天地诸神以及祖先的场所，辟雍是为教育贵族子弟而设立的古代大学。

图3–12　山西大同复建的北魏明堂遗址公园效果图

通过以上分析可以看出，北魏朝廷非常重视汉族的礼仪规制和以鲜卑族为首的少数民族的汉化工作，也就是通过向汉族学习，提高本民族的文化水平，以利于民族融合和政治统治需要，历史上著名的“北魏孝文帝改革”包括了改汉姓、说汉话、穿汉服等一系列汉化内容，就是少数民族向汉族学习的重要例证。当时，魏孝文帝建明堂重礼仪，开辟雍重学习，同时还注重尊敬三老五更。由此可以看出，北魏朝廷是非常重视向汉族经学学习的，这就奠定了北魏社会浓厚的学

① “三老五更”泛指那些年龄大、做了官而有经验的人

习风气基础。

《魏书》还记载了一个更具有说服力的例子，讲的是魏高祖孝文帝拓跋宏非常爱好汉族的文学经典，“坐舆据鞍，不忘讲道。”说孝文帝即使坐在轿子里骑在马鞍上，也不忘记讲道（汉学经典），已近着迷。一国之君尚能如此，可想而知天下臣民将是怎样的情形了。另据《魏书》记载：“刘芳、李彪诸人以经书进，崔光、邢峦之徒以文史达，其余涉猎典章，关历词翰，莫不縻以好爵，动贻赏眷。于是斯文郁然，比隆周汉。”当时的汉族人刘芳、李彪等人就是因为娴熟经书而得到了重用，崔光、邢峦等汉人仅仅因为精通文史而显达，而其他的人要么因为涉猎典章，要么挥洒词章，没有不得到好的官爵，动不动就受到赏赐。于是当时文化郁然昌盛，甚至可以与周朝汉代相媲美。北魏时期的社会学习风气可以说积极浓厚，达到了一个高峰。

到了魏世宗宣武帝元恪（公元500—515年在位）的时候，北魏政府又下令营造国学，在四门均设立小学，“大选儒生”为国家建设服务。“虽黉宇未立，而经术弥显”（〈魏书〉）甚至出现了校舍讲堂还没有完全建设好，但经学却越来越受到重视的局面。“时天下承平，学业大盛。”当时天下太平，学校教育得到较快发展，这样的社会风气和环境，为贾思勰的学习提供了绝好的时机和条件。

从封建社会国家机构的组成来看，政府积极提倡学习的局面出现，一方面毫无疑问是政府的政治需要，是北魏朝廷为了加强和巩固自己政权的现实需要。北魏朝廷要达到他的统治目的，就不得不了解、学习汉民族文化，以达到知其里治其本，通过教化百姓，从而实现政权稳固的政治统治目的；另一方面，这也是南北朝时期民族融合发展的必然，少数民族进入汉民族区域，不得不习惯汉民族的生活和文化，而汉民族也在鲜卑族政权统治下不得不习惯鲜卑族的生活和文化，民族融合为多个民族文化的交流碰撞创造了条件，一定程度上也更加有力地丰富了各民族的文化。但正是北魏少数民族政权急于向汉民族文化学习的决定，无形当中有力推动了汉民族文化的发展，也引领和浓厚了北魏社会当时的学习风气。在北魏的“孝文帝汉化改革”以后的一段时间内，这是北魏社会难得的经济发展，社会安定时期。当时“燕齐赵魏之间，横经著录，不可胜数。”（《魏书》）在北魏所辖的燕、齐、赵、魏一带，从事讲经和来听经学习的人，不可胜数，说明了这一时期社会学习风气浓厚的社会现实。公元534年，北魏分裂为东、西魏后，虽然战乱频仍，社会安定受到威胁，但社会上的学习风气仍然非常浓厚。

到了东魏孝静帝元善见兴和（公元539—542年）、武定（公元543—550年）年间，社会上甚至出现了“儒业复光”（《魏书》），也就是儒家学说得到了再一次发扬光大的局面，这无疑为贾思勰的学习营造了一种良好的环境，提供了必要的条件。根据模糊推算，这一时期贾思勰大概已步入了人生当中的老年阶段。从这一历史发展的情况分析，贾思勰从年轻到年老，一生的时间基本上都处在一个社会学习风气非常浓厚的时期，这无疑会为贾思勰的博览群书创造条件，也是贾思勰形成自己的价值观、人生观奠定基础的重要时段。

2. 贾思勰生活的齐郡流行学习《杜氏春秋》等传统经典

上行则下效，社会的大风气决定了地方的小气候，有了朝廷的重视和官员的榜样示范，到了民间这种学习风气就成为一种崇尚汉学经典的社会时尚。一方面，北魏朝廷重视对汉民族文化的学习和研究，使汉学经典研究得到不断推进和发展，成为当时的显学；另一方面，北魏疆域内各地学习之风盛行，使得汉民族文化得以在北魏疆域之内普遍流行，汉学研究大家如雨后春笋般不断出现。在贾思勰生活的时代，汉代郑玄（今山东省潍坊市高密人）作注的《周易》《尚书》《诗经》《礼记》《论语》《孝经》，服虔（今河南省荥阳人）作注的《左氏春秋》，何休（今山东省滋阳人）作注的《公羊传》，“大行于河北”（《魏书》）在黄河流域北部地区广为传播学习，影响较大。位于黄河下游地区的齐郡之地①作为中国传统文化的发源地之一，有着源远流长的文化积淀，齐文化发源的重要区域。这一时期，寿光作为齐郡②的辖地之一，受全国学习风气的影响，学习汉文化的风气更加浓厚。

晋朝的杜预（今陕西省西安市东南人）曾为《左传》作了注释，后人把杜预作注的《左传》称为《杜氏春秋》。在南朝刘义隆时代，杜预的玄孙杜坦、杜坦的弟弟杜骥都任过青州刺史，他们“传其家业，故齐地多习之。”他们都传承了杜氏的家业，也即传承杜预的《杜氏春秋》，所以当时的齐地有很多人都学习杜预的《杜氏春秋》。关于这一记载，我们从祖籍齐郡的贾思伯、贾思同在朝为官，并在做皇帝的老师时，都是给皇帝讲授的《杜氏春秋》可以得到证明，也从另一方面说明了齐地学习杜预《杜氏春秋》风气非常浓厚。寿光贾氏家族作为齐地的世家望族，对学习之事的重视自然不会落后于他人，否则就出不了像贾思伯、贾思同这样位高权重、学识渊博的大人物。贾思勰作为与贾思伯、贾思同同一时期的人物，处在这样的社会大环境和家族小环境之中，他的读书学习情况不言而喻，这又可以从其《齐民要术》引用的书目和内容等情况得到证明。

综合以上四个方面的分析，我们完全有理由说，贾思勰熟读诗书，深谙经典古籍，他不仅拥有较为系统的知识储备，而且还抱有济世救民积极向善的理想抱负。同时，有着贾思伯、贾思同的榜样示范和激励，对贾思勰能够顺利步入仕途，潜心著书立说，也就不存在什么疑问了，对《齐民要术》里面能够大量地

① 主要指今天的淄博、潍坊、东营地区

② 齐郡是当时隶属于青州辖下的一个郡，北魏虽然没有寿光之名，但寿光之地是齐郡辖地

引用古代典籍的现象，也就能够充分理解。因此，我们说贾思勰具有深厚的文化基础，是一个地地道道的文化人，也就顺理成章水到渠成。而作为一个胸藏万卷、抱有“富民、安民、教民”远大理想的地方官吏，贾思勰在《齐民要术》中不时流露出的“农本”思想和积极的文化精神，是最自然不过的事情，而这种积极的思想文化精神，无论在当时还是现在，仍然具有着不可忽视的积极意义和现实意义。

第四章

《齐民要术》的文化价值与魅力

文化是人类文明的薪火，是历史发展的命脉，是经济社会发展的“软实力”。国家行政学院祁述裕教授在“2011 北京文化论坛”上的演讲中曾谈到，文化的核心是从人的生活方式、生产方式中体现出来的价值理念，与人的生产生活密不可分。还有观点认为，从文化价值的精神和物质层面考量，主要包括非主体对象在人们的文化生活方面所具有的意义和价值，以及一个群体或一个社会所共有的价值观体系。如果把文化价值分成不同的类型，每种类型均有其不同的特点，因而形成一个文化系统。它是一个民族文化中包含的价值系统，或者一种文化体系所体现出来的价值取向，文化的表现形式是多种多样的。

一个国家、一个地区都有属于自己民族和国家的文化体系，影响着一个国家、一个地区人民的生活方式、生产方式，促使他们不断地发展完善，从而构成了该国家该地区独具特色的文化传统，表现为异彩纷呈的文化活动形式，人类世界也因此而变得精彩绝伦。文化的价值与魅力就在于此。《齐民要术》作为一部农学巨著，其价值却不限于农业科技，农书之中有历史，更有文化，为深入、准确地把握《齐民要术》农学文化思想内涵，有必要对其文化方面的内容进行一些探讨，从而有助于更加全面地把握《齐民要术》的价值，服务于当今的经济社会发展。

第一节 《齐民要术》的文化渊源追溯

中华文明五千年，源远流长。中华大地文化名人，灿若群星，文化典籍，浩

如烟海。博大精深、多元一体、特色鲜明的中华文明，是由丰富多彩、各具特色的地域文化和各具形态、又相互影响的各民族文化在漫长的历史发展过程中不断融合、凝练、升华而形成的。齐鲁大地，陆海相连，地形多样，民庶物丰，是社会公认的中华文明的发祥地之一；齐鲁大地，人文发达，学派众多，养育了一大批圣人贤哲，经历了风风雨雨，形成了底蕴深厚、独具特色的齐鲁文化。

一、齐鲁文化为《齐民要术》提供了底蕴深厚的文化土壤

齐鲁是对历史上齐国与鲁国的合称，现在山东省的代称。齐国与鲁国是周朝初期同时分封的两个大诸侯国，两个诸侯国以泰山为界分疆治理，泰山以北，以临淄为中心，今天的鲁东、鲁中、鲁北、鲁西等均属齐地，图 4-1。泰山以南，以曲阜为中心，今天的泰安、新泰、泗水、兖州一带，多属鲁地。据《史记 · 周本纪》载：周灭商以后，“于是封功臣谋士，而师尚父为首封。封尚父于营丘（作者注：今淄博市临淄一带），曰齐。封弟周公旦于曲阜，曰鲁”，齐虽从姜太公封国，后二十九世为强臣田氏所篡，但其国未变，至公元前 221 年为秦所灭，共存在了 844 年。齐与鲁皆存在了 800 多年。另据《史记 · 齐太公世家》载：“太公望吕尚者，东海上人。其先祖尝为四岳（作者注：即齐、许、申、吕四岳体系），佐禹平水土甚有功。虞夏之际封于吕，或封于申，姓姜氏。夏商之时，申、吕或封枝庶子孙，或为庶人，尚其后苗裔也。本姓姜氏，从其封姓，故曰吕尚。”意思是说，太公望吕尚，是东海边之人。他的先祖曾做四岳之官，辅佐夏禹治理水土有大功。舜、禹时被封在吕，有的被封在申，姓姜。夏、商两代，申、吕有的封给旁支子孙，也有的后代沦为平民，吕尚就是其远代后裔。吕尚本姓姜，因为以其封地之名为姓，所以叫作吕尚。《吕氏春秋 · 首时》：“太公望，

图 4-1　齐国故城临淄

东夷之士也。”根据这些史书记载，我们可以推断齐国的首任国君姜尚（俗称姜太公）及其族属应当是东夷族人，也由此决定了齐国对东夷文化的认同和态度。

（一）东夷文化：《齐民要术》的文化源极

东夷，是对我国古代东方人族群的叫法，20 世纪 80 年代李白凤先生在其《东夷杂考》中认为，东夷族生活的地域包括今天的山东、苏北和河南东部地区，故齐鲁之地也被称之为“东夷”，居住于东夷区域内的先民们被称为东夷人。根据考古发现，在距今四五十万年以前的齐鲁大地，就已经有了先民活动的身影；到了新石器时代（公元前 8000—公元前 2000 年），齐地已进入以原始农业为基础的阶段，龙山文化时期，农业和手工业进一步发展，已有一定数量的粮食用于酿酒和储藏，东夷人已经创造出了灿烂的东夷文化。中国最为古老的神话传说中的“三皇”“五帝”，如伏羲、女娲、少昊、颛顼、虞舜等都出自东夷。

此外，中华传统文化里具有浓烈传奇色彩的人物，如开天辟地的盘古氏、勇射烈日的后羿、远古时期巢居的发明者有巢氏、中国汉文字的发明者仓颉等，也都是东夷人，他们已成为中华民族勤劳智慧、自强不息的精神标杆。东夷文化研究专家逄振镐先生及其同仁，确认东夷在华夏族源文化中占据重要地位，是华夏文化的东部源地。东夷文化也成为齐文化的渊源，有专家称此时期的齐文化应界定为“先齐文化”，从齐文化的发展时期来分析，具有一定的道理。从文化溯源的角度讲，先齐文化对于齐地农业文明的集大成者《齐民要术》来说，也自然是《齐民要术》的文化源极。

（二）齐文化：《齐民要术》的文化基因

周朝立国后的第一件事就是“分邦封国”，当时分封姜太公的是齐地，图 4-2。齐地靠近渤海边，“地潟卤，人民寡”（《史记·货殖列传》卷一二九），这里土地盐碱，人烟稀少。“齐地负海潟卤，少五谷”（《汉书·地理志上》卷二八上），齐国背靠着渤海土地盐碱，不宜耕种，所以少五谷。“潟卤之田，不生五谷也”（《汉书·食货志上》卷二四上注引晋灼语）“昔太公封于营丘，辟草莱而居焉，地薄人少”（《巍论·轻重篇》）。一方面，齐地“潟卤”“不生五谷”，是不利的自然条件。当然，这也只是当时姜太公到齐地时大概的一种情况，绝不会是齐地的全部。另一方面，齐地“负海”“北被于海”背靠着渤海，便于渔盐之利，这又是有利的自然条件。因地制宜，齐地的这一特殊地理条件为姜太公制定齐国国策提供了依据，这些国策又为齐文化的核心特质形成奠定了坚实基础。

以姜太公分封齐地为始，齐文化先后经历了公元前 1046 年—公元前 771 年的奠定期（西周时期）、公元前 770 年—公元前 481 年的发达期（春秋时期），约公元前 481 年—公元前 221 年的高峰期（战国时期）和公元前 221 年到公元 220 年（秦汉时期）的转型期四个阶段的发展，齐文化才算最终完全定型。研究

图 4-2　位于山东省淄博市临淄区姜太公祠内的姜太公塑像

历史文献资料可以发现，每一个时期齐文化都能积极主动地与其他文化融合发展，使齐文化本身得到不断完善，最终成为中华民族传统文化的主流。按照德国思想家亚斯贝斯的观点，公元前 800 年到公元前 200 年，是人类精神觉醒，哲学突破的“轴心时代”，先秦文化研究专家、历史学家徐中舒，在研究安阳、殷商文化的时候认为：“齐鲁为先秦最高文化区”，傅斯年先生在对齐鲁文化的研究中也曾说过：“从春秋到王莽时，中国上层的文化只有一个重心，这一个重心便是齐鲁。”台湾的学者许倬云、余英时等通过研究，也一致认为，先秦齐鲁文化已经具备了作为中国传统文化主体与核心的内涵与精神特质，齐鲁是中国文化“轴心时代”的核心区域。综合各专家观点，我们可以说这一时期的文化思想决定着中华民族的文化价值取向，支配着人们的思想与行为方式，最终凝聚为中华民族独特的人格特征与精神气质。

齐文化当时在全国的影响是深远的，对齐地百姓的影响更是深入人心，对“齐郡益都”贾思勰的影响自然也是深远的，因此通过分析齐文化的发展历程，了解齐文化各个时期的主要特点，对于研究《齐民要术》对齐文化的传承和创新，准确把握《齐民要术》农学文化思想内涵是大有裨益的。这里综合齐鲁文化研究专家王志民、孟天运等教授的观点，作一简单概括，以期对《齐民要术》文化渊源的研究起到帮助。

1. 齐文化发展的奠定期（公元前 1064 年—公元前 771 年，即西周时期）

姜尚治齐时期。以姜太公在齐建国为标志，带来了商文化与炎黄文化，与当地的东夷文化形成三源融合，奠定了齐初的文化格局，图 4-3。

首先，姜尚（姜太公）分封到齐地后，根据齐国方圆不过百里、人口稀少、

图 4-3 位于山东省淄博市临淄区的姜太公墓

土地荒芜，并且有盐碱地的实际情况，制定了符合齐国发展需要的一系列国政方针，为齐文化的发展奠定了基础，明确了走向。政治方面，齐国推行“尊贤尚功”，任人唯贤而不避贫贱，这让老百姓看到了希望，也为齐初的稳定和发展奠定了基础；在经济方面，从实际出发，因地制宜，提出了“通工商之业，便渔盐之利”（《史记·齐太公世家》）、“通末利之道，极女工之巧”（《盐铁论·轻重篇》）等经济措施，大力发展工商业、渔业、盐业和手工业，使齐国经济获得了迅速的发展；在文化方面，《史记·齐太公世家》记载：“太公治国修政，因其俗，简其礼。”“因其俗”，就是对齐地的风俗有选择地加以取舍，原则上是仍然沿用而不是全盘否定，从而顺乎百姓意愿，而不去违背老百姓的意愿勉强改变。这一政策实施，尊重了当地百姓的习惯，赢得了百姓的支持，维持了齐地的稳定，是一种智慧之举。“简其礼”就是对繁杂的周礼加以简化、简略，使之更加平易近人，与鲁国实行的“革其俗，变其礼”截然相反，其效果也大相径庭。齐国的这一文化政策，使鲁文化与东夷文化得以相融共存，为齐文化的博大内涵注入了生命力元素。

姜太公在齐立国的指导思想和治理方针，贯彻了开放、务实的精神，涉及政治、经济、文化等各个方面，并逐渐发展成为一种传统，深刻地影响着齐文化的发展和走向，成为齐文化的指导思想和基本特征。由此，我们可以说齐文化自齐初开始，就是开放的复合型文化，就是丰富多彩的文化，体现了一种兼容并包的特色。

得益于姜太公“因其俗，简其礼”的文化政策，使齐文化的积淀有了更深层次的追溯，为后世齐文化的丰富多彩作了时间和实践上的准备，也为《齐民要术》资料的来源提供了更加真实可靠的支撑。

2. 齐文化发展的发达期（公元前770—公元前481年，即春秋时期）

这一时期，是齐国经济快速发展的时期，也是齐文化大发展的时期。以管仲、晏婴为代表人物，他们的思想主张与姜太公齐初的治国理念一脉相承，又有所创新丰富，为齐文化的发展与完善作出了卓越贡献，图4-4。

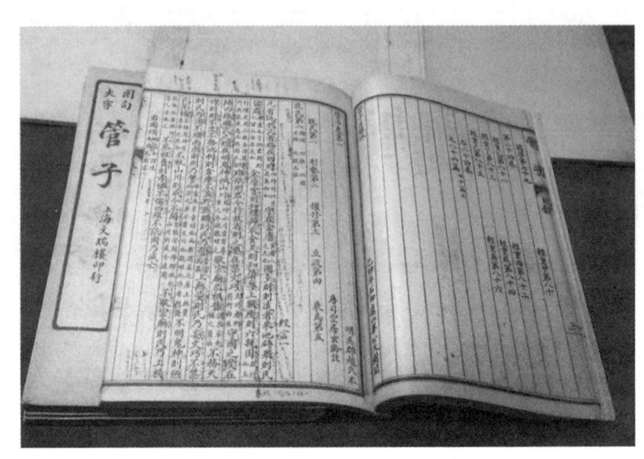

图4-4　战国时期管仲的著作《管子》影存

管仲治齐。在齐初的政策影响和经济发展基础上，管仲进行了创造性的改革和完善，提出了“仓凛实则知礼节，衣食足则知荣辱，上服度则六亲固，四维张则君令行”的论断（《管子·牧民》），闪耀着朴素的唯物主义思想光辉，是齐文化中宝贵的精神财富。管仲的改革思想系统化、理论化、制度化，推行于全国，政久成俗，对齐文化的发扬光大和改革创新做出了巨大贡献，产生了极大影响。齐桓公在管仲的辅佐治理下，“九合诸侯，一匡天下”，使齐国经济文化发展达到了一个高峰期，齐国最终成为“春秋五霸”中的首霸，从而奠定了齐国的大国地位。姜太公初封于齐时，营丘（今临淄）一带是一片比较荒芜的盐碱地，齐地的经济基础也非常薄弱，但到了齐桓公称霸时，齐国已发展成为首屈一指的强国。到春秋末期，《战国策》记载“临淄城中七万户”已成为相当繁荣富庶的泱泱大国。司马迁在《史记·齐太公世家第二》篇末里曾写到“吾适齐，自泰山属之琅邪，北被于海，膏壤二千里，其民阔达多匿知，其天性也。以太公之圣，建国本，桓公之盛，修善政，以为诸侯会盟，称伯，不亦宜乎？洋洋哉，固大国之风也！”

继管仲之后，齐国最有影响的政治家、思想家是晏婴，他的思想学说进一步丰富了齐文化的内涵，为齐文化的发展完善作出了积极贡献。晏婴的学说不专一派、兼容并包、务求实用，是战国时期杂家思想的开创者，他根据姜齐末期的社会现实，提出了“节用”、“自俭”的思想，认为治国之要在于“其政任贤，其行爱民，其权下节，其养自俭”（《晏子春秋·内篇问上·第十七》），进一步发展了姜太公、管仲以来“爱民”、“尊贤尚功”的优良传统。

春秋时期，齐文化发展进入一个相对的高潮，齐国作为“春秋五霸”的霸主，显示出其经济的发达与文化的引领地位，为后世齐文化的巅峰时期准备了条件，也为后世《齐民要术》的诞生提供了坚实的经济基础和文化土壤。

3. 齐文化发展的高峰期（公元前481年—公元前221年，即战国时期）

这一时期出现了“七国争雄”的局面，而齐国位列首位。《战国策》中记载：“临淄之中七万户……临淄甚富而实，其民无不吹竽鼓瑟，弹琴击筑，斗鸡走狗，六博蹋鞠者。临淄之途，车毂击，人肩摩，连衽成帷，举袂成幕，挥汗成雨，家殷人足，志高气扬”。反映了战国时期齐都的繁华，百姓生活富足的景象，充分证明了齐国“战国七雄”之一的经济实力。

同时，这一时期还是齐文化发展的繁荣期。其中，延续时间最长、成就最大、影响最深远的就是战国时期的“百家争鸣”，而争鸣的中心就是齐国的稷下学宫，图4-5。中国文化特别是思想文化的奠基时期、轴心时期是战国的“百家争鸣”。“百家争鸣”发轫于鲁都曲阜，开始声势并不大，参加者也很少。齐桓公田午（公元前374年—公元前357年在位），在齐都临淄设立学宫，吸引天下学者来此讲学，全国的文化中心随即由鲁国转移到了齐国，“百家争鸣”当时号称“九流十家”，儒家、墨家、道家、法家、阴阳家、名家、杂家、小说家、农家、纵横家一共十家，其中最重要的有六家：儒家、墨家、法家、阴阳家、道家和名家。六家当中，著名的代表人物大多与齐国或稷下发生过直接的关系。郭沫若先生曾说“稷下学宫的设置在中国文化史上实在是有划时代的意义”。正是因为“百家争鸣”的出现，齐文化发展进入了全盛期，而且不仅是齐文化得到了空前的繁荣，同时也带动列国文化进入到了一个黄金时代。

这一时期，齐国的文化政策开明，学术上兼容并包，不拘一格，任各家充分发展，自由争鸣。儒家、道家、名家、墨家、法家、兵家、农家、纵横派、阴阳派诸派并列，淳于髡、尹文、田骄、慎到、孟轲、邹衍、荀况等大家辈出，齐国文化界、思想界呈现出一派全方位开放、蓬蓬勃勃，兴旺发达的积极局面。齐国稷下学宫成为全国的思想文化中心，也是学术研究中心和教育中心。其规模，其成就，不仅为古代中国所仅有，就是在世界古代史上也堪称独步。

正因为“百家争鸣”局面的出现，齐国成为当时全国的文化轴心和文化中心，齐文化成为最先进、最具开放性的文化之集大成者。仅仅是在500多年以后，《齐民要术》出现了，《齐民要术》作为“百家争鸣”之后农家学派的扛鼎之作，成为齐文化中的佼佼者，也以其更加迷人的魅力与齐文化、齐鲁文化一起影响着社会、影响着后人。

图 4-5　位于淄博市临淄区的战国时期稷下学宫遗址

4. 齐文化发展的转型期（公元前 221 年至公元 220 年，即秦汉时期）

“战国七雄”中的秦国以其发展的强势取齐国而代之，完成了中国历史上全国的最终统一。在秦汉王朝的封建统治下，齐文化不再也不可能再以绝对的优势得以全面的展现，而是变换形式，继续以学术、思想上的成就影响着秦汉文化的发展，使秦汉文化表现出齐文化的若干特点。这其中，主要以稷下学术为主的齐国学术、思想文化对秦汉时期的整个政治、经济、文化产生了巨大的影响，主要表现为三个阶段：一是在秦代，主要产生于齐国稷下学宫的阴阳五行家的“五德终始学说”，以及齐国的方士及其文化对秦国政治、文化，尤其是对秦始皇本人的影响巨大。史书上记载的秦始皇后来迷信丹药，多次派人到东海蓬莱仙山求长生不老之药的史实，就是受了齐国方士影响的原因；二是在汉初至汉武帝前期，主要是产生于齐地的“黄老思想”对汉代政治、经济、文化产生的巨大影响；三是汉武帝采用了汉代儒学大师董仲舒的建议，“罢黜百家，独尊儒术”，使儒家学说成为显学，对汉代及后世都产生了深远影响，而董仲舒即是稷下齐学中“公羊学派”的代表人物。所以，有专家认为，中国两千多年的封建文化体系在齐文化里已基本构成，秦以后的思想、文化、学术，几乎都可以在齐文化中找到源头。

贾思勰诞生于南北朝时期北魏后期的齐郡益都钓台里，如果上推到先秦时期，也是齐国人，由此说，贾思勰的思想必然会受到齐文化的深远影响，其思想渊源与齐鲁文化不可分割，而这种影响之深通过《齐民要术》得到印证。

（三）齐文化核心精神对《齐民要术》农学文化思想的影响

齐文化博大精深，是中华传统文化的基础，对中华民族的文化心理、民族信念、人格与气质、价值观、人生观等等，都有着难以磨灭的影响。《齐文化通论》的作者孟天运认为齐文化具有三个重要而鲜明的特点，第一是齐文化的务实性，第二是齐文化的开放性、兼容性，第三是齐文化的自由性。应该说，这是齐文化中最突出的或最具代表性的精神，综合上文对齐文化发展历程的解读，我们可以清楚地感受到齐文化的这些特点。但是，也应该说这三大特点并不是齐文化的全部，齐文化中还有很多精华的东西并没有完全概括出来，随着研究的不断深入，一定还会发现更多齐文化中的精华。为了更加深入地研究《齐民要术》农学文化思想的究竟，这里我们不妨再对齐文化中的核心精神或者重点思想观点进行一些深入的分析，特别是那些对贾思勰影响深远的精神内核，在《齐民要术》中也能充分感受到的，反映贾思勰思想精神的方面，在这里予以简单梳理，以期读者朋友能从中体会《齐民要术》农学文化思想的重要源头在齐文化，齐文化核心精神对贾思勰《齐民要术》农学文化思想产生的巨大影响。

1. 民本思想和富民思想

在齐国立国之初，姜太公就提出“天下非一人之天下，乃天下人之天下也。同天下之利者，则得天下；擅天下之利者，则失天下”（《六韬·文韬·文师》）强调天下民心；同时，姜太公还认为“治国之道，爱民而已。”（《说苑·政理》），说明了治国之道以民为本。此外，《六韬·文韬·守土》里还认为，“是故人君必从事于富，不富无以为仁，不施无以合亲”，把“富民”作为了治国之要。春秋时齐著名贤相管仲则明确提出了“以人为本”的观点：“夫霸王之所始也，以人为本。本理则国固，本乱则国危。”（《管子·霸言》），“古之圣王，所以取明名广誉，厚功大业，显于天下，不忘于后世，非得人者，未之偿闻……故曰：人，不可不务也，此天下之极也。”（《管子·五辅》）强调了“人”是至关重要的，是取得天下的根本。同时，管仲还论证了富民利民的治国原则：“凡治国之道，必先富民……故治国常富，而乱国常贫。”（《管子·治国》），“得人之道，莫如利之。”（《管子·五辅》），“以天下之财，利天下之人”（《管子·霸言》），提出了“藏富于民”的观点，“王者藏于民，霸者藏于大夫，残国亡家藏于箧。”（《管子·枢言》），认为统治者应当“爱民”“惠民”“利民”“富民”，因为只有百姓生活安定，政权才能巩固和稳定，把“富民”作为了稳定社会的第一要素。春秋末期齐国名相晏婴也认为，“民，事之本也。”（《晏子春秋·内篇问上》）“卑而不失尊，曲而不失正者，以民为本也”（《晏子春秋·内篇问下》）在中国思想史上第一次明确提出了“以民为本”和“均贫富”的思想。同时，晏婴还把“节欲则民富，中听则民安”作为治国之道，齐国（齐景公时期）的繁荣昌盛才得以维持和发展。荀子在《荀子·王制》中也说“〈传〉曰：君者，舟也；庶人者，水也。水则载舟，水则覆舟”，更是用形象的比喻道出了民心向背与君主社稷安危的损益利害。

除此之外，齐人还非常重视德治，荀子在《荀子·议兵》中提出“以德兼人者王，以力兼人者弱。”他还以马安而舆安，安舆在静马为借喻，申述民安而政安，安政在惠民，“庶人安政，然后君子安位”（《荀子·王制》）的道理，劝诫统治者仁民以保天下。

虽然齐文化或者历代封建统治者心中的民本思想，以肯定王权为先决条件，所谓重民、富民，也都是出于稳定统治秩序的需要而带有时代的局限性，但我们不可否认这一思想仍然放射着智慧的光芒。在《齐民要术·序》中，贾思勰在申明自己的著述原则或者原因时强调“要在安民，富而教之”，这其中明显而又直白地带有齐文化中“民本思想”“富民思想”的痕迹，可以看出齐文化对贾思勰思想影响的深远。本书在《齐民要术》农学文化思想内涵分析专题将有具体论述，这里不多谈。

2. 创新精神

在先齐文化中即有的开天辟地的盘古氏、勇射烈日的后羿、巢居的发明者有巢氏、汉文字的发明者仓颉等传奇，即使是一种传说，也已经非常明显地体现出了齐民思想或意识里的开拓与创新精神。在当时（指东夷文化时期），尤其在手工业制作方面，如在制陶业、铜器制造业、纺织业、航海业和造船业等方面，东夷人（当然也包括齐国在内的区域）均取得了辉煌的成就，特别是其制陶、航海和造船等行业已经引领了中华古老文明之先，达到了同一时期的最高水平。

在姜齐时代，姜太公为了齐地的社会稳定，实施了一种“因其俗，简其礼”的柔性政策，相对于鲁国当时“尊尊亲亲”“革其俗，变其礼”因循守旧的国策来说，就是一种实际意义上的改革和创新。这其中，姜太公为了抵制东夷族的侵扰，实施了一系列的用兵之法，后来战国时总结成了《太公兵法》（亦名《六韬》），齐国兵学也得到了全面发展和创新。到了管仲治齐时代，一方面继承和发扬了姜太公的思想，另一方面又大举创制立法，“定四民之居，使各安其业，制国鄙之制，参其国而伍其鄙；军政合一，寄军令于内政；尽地力、官山海、正盐策；尊王室、亲邻国、攘夷狄”（《国语》）。管仲的改革既有因也有革，“因”的是继承和借鉴传统法制中优秀的部分，“革”的是革除弊政，创立新政，而其依据都是民众的利益和意愿。管仲认为，“政之所兴，在顺民心。政之所废，在逆民心。民恶忧劳，我佚乐之，民恶贫贱，我富贵之，民恶危坠，我存安之，民恶灭绝，我生育之，……故从其四欲，则远者自亲，行其四恶，则近者叛之。故知予之为取也，政之宝也”（《管子》）。

到了战国时期，稷下学宫更是创造了中国学术发展史上的开放论坛，各地贤哲纷纷加盟，形成了“九流十家”，出现了“百家争鸣”的学术自由局面。“农家”作为其中的重要一派，虽然不是最出名的一家，但也已经成为齐文化中不可缺少的一部分，这是齐文化学术创新的史实，也是《齐民要术》创新精神的源流之一。关于这一精神内涵，本书后面将有专门篇章论述，这里也不多谈。

3. 务实精神

务实精神是《齐民要术》农学文化思想内涵的一个重要内容，在齐文化的精神宝库中，“务实精神”同样是不可忽视的重要内容之一。从齐文化发展的四个主要时期来看，务实精神都是一以贯之的。为便于深入了解，现借鉴李维香教授的研究成果作一简要介绍，以期为《齐民要术》农学文化思想内涵中的务实精神找到渊源。李维香教授认为，齐文化中的务实精神主要表现在三大方面。①

（1）遵天时，就地利。①以自然之天为天。商末时期，姜太公不信鬼神天命，反对卜筮迷信，力排众议，辅佐周武王取得了伐纣的胜利，建立了周朝，可以说是从理论和实践上否定了天的至上权威，开了齐文化无神论思想之先河。管仲以姜太公无神论思想为基础，又从理论上恢复了天的自然本性。他认为，天是一种没有感情和意志、无私无亲的自然存在，“如地如天，何私何亲？如日如月，唯君之节”（《管子·牧民》）；“万物之于人也，无私近也，无私远也，巧者有余，而拙者不足。”（《管子·形势》）“天也，莫之能损益也。”（《管子·乘马》）。著名军事家孙武也把天明确看作“阴阳、寒暑、时制”等自然之天，因此，他也像当初的姜尚一样反对求神弄鬼等一切迷信活动，强调知或先知的取得，只能着眼于人事的活动，要从调查和了解实际情况入手，所谓“先知者，不可以取于鬼神，不可象于事，不可验于度，必取于人，知敌之情者也。”（《孙子兵法·用间篇》）。

我们再看《齐民要术》，通过里面的记载，可以发现贾思勰在记录农业生产经验时表现出对自然界的充分尊重与认识，完全自觉地体现了齐文化中的务实精神。如《齐民要术·卷一》《种谷第三》中有一句至今广为引用的名言：“顺天时，量地利，则用力少而成功多。任情返道，劳而无获。入泉伐木，登山求鱼，手必虚；迎风散水，逆坂走丸，其势难。”就是最好的佐证。

②尊重自然界的规律。管仲认为，自然界的天是不受其他因素的影响而按其固有的规律来运行，“天不变其常，地不易其则，春秋冬夏不更其节，古今一也。”（《管子·形势》）。之后的晏婴也认识到了，“天道不谄，不贰其命，若之何禳之？”（《左传·昭公二十六年》）天，也即自然界有它自己独特的运行规律，这一朴素的唯物思想对人类认识自然、适应自然规律，从而利用自然为人类服务，具有重要意义。

贾思勰在《齐民要术》中写到农事操作时，也提出了要充分尊重自然规律，在适宜的时间、适宜的土地、使用适宜的方法，进行相关的农事活动。例如，

① 李维香《试论齐文化的务实精神》，《管子学刊》1998 年

《齐民要术·卷一》《种谷第三》中，“春气冷，生迟不曳挞则根虚，虽生辄死。夏气热而生速，曳挞遇雨必坚垎。其春泽多者，或亦不须挞；必欲挞者，宜须待白背，湿挞令地坚硬故也。”等等，这种尊重自然规律进行农事活动的记载还有很多，本书在专题介绍《齐民要术》农学文化思想内涵时还会作具体分析，此处不赘述。

③抢时机，重时效。商朝末年，在灭商时机成熟时，姜太公对武王进言：“且天与不取，反受其咎；时至不行，反受其殃。”（《群书治要·六韬》）督促武王抓住时机，兴师伐纣；《管子·牧民》开篇就提道，“凡有地牧民者，务在四时，守在仓廪。”“地之生财有时”“不务天时则财不生。”同时，管仲还认识到了时间的一维性特点，指出，“时之处事精矣，不可藏而舍也。故曰，今日不为明日亡货，昔之日已往而不来矣。”（《管子·乘马》）“怠倦者不及，无广者疑神。……曙戒勿怠，后稚逢殃。朝忘其事，夕失其功。”（《管子·形势》）就是说，如若因怠倦而延误时机，将会一事无成，强调了时机的重要性。

细心研究《齐民要术》我们可以发现，贾思勰在书中强调抢抓生产时机，提高生产实效的记载俯拾皆是，说明齐文化中的务实精神对贾思勰的思想影响是非常深入的，譬如在谈到庄稼收割时，贾思勰就援引了民谣“穄青喉，黍折头”，说明不同的农作物有不同的收获时间，要在合适的时候做合适的事，才能增加粮食的产量。

④因地制宜，充分发挥现有的地理条件优势，合理地利用自然资源。姜太公在辅佐武王灭商后，受封于齐地营丘，因为“齐地负海卤，少五谷，人民寡”（《汉书·地理志》），不适于农业生产，又由于齐地濒临大海，有丰富的鱼盐资源，盐碱地虽薄，但适宜种植桑麻，百姓又擅长植桑养蚕且好“女工”，因此手工业较为发达。根据这些实际情况，姜太公制定了“通商工之业，便鱼盐之利”的经济发展措施，一方面大力发展鱼盐生产，另一方面又充分发展工业和商业。这种扬长避短、充分发挥当地当时自然优势的做法，收到了极好的效果，齐国逐渐富裕起来，“人民多归齐，齐为大国。”（《史记·齐太公世家第二》）

管子认为：“地者，万物之本原。”（《管子·水地》），主张“因天材，就地利”（《管子·乘马》）。“度地之宜”，合理利用土地资源。他认为老百姓应该因地制宜，“相高下，视肥硗，观地宜”“使五谷桑麻皆安其处。”（《管子·立政》）通过集约化经营，提高土地利用率。在土地有限的情况下，应该对土地施以精耕细作，在定量土地上投入更多的劳动，来提高土地的生产能力，最大限度地利用土地资源，促进农业生产的发展。对待自然资源问题上，管子还有一些非常可贵的思想，如保护生态平衡问题，他甚至已经提出了“禁发有时”、注意森林防火等许多具体的保护自然资源的措施，这些科学思想即使放到现在也是极有借鉴价值的。

孙武非常重视自然条件对战争的影响，他在《孙子兵法》十三篇中有4篇专门论述战争与地理环境的关系。他强调“夫地形者，兵之助也。”（《孙子兵法·地形篇》）强调地形在战争中有着不可低估的作用，“知此而用战者必胜，不知此而用战者必败”（《孙子兵法·地形篇》）。孙武还对地形作了分类分析，总结出了许多因地制宜的作战方法，即使对现在的军事理论发展，也都具有重要的参考价值。

贾思勰在《齐民要术》中也特别注重和强调因地制宜，如《齐民要术》卷二《大小麦第十瞿麦附》中援引民谣“高田种小麦，稴穇不成穗。男儿在他乡，焉得不憔悴？”形象地说明了在不适合的土地上种植作物，庄稼收成将会受到很大影响这一事实。

（2）因民俗，尚功利。齐国建立之初，在如何对待夷地风俗的问题上，姜太公没有采取与鲁国伯禽“变其俗，革其礼”相同的做法，而是实行了“因其俗，简其礼”的方针。这种明智、务实的做法，尊重、顺从了当地人的风俗习惯，得到了东夷人的拥护。之后的管仲继承了这一“因其俗”的传统，提出了“俗之所欲，因而予之；俗之所否，因而去之”的观点，同时强调“民恶忧劳，我佚乐之；民恶贫贱，我富贵之；民恶危坠，我存安之；民恶灭绝，我生育之。”“故从其四欲，则远者自亲；行其四恶，则近者叛之。”（《管子·牧民》），管仲主张“修旧法，择其善者而业用之。”（《国语·齐语》），在《管子·权修》篇中，管仲还主张“量民之力”，因为“地之生财有时，民之用力有倦”，“民力竭，则令不行矣”，这些观点都是对齐初文化的发展，是有着积极意义的。

到了战国时期的晏婴，一方面发扬齐文化传统，认为明王教民的方法在于尊重民习，顺应民俗“古者百里而异习，千里而殊俗，故明王修道，一民同俗，上爱民为法，下相亲为义，是以天下不相遗，此明王教民之理也。”（《晏子春秋》），因而他向齐景公提出了“一民同俗”的重要策略。晏婴还主张尚节俭以移侈，从而增强齐国实力，这是非常难能可贵的，在《齐民要术》中勤俭节约的思想也是极为突出的，如贾思勰在《序》中援引了大量古代良吏的节俭故事，甚至直抒胸臆，强烈痛斥奢靡风气：“夫财货之生，既艰难矣，用之又无节；凡人之性，好懒惰矣，率之又不笃；加以政令失所，水旱为灾，一谷不登，胔腐相继：古今同患，所不能止也，嗟乎！”

关于尚功利，姜太公就以“尊贤尚功”为用人之策，打破了以血缘关系为基础的亲亲尊尊传统，具有进取性、开放性和务实性。之后的管仲极力主张选贤任能，认为“秀民之能为士者必足赖也。有司见而不以告，其罪五”（《国语·齐语》），要求君主打破等级观念，提拔农民中的优秀者为士。再后来的晏婴则认为“有贤而不知”“知而不用”“用而不任”是国家的“三不祥”，从而提出“举贤以临国，官能以救民”（《晏子春秋》）的主张。战国时期，稷下学宫中，封七十六贤者皆为上大夫，并以高门大屋、丰厚俸禄尊崇之。齐威王以布衣之士邹忌为相，以刑余之人孙膑为军师、以赘婿出身的淳于髡为卿，都是姜太公创立的“尊贤”传统的继续。因此说，在齐国有尊重知识、重视人才的风气和环境。

通过《齐民要术·序》中大量引用贤臣良吏的言论和故事来看，贾思勰思想中对历史上有过贡献，受百姓爱戴的贤臣良吏也是非常敬仰和尊重的，充分反映出了“尊贤尚功”这一齐文化核心精神在贾思勰思想中的影子，足以证明齐文化在贾思勰农学思想中是举足轻重的。

（3）讲道法，重形势。战国时期的“百家争鸣”进一步奠定了齐文化的结构框架，以慎到、田骈为代表的稷下黄老学派，在批判继承老子思想和早期法家思想的基础上，创造性地提出了道法统一论。慎到认为“天道，因则大，化则细。”（《慎子·因循》）主张“因循天道”，认为凡事只有遵循客观规律办事才能达到目的，否则就可能事与愿违；田骈主张“因性任物”，都是值得重视的辩证思想。

《管子》中的《形势》《形势解》《势》三篇记载了管仲对“势”的见解，“山高而不崩，则祈羊至矣；渊深而不涸，则沈玉极矣。”“蛟龙得水，而神可立也；虎豹讬幽，而威可载也。”（《管子·形势》）意思是说，山高而不崩颓，人们就会来烹羊设祭；渊深而不枯竭，人们就会来投玉求神。蛟龙得水，才可以树立神灵；虎豹凭借深山幽谷，才可以保持威力。管子认为，“势”就是事物的发展的态势、趋势，凭借“势”就可以使事业有所成，人们做事必须依“势”，凡事顺“势”则成，逆“势”则多败。慎到认为“腾蛇游雾，飞龙乘云，云罢雾霁，与蚯蚓同，则失其所乘也。”（《威德》）意思是说，龙蛇只有凭借云雾的扶托之势，才能在天空中飞腾、遨游；而一旦云雾消散，失去它所能够依托的势，就和地上的蚯蚓没有什么两样了，这与管子所说的“势”有异曲同工之妙。

孙武善于“因情任势”，他说：“兵无常势，水无常形，能因敌变化而取胜者，谓之神。”（《孙子兵法·虚实篇》）又说：“故善战者，求之于势，不责于人。”（《孙子兵法·势篇》）。鲁仲连提出“势数”之学，认为做事情必须认真分析客观实际情况，只有掌握并利用事物发展的必然趋势才能取得成功。“势数者，譬若门关，举之而便，则可以一指持中而举之，非便，则两手不胜。并非益加重，两手非加罢也。彼所起者，非举，势也。彼可举然后举之，所谓势数。”（《太平御览》卷一八四引《鲁仲连子》）。

《齐民要术》卷三《种蒜第十九》中，贾思勰对并州大蒜、芜菁、豌豆以及山东的谷子在不同地域产生的变异情况作了注，并且说“皆余目所亲见，非信传疑；盖土地之异者也”；在卷五《种椒第四十三》中，对“蜀椒”在青州的成功种植进行了认真的观察与分析，提出了“习以性成”的观点，这些记载充分说明了齐文化中讲道法、重形势思想对后世贾思勰的深刻影响。

齐文化的务实思想，包含了从天时、地利、人事的实际出发，按客观规律办事，因势利导等唯物主义的思想元素，而这些齐文化中的核心精神在《齐民要术》的农学文化思想中也有着充分的反映和表述，由此也可以看出，贾思勰受齐文化影响是巨大的。

4. 爱国精神

爱国精神是中华民族优秀的传统美德，自古以来就是中华民族团结一致、自强自立的核心精神和强大力量。齐文化作为齐鲁文化的一部分，与齐鲁文化和中华民族传统文化一样，始终放射着爱国主义的光芒，凝聚着齐鲁儿女的心，引领着齐鲁儿女的前进方向，这一点毋庸置疑。但为了分析《齐民要术》农学文化思想的内涵，我们也有必要对齐文化中的爱国精神作一简单梳理，以期对更加清晰地把握《齐民要术》农学文化思想的内涵。

爱国主义是一个历史范畴，不同的历史时期、不同环境，爱国主义具有不同的内容和表现形式。在齐鲁文化尤其是齐文化中，主要表现为以下几个突出的方面：

一是对国家统一、富强的追求和维护。主要观点最早来源于《春秋公羊传》的“大一统”思想，《春秋公羊传》相传为子夏的弟子战国时齐人公羊高著。战国时期，管仲治齐，辅佐齐桓公“九合诸侯，一匡天下”成就了“春秋五霸”之首霸，《论语·宪问》说“管仲相桓公，霸诸侯，一匡天下，民到于今受其赐。微管仲，吾将披发左衽矣。”就连孔子也给予了相当高的评价。西汉是公羊学极盛时期，董仲舒也是一名重要的公羊学大师。

二是对爱民、富民、惠民的重视。爱民即爱国、爱国必爱民。战国时期，《管子·霸形》记载：“霸王之所始也，以人为本。”“齐国百姓，公之本也。”，这是对爱民的具体表述；《管子·五辅》记载：“得民之道，莫如利之。”“利”即有利于，也即富民。《管子·治国》说：“凡治国之道，必先富民。”同时，对老、幼、病、残等“行九惠之教”，认为“政之所兴，在顺民心；政之所废，在逆民心”。《晏子春秋》卷四第二十二记载：“德莫高于爱民，行莫厚于乐民……。德莫下于刻民，行莫贱于害民也。”还提出了“弛刑罚，若死者刑，若罚者免”的政治主张。

三是忧患意识。《管子·小匡》记载了齐桓公做了齐王之后的一番话：“昔先君襄公，高台广池，湛乐饮酒，……不听国政。卑圣侮士，唯女是崇。九妃六嫔，陈妾数千。食必粱肉，衣必文绣，而戎士冻饥。戎马待游车之弊，戎士待陈妾之馀。倡优侏儒在前，而贤大夫在后。是以国家不日益，不月长。吾恐宗庙之不扫除，社稷之不血食。”从齐桓公的这番话我们可以看出，他对国家前途命运表现出深深的忧患意识。

当然，除此之外，通过对《齐民要术》文本的研究还会发现，书中有对齐文化的继承，更有对齐文化的创新，既有对齐文化中正确思想的认同，也有对其不实之处的批评，显示出了齐文化中创新精神对贾思勰的影响之深。同时，我们还会发现贾思勰对历史上颇有建树的历代贤臣良吏，以及学术领袖的尊重，也看到贾思勰对大师级人物一些不实之言的怀疑与否定，这些都充分体现了《齐民要术》农学文化思想中可贵的科学精神。

通过深入研究，我们还会发现《齐民要术》既有对“百家争鸣”时期黄老、老庄哲学思想的引用，又有所批判，显示出贾思勰农学文化思想的务实性、科学性、多样性特点。这些分析都从不同侧面反映出齐文化的核心精神对贾思勰思想的影响，当然也不可避免地反映在《齐民要术》农学文化思想之中。

二、《齐民要术》是齐鲁文化中的农学文化精华

中国是传统的农业大国，农业始终是国民经济的基础，重农思想在中国源远流长。无论从历史还是当今的社会现实来看，我国长期以来一直是一个“人口多耕地少”的国家，在这样的现实条件下，如何解决以“食”为天的老百姓的吃饭问题，实现国家的长治久安，向来是国家关注的一个现实问题，而建立一套因地制宜、因时制宜、因物制宜的农业科学技术体系，实现精耕细作，提高粮食产量，满足百姓需要，是历朝历代都在致力解决的首要问题。《齐民要术》的产生，符合时代的发展需求，符合了国家的发展需求，符合了群众的现实需求，具有特别重要的价值和现实意义，这也是《齐民要术》历久弥新传承留世的重要原因。

通过上文的分析，我们对《齐民要术》的文化渊源有了大概了解，鉴于对《齐民要术》农业科技知识等方面的研究，前贤今人已作大量研究，有众多成果可参考，非本书所论重点，故不多涉。但《齐民要术》农学文化思想在齐鲁文化，甚至中国传统文化或世界农业文明中的重要地位，还有很大的研究空间，需要一些研究成果的支撑。为此，下面简要分析一下《齐民要术》之所以为世人称道为“中国古代农业百科全书”，在前有古人后有来者的历史发展潮流中，之所以在众多农学著作中出类拔萃熠熠生辉的原因。研究重点放在北魏以前，同时也将视野扩展到以后和未来农业发展趋势上，通过对比分析试图以更加详细的证据，来说明《齐民要术》是齐鲁文化中集大成的农学文化精华。

（一）《齐民要术》继承了之前和当时中国（主要是北方旱作区域）最先进的农业生产经验

“民以食为天”“食为政首”是中国历代政府施政的主导思想。“食”离不开

生产，尤其是农业生产。农业生产是以人为主导的自然再生产与经济再生产交织的过程，农业生产过程是人们在与自然界斗争的长期实践中，逐步认识到生物有机体与自然环境之间的关系，并根据生物有机体与环境条件统一的基本原理，逐步适应并进而控制环境条件，使之向人们需要的方向发展，从而取得高产优质农产品的复杂过程。农业生产离不开农业科学技术的发展，而农业生产和农业科学技术的一个显著特点是：具有实践上的连续性和发展上的相对稳定性，因而它具有很强的历史继承性。由于农业生产的周期较长，而反映农业生产经验的农业科学技术，是世世代代在长期积累和总结提炼的基础上生成的，同时它又经受了地质、气候、人为、时代等各种复杂条件的严峻考验。这种世代继承的特点和在继承中发展的特点，对于农业科学技术的发展，具有特别重要的意义。这一点在《齐民要术》中体现得尤为突出。

从中国古代农业发展的过程来说，大概可以用六个阶段来概括，这六个阶段反映了中国古代农业发展水平从原始、初级、中级到高级不同阶段的特点，是符合事物的发展规律和现实发展状况的。通过对这六个阶段各个时期的农业发展水平和情况的了解，我们可以更加全面地发现和理解《齐民要术》的伟大之处、精彩之处。

1. 中国农业技术的萌芽时期：新石器时代（距今约10000~4000年以前）

这一时期是我们祖先在采集和渔猎经济中逐步发展起来的，因为这时期的农业技术水平十分原始，农业生产措施十分薄弱，因此提高作物收成的能力和水平也极其有限，在很大程度上主要依赖天时和大自然的恩赐，是农业发展的萌芽阶段。据考古发现，我国新石器时代的若干原始农业遗址中出土了大量的粟米、稻谷、家畜骨骼以及简陋的农业生产工具，说明了古人们在长期的采猎、栽培、驯养过程中掌握了许多生产、生活知识，也表明当时农业已经达到一定水平。原始农业时期文字尚未出现，人类种植牧养的经验仅限于口传手授，不用说专门的农书根本不可能有，就是最最普通的农业书籍也是不可能有的。

2. 中国农业技术的初步形成时期：夏、商、周（约公元前2100—公元前771年）

这一时期，中国发明了金属冶炼技术，青铜农具开始应用于农业生产，水利工程开始兴建，农业生产技术有了初步的发展。夏商周三代的主要活动区域在黄河流域，这里土地肥沃四季分明，适宜从事农业生产，是中国古代文明的重要发祥地。在《诗经》中，我们可以见到很多有关草木荣枯的记载和观星（相）经验，《诗经·豳风·七月》还涉及一年四季各月的各种农事安排，已经体现出农业生产在这一时期的基本发展情况。

商周时期的《夏小正》（《大戴礼记》）可以看作我国专业农书萌芽的标

志。《夏小正》全文463字，明确区分1年为12个月，但是还没有出现四季和节气的概念，并将物候和天象结合起来表示时令季节，几乎每个月都标有一定的农事，农事生产内容包括了农耕、渔猎、采集、蚕桑、畜牧等方面，但还没有提到“百工之事”，这是社会分工还不够发达的真实反映。《夏小正》虽然带有一定的农书性质，但在内容的比重上，天文历法明显居多，农事农技甚少。因此，从严格意义上讲，《夏小正》应该是属于农事历法之类的书，还称不上是专业的农书。商周后期，出现了青铜农具，金属工具的出现是农业生产上的一大革新，大大推动了农业生产的进程，为中国农业进入精耕细作时代提供了可能，奠定了基础。

3. 中国农业精耕细作的发生时期：春秋战国（公元前770—公元221年）

春秋战国时期是中国社会大变革和科技文化大发展的时期，这一时期以炼铁技术的发明为标志，昭示着新的生产力已经登上了人类发展的历史舞台，铁农具和畜力（主要是牛耕）的使用，大大提高了农业生产效率，推动了农业生产的大发展。特别提出的是，战国时期还产生了自然土壤和农业土壤的概念，人们把“万物自生”的地称作“土”，把“人所耕而树艺”的地称作“壤”，这是长期以来人们通过农业生产实践而实现的思想上的一次质的飞跃。分别“土”和“壤”，不仅把自然成土因素与人为成壤因素，作为形成土壤的综合因素来看待，而且强调了人为因素在成壤方面的主导作用，为后世的人工培肥土壤，奠定了理论基础，是传统农业向精耕细作时代迈进的一次理论跨越。传统农业的逐步确立，土壤耕作原理原则和技术措施的逐渐成熟，加之战国时期“百家争鸣”的宽松学术环境，为专门农书的出现提供了条件。这期间出现的《神农》《野老》《吕氏春秋》等几种重要的书籍，都是与农业相关的重要作品，其中《吕氏春秋》中的《上农》《任地》《辩土》《审时》四篇，联为一体形成体系，为传统农业向精耕细作转型打下了技术理论基础，可以说是我国最早的农书。

4. 中国北方旱地精耕细作技术的形成时期：秦、汉至南北朝（公元前221—公元589年）

这一时期是中国北方区域旱地农业技术的成熟时期。随着多种大型复杂的农具先后发明和在生产中的实际应用，耕、耙、耱等耕作上的配套技术已经非常成熟，甚至还发明了石磨，极大地改善了人们的饭食形式，是农业生产技术发展的又一次飞跃。恩格斯曾说过“铁制农具的应用具有划时代的意义，使大规模农业生产成为可能。”到了汉代，铁制农具的优越性逐渐被人们认识，并得到广泛应用，农业生产水平得到进一步提高。同时，随着人口的不断增多，农业产量的提高已成为这一时期的关键，于是出现了汉代赵过发明的“代田法”，节约了大量人力，提高了土地的利用率，使粮食增产成为可能，是农业发展的一大进步。

在汉代，人们还强调人工肥力观，认为土地的肥瘠虽然是自然特性，但是它不是固定不变的，性美的肥沃土壤，固然能使庄稼丰茂，性恶的瘠薄土壤，只要“深耕细锄，厚加粪壤，勉致人功，以助地力”（东汉·王充《论衡》），就会跟肥沃的土壤一样能够长出好庄稼。这一观点的提出，为后世“肥田”理论的发展成熟准备了条件。

这一时期，贾思勰生活的齐地农业生产技术已经相当发达。总结农业生产经验的农书也以规范成熟的体例出现，西汉末年“教田三辅”的轻车使者氾胜之著的《氾胜之书》，成为西汉农学的经典之作，也是我国现存最早的一部专业农书。《氾胜之书》总结了两千多年以前以我国关中平原和黄河中下游地区为中心的农业生产经验，对耕作原理提出了一些基本原则。在选种方面首先提出了麦子、谷子的穗选保纯法及稻田控制水流以调节水温法，桑苗截干法等，此外，还提出了关于种子处理的“溲种法”和一种能集中使用水肥的“区种法”。可惜的是原书已佚，现存本是后人从《齐民要术》和《太平御览》等书里辑来的。另一部著名的农学著作《四民月令》是东汉后期曾任五原太守等职的崔寔所著。到了南北朝时期，总结以前及当时农业生产经验的集大成者《齐民要术》出现了，这些经典农书的出现是古代农业生产技术的总结和纪录，也是当时社会状况的缩影，蕴含了当时众多的社会信息，是我们研究古代农业发展和社会经济情况的宝贵资料。

5. 中国南方水田精耕细作的形成时期：隋、唐、宋、元（公元 581—公元 1368 年）

这一时期，经济重心从北方转移到南方，我国劳动人民发明了水田专用农具并得到普及应用，种植方式不断增多，南方水田种植的配套技术已经形成，南北方农业同时获得较大发展。南宋时出现了我国古代第一部谈论水稻栽培种植方法的农书《陈旉农书》，书中提出了著名的土壤肥力学说：“地力常新壮”和“用粪犹用药”的论断，万国鼎先生在《陈旉农书校注》中称其为“我国第一流的综合性农书之一。”元朝初期，出现了“详而不芜，简而有要，堪称农家之善本”的《农桑辑要》，齐鲁人王祯编著的《王祯农书》（亦称《东鲁王氏农书》），第一次兼论了南北农业生产技术，其中的《农器图谱》是《王祯农书》中最具有价值的一部分，等等为代表的一些农学著作，成为这一时期中国农业生产技术的总结和标志，也反映了这一时期我国农业生产水平和现状。

6. 中国农业精耕细作的深入发展时期：明朝至清朝前中期（公元 1368—公元 1840 年）

这一时期，中国普遍出现了人多地少的突出矛盾，农业生产进一步向精耕细

作化发展。美洲新大陆的许多作物被引进中国，对中国的农作物结构产生重大影响。多种经营和多熟种植成为农业生产的主要方式。明朝末年出现了徐光启著的《农政全书》，其中包括农政思想和农业生产技术两大内容，全面系统地总结中国传统农业政策和科学技术而著称于世，特别是用事实破除了中国古代农学中的“唯风土论”思想。清代出现了鄂尔泰、张廷玉等编著的《钦定授时通考》，汇辑前人关于农业方面的著述，搜集古代经、史、子、集中有关农事的记载达 427 种之多，并配插图 512 幅，不但对清代农、林、牧、渔、副各业生产的发展起到指导和促进作用，并且对国内外农业生产和农业科学的研究，都产生了深远的影响。

（二）《齐民要术》为其后和当今中国及世界农业发展提供了新思路

以《齐民要术》为典范，书中的农耕之法在其后历朝历代的农业生产中都发挥了重要作用，历朝历代的农学专家自觉不自觉地以贾思勰创作的《齐民要术》为体例和范本，认真地总结之前和当朝的农业生产经验，著书立说，为农业生产提供理论和技术支撑，不断地将传统农业发展到一个新高度。《齐民要术》之后为世人所称道的农书，前文已作简单介绍，不赘述。这里重点谈一谈《齐民要术》对当今中国及世界农业发展，提供了新思路这一话题作一简单分析，为本节论点提供理论支持。

日本农学专家来米速水在 1990 年出版的《世界自然农法》中提到：“现代的化学农法，是工业化的农法，它抑制了生命的本能，浪费了能源，破坏了环境，使人类吃的东西变得很劣质，使应当是有机的、生命物质生产的农业变为无机物生产的工业。结果一方面带来生产力的飞跃发展，另一方面农村生活和农业生产环境恶化，以及食物劣质化。”为了扬弃化学农法或工业化农法，为了摆脱现代农业的困境，西方先进的工业国家，都在积极寻找所谓的“替代农业”。其中最被人们看好的“替代农业”，主要有“生态农业”“生物农业”“持续农业”“有机农业”等。在《齐民要术》产生的时代，受技术发展水平和社会发展水平的限制，人们还没有像今天这样广泛地使用工业化时代所带来的化工产品，正是这样的时代条件催生了物理化的生产方式，农业生产自然不会像现在产生的影响大，如果拿到现在，这种物理化的农业生产方式应该就叫做生物农业或生态农业。

其实，早在 1983 年，西方著名学者 M.C.Morrill 就曾著文，从哲学思想的高度上阐述了生态农业的基本概念：“生态农业的哲学思想是基于如下前提，事物的各方面从根本上是相互联系，自然秩序具有内在的和谐，这种自然秩序是受一些明确的规律和原理制约，人在这一自然秩序中起着一个精心管理者的作用。作为一个农民，则是自然的伙伴。农业必须是一个创造性的过程，而决不是一个机械的过程。因为农业是生物的活系统，而不是一个技术的或工业的系统。农业活动的影响和后果始于土壤，经过生物金字塔而最终达到人。生态农业就是人精心地对待农业，使其与自然秩序相和谐。”如果深入研究《齐民要术》，我们会发现书中所记载的对自然的认识与“顺天时，量地利”的齐文化中的“天地人三才”思想就能充分验证 M.C.Morrill 的观点。

Worhtington 在《生态农业及其有关技术》一文中则认为生态农业必须具备的 7 个条件是：①必须是自我维持包括能量自我维持的系统；②必须实行多种经营；③生态农场的规模应当小一点；④单位面积净生产量必须是高的；⑤生态农业在经济上必须是可行的；⑥生态农业应当大量加工农畜产品；⑦保持优美的环境与关心畜禽的健康生长。《齐民要术》中提到的区种法、作物间作法、农产品加工法、畜类养殖法等等基本涵盖了这些思想，可见《齐民要术》的科技水平已达到了一个相当高的高度，在今天仍具有重要的参考价值，不失为农书经典。

再往前看更早些时候，1975 年，英国就已经成立了国际生物农业研究所，并于 1980 年召开了国际生物农业会议，提出了“生物农业”的概念及其基本原理。认为生物农业有四个主要论点：①建立人与自然，人与农业生产的协调关系，因为农业生产是在一个整体的生态系统里进行的。②建立土壤生物学的肥力体系，就是通过生物学的过程提高土壤的肥沃度，增加地壤肥力。③建立病虫杂草有效的生物防治体系，而不是大面积地使用现代化学药品。④建立良好的物质循环和能量转化体系。《齐民要术》对这些理论的表述虽然没有今天科学发达的规范和标准，但书中已不乏这样的理念和实践，我们可以从书中找到大量的支持资料。

以上这些理念或观点都告诉我们，农业发展必须要立足生产的安全性和人民健康，必须要克服工业现代化、生活现代化所带来的一系列现实问题，传统农业必须要向生态型、生物型、环保型农业发展。而早在 1 500多年前，这些理念在贾思勰的《齐民要术》里已经有了初步或深入的探讨与实践，是今天我们进行现代农业生产的宝贵的理论基础和发展方向。

另一个事实。1998 年，日本农林水产省所属的农林水产技术会议企画调查课主编的《关于中国古农书中环境保全型农业技术的考察》收集了有关环境保全型的农业技术近百条，现摘录其中部分内容以对本节论证提供一个参考，报告中所收集的环保型农业技术，以轮作复种和间混套作类最多，达 28 则，这一耕作方法在《齐民要术》中早有所论；其次是肥料施肥和土壤培肥类为 22 则，关于肥料的使用在《齐民要术》之前的战国时代，我国劳动人民就已经认识到“土”和“壤”的区别，到汉代时已经开始推行人工肥力了，到了北魏时，贾思勰已经在绿肥的使用上有了理论上的总结和农业生产方面的实践；第三是土壤耕作与合理轮耕类有16则，《齐民要术》开篇第一卷第一章即讲的“耕田”，对各种类型的田地如何耕作已有相当的实践与经验；第四是灾害防除和抗灾救荒类13则，这在《齐民要术》中更是有大量的生态性的防灾除害记载，在理论与实践上都已经有了相当成熟的经验；第五是适地适作与改进栽培类10则，因时因地进行耕作是《齐民要术》里面一项重要的农事原则，后文也有详说，此处不赘述；第六是生态农业和桑基鱼塘类4则；第七是选用良种和良种繁育类5则。这些在《齐民要术》中皆有所述，有些内容甚至更加具体可行，限于篇幅不一一列之。

以上是从国外专家学者对现代农业发展的一些理论观点与《齐民要术》提出的观点的比较情况，为了说明《齐民要术》是齐文化之中农学文化的精华，或者集大成者，我们再从中国自身的农业发展历史情况作一具体比照，现再例举日本农林水产省所属的农林水产技术会议企画调查课主编的《关于中国古农书中环境保全型农业技术的考察》报告中所载西汉氾胜之《氾胜之书》和北魏贾思勰《齐民要术》相关内容，从我国西汉到北魏这一时期中国农业发展情况，通过对比来作一比较，我们就能够更加清晰地发现《齐民要术》的价值和影响了，表4-1。

表4-1 《氾胜之书》与《齐民要术》环境保全型农业技术对比

书目	《氾胜之书》	《齐民要术》
书中已有内容和项目对比	杂草的生态防除与耕作时期	土地连种
	耕作和水分保持、害虫防除	耕、耙、耱（耕作方法）
	溲种法和种子消毒	踏粪法与土壤培肥
	追肥的施用与堆肥	抗旱耕作与播种
	桑黍混作	耕作保墒
	带状区田间作条播	蔬菜的组合与多熟种植
	合理密植与地力轮休	掌握春夏秋的适宜耕作时期
	麦粟轮作复种一年二熟	粟的栽培与品种选择
	施用腐熟堆肥	合理轮作
	瓜、小豆、薤间作套种	种植五谷，以备灾害
	—	瓜的采种（本母子）
	—	瓜的栽培（区种、施肥、瓜豆混播）
	—	防霜法（果园熏烟防霜）
	—	果园清净栽培与防虫
	—	枣树摘花法（斧背砍枣树振落过多的花）
	—	趋光防虫法
	—	桑豆间作（二豆良美，润泽益桑）
	—	楮麻混播（麻秆为楮苗保暖防冻）
	—	槐麻混播（槐高而直）
	—	竹喜植物性肥料

（三）《齐民要术》农学文化思想的价值

经典是经受得起时间和历史考验的，贾思勰《齐民要术》以其先进的农学思想、农业生产技术，庞大的规模，全面的内容而成为当今农业生产、农学研究、农学史研究等诸多领域的宝贵资料，其农学文化思想的博大精深不仅越发为世人所敬佩，更是为世人所瞩目，也必将在现代农业生产的大时代背景和大环境下发挥其应有的作用。进化论的创立者、《物种起源》一书的作者达尔文关于《齐民要术》的论述，马克思在《资本论》中的评价，以及历代政界、学界人士对《齐民要术》的评价已有很多专家谈及，不再复述。在日本，研究学习《齐民要术》更是成为了一门学问，称之为“贾学”。日本农学家山田罗谷为《齐民要术》日译本作序时就曾说过：“我从事农业生产三十余年，凡是民家生产上生活上的事业，只要向《齐民要术》求教，依照着去做，经过历年的试行，没有一件不成功的。尤其关于农业生产的切实指导，可以和老农的经验媲美的，只有这部书。所以我特为译成日文，并加上注释，刊成新书行世。”

为了说明本节论点主旨，我们从《齐民要术》涉及的我国几个主要的农业传统问题简列于下，并以此证明《齐民要术》农学文化思想之价值。

1. 重视历史资料的收集和征引

在中国古代卷帙浩繁的经典农书中，从《齐民要术》开始，形成了重视对历史资料的收集和前代农书的征引传统。大型的综合性农书，在论述某项专题时，往往先罗列前代农书的资料，再介绍当代的新经验新成果。甚至有的农书，历史资料的汇集成了该书的主要内容，如《农政全书》对历史资料的征引就非常具有规模，而《授时通考》简直可以说是按一定体系编辑的农业生产和农业科技历史资料汇编。在这一方面《齐民要术》做了榜样和典范。

2. 重农思想和农学思想、营农思想

我国的重农思想有着深远的历史渊源，《尚书·洪范》中的“八政”，就是以“食为政首”的。其后，历代的政治家都把“农桑”或“耕织”定为“本业”，推行“崇本抑末”的重农政策，倡导“农为国本”和“食为民天”的重农理论。这些重要思想在《齐民要术》中体现得相当全面。

3. 精耕细作的优良传统

以轮作复种和间作套种为主要内容的种植制度，以深耕细作，因地、因时、因物耕作，以及北方旱地保墒防旱，南方稻麦两熟田整地排水技术为主要内容的一整套耕作技术，以中耕除草、追肥灌溉、整枝摘心为主要内容的田间管理技术等，都是我国精耕细作优良传统的具体体现。受时代影响和南北朝政权对峙的局限，《齐民要术》虽然以中国北方旱作区域的精耕细作为主体，并且将之做到了极致，同时，贾思勰还根据自己的著作原则，对“其有五谷、果、蓏非中国所殖者，存其名目而已”。

4. 充分用地，积极养地，用养结合，“地力常新”的优良传统

历史上我国早在战国时期就产生了自然土壤和农业土壤的概念，把“万物自生”的地称作“土”；把“人所耕而树艺”的地称作“壤”（《周礼·地官·大司徒》）。分别“土”和“壤”，不仅把自然成土因素与人为成壤因素，作为形成土壤的综合因素来看待，而且强调了人为因素在成壤方面的主导作用。这样，就为人工培肥土壤，奠定了理论基础。

战国时期《吕氏春秋·任地》还记载了“地可使肥，又可用棘”的土壤肥力辩证观念。到了汉代，强调了人工肥力观，认为土壤的肥膺虽然是土壤的自然特性，但是它不是固定不变的，性美的肥沃土壤，固然庄稼丰茂，性恶的瘠薄土壤，只要“深耕细锄，厚加粪壤，勉致人功，以助地力”（《论衡》），就会和肥沃的土壤一样长出好庄稼。到了南宋时，又发展成为“地力常新壮”理论。今天，关于绿肥、带肥下种、浸种催芽、水稻移栽、果树嫁接、以虫治虫、熏烟防霜、发酵等技术，仍在广泛应用，有些经过不断地发展改造后，还被作为先进技术加以推广。

《齐民要术》在认识土地、使用土地、养护土地、制肥用肥等方面都有其独到之处，有些方法至今仍有大量使用者，如《齐民要术》卷一《耕田第一》“凡美田之法，绿豆为上，小豆、胡麻次之。”卷三《蔓菁第十八》中特别提出“故墟新粪坏墙垣乃佳”，等等。

5. 因地制宜多种经营的优良传统

战国时代，孟轲的理想是：“五亩之宅，树之以桑，五十者可以衣帛矣；鸡豚狗命之畜，无失其时，七十者可以食肉矣。百亩之田，勿夺其时，数口之家可以无饥矣”。这充分体现了农牧结合，农桑并举的精神。前汉时代，我国的思想家则强调了因地制宜发展农林牧渔生产。所谓“水处者渔，山处者木，谷处者牧，陆处者农”，就是要求按照宜农则农，宜林则林，宜牧则牧，宜渔则渔的原则，全面发展农林牧渔生产。甚至早在战国乃至秦汉之际，就逐渐形成了农牧分区，农区以农为主，农牧结合，牧区以牧为主，牧农结合的格局，《史记·货殖列传》对此有生动的描述。《齐民要术》中有关树木嫁接的时间、步骤、方法和嫁接苗的管理等技术，多少年来一直被认为是宝贵经验，在山东、山西、陕西等地普遍流传使用，在全国范围也得到广泛推广和应用。

《齐民要术》包含了农、林、牧、渔、副现代大农业生产的全部，不仅注重因地制宜，还注重天时地利人和“天地人三才”的传统文化，将副业作为农家致富的重要途径加以推荐，这一些观点都奠定了《齐民要术》的历史地位和学术文化地位。

6. 保护自然资源，注重生态平衡的优良传统

在战国时代，孟轲就曾经提倡过“数罟不入洿池，鱼鳖不可胜食”和“斧斤以时入山林，材木不可胜用”（《孟子梁惠王上》）的主张。《吕氏春秋》则反对“竭泽而渔”和“焚薮而田”的错误做法。前汉时代的政治家和思想家，对保护自然资源再生能力的措施，又作了进一步的阐述。“豺未祭兽，置罘不得布于野，獭未祭鱼，网罟不得入于水，鹰隼未挚，罗网不得张于溪谷；草木未落，斤斧不得入山林，昆虫未蛰，不得以火烧田”。并且强调“孕育不得杀，鷇卵不得探，鱼不长尺不得取，彘不期年不得食”（《淮南子·主训术》）的要求。这些优良传统在《齐民要术》中都有着普遍的体现。

7. 综合防治病虫害

战国时代就采取了深耕灭虫的方法，《吕氏春秋·任地》记载的“五耕五褥，必审以尽，其深殖之度，阴土必得，大草不生，又无螟蜮”，就是我国对深耕灭虫技术的最早记录。在晋代还创始了利用黄惊蚁防治柑橘害虫的方法，成为世界上以虫治虫的最早先例。南北朝时期，我国劳动人民又总结出了轮作防病和抗虫选种的经验。《齐民要术》卷二《种麻第八》就记载了“麻，欲得良田，不用故墟”就是因为连作时麻就会有“点叶夭折之患”。《齐民要术》卷一《种谷第三》，贾思勰介绍了自己统计的86个“粟”（谷子）品种，并且作了品质性能分析，其中有朱谷、高居黄、刘猪獬等十四个品种“早熟，耐旱，熟早免虫”，就具有“免虫”的特性。还有其他一些防害防虫的方法，《齐民要术》中大都有丰富而详细的记载。

8. 充分利用各种自然能源的优良传统

首先，太阳是自然界最伟大的，充分利用太阳能是古今无二的选择，我国的传统农业生产是利用太阳能源的最好例证。我国劳动人民还充分利用畜力作动力，进一步发挥了自然能源的作用。这些在《齐民要术》中也都有记载。特别是对太阳能源的使用，《齐民要术》卷九《作菹、藏生菜法第八十八》就记载了利用太阳能对蔬菜进行鲜藏的方法，这一方法在1 500多年后又为贾思勰家乡人作了进一步的创新，产生了日光温室蔬菜大棚，掀起了席卷全国的“绿色革命”，原文是“九月、十月中，于墙南日阳中掘作坑，深四五尺。取杂菜，种别布之，一行菜，一行土，去坎一尺许，便止。以穰厚覆之，得经冬。须即取，粲然与夏菜不殊。”事实上，就连这一最古老的藏菜方法，我国北方农村今天还普遍使用着，这充分显示出《齐民要术》农学文化思想的魅力和价值。

综上所述，我们无论从农业文化思想、理念，农业生产技术与实践，农业生产优良传统的传承创新，还是对未来现代农业发展的走向来分析、研究、评价

《齐民要术》，《齐民要术》农学文化思想的光辉和价值都是不可遮挡、不可漠视、不可超越的，也是无法遮挡、无法漠视，很难超越的。

第二节 《齐民要术》的学术文化研究与现状

《齐民要术》作为一部农学巨著，从它诞生之时起就已经成为世人学习研究的重要对象，研究成果也非常多。为便于读者较为系统地了解历来专家学者对《齐民要术》的研究，有必要对诸专家学者的研究作一介绍，从而对贾思勰故里对《齐民要术》的研究作一概述，为今后对《齐民要术》的研究学习作一参考。

一、20 世纪 50 年代对《齐民要术》的学术文化研究

以西北农业大学石声汉教授的《从〈齐民要术〉看中国古代的农业科学知识研究》为标志，对过去《齐民要术》的研究进行了总结，认为大体可分为 4 个阶段。

第一时期，假定中是公元九世纪初，至十八世纪中叶，即韩谔采辑《氾胜之书》、《四民月令》和《齐民要术》，编成《四时纂要》起，到乾隆二年至七年（1737—1742 年），编纂《授时通考》的这一段时间。这一时期，《齐民要术》曾经多次以农学专书的资格，受到一些“重农”的人重视，作为材料，采入后起的农书中。而没有对内容作过考订，更不用说是分析与整理，算不上真正的研究。

第二时期，假定中是公元十八世纪中叶，到本世纪初这一段。乾隆（1736 年）以后，考据学开始抬头；到了嘉庆（1796 年以后）初，连《齐民要术》也成了供给考据材料的重要典籍。

第三时期，五四以后到解放以前。五四运动唤起民族的觉醒，人民对科学技术知识的重视渐渐加强。这一时期对《齐民要术》的版本研究有了大发展，成果也算丰富。

第四时期，新中国成立以后。在中国共产党的正确领导下，科学研究事业，得到空前的重视与奖励；科学工作者，感到无比的兴奋；整理祖国遗产的工作，在党的号召下，也迅速地开展着，生长着。《齐民要术》到这时才真正得到了正确的重视，其研究成果也更加丰硕。

二、20 世纪 90 年代对《齐民要术》的学术文化研究

根据全国农业展览馆肖克之、中国农业博物馆张合旺先生的研究成果《〈齐

民要术〉研究概说》，自1915年新文化运动以来，以对《齐民要术》研究范围和研究成果而论，近80年来最为显著（80年是指1915年新文化运动兴起至1999年），无论是在方法上还是在深度和广度上，都远超前人。这80年，肖、张也将其分为了四个时期：

民国时期（1912—1949年）是第一阶段，以全面介绍，局部探讨为主；新中国成立后至“文革”前（1949—1966年）为第二阶段，这个时期研究全面展开，侧重农业生产技术，校释工作有一定成就；文革期间（1966—1976年）为第三阶段，其间为御用文人利用，《齐民要术》研究走上了一条政治而非学术的道路，但在1975年后不少研究者也借机利用这个机会，开展了一些正常的研究，开辟了一些新的研究领域，如生物学、植物学、食品加工工艺等，不过研究大多是以集体名义进行的；1977年后至1999年为第四阶段，《齐民要术》的研究又呈现出百花齐放的局面。

中国农业大学人文与发展学院农业史研究室张法瑞教授的研究成果《20世纪的贾思勰〈齐民要术〉研究》与肖克之、张合旺先生的研究相近，不赘述。但在文章中张法瑞教授谈到：2000年前后，山东寿光为贾思勰《齐民要术》研究搭建了很好的平台。认为这是与大学科研单位（主要是指设于寿光市内的潍坊科技学院和国内其他科研院所）研究贾思勰《齐民要术》相辅相成的，甚至可以说是使人们步入耳目一新、颇具吸引力的研究境地。

张法瑞教授认为，山东寿光作为贾思勰的家乡，有当地领导的支持和广泛的群众基础，依托寿光这一中国最大的蔬菜市场交流中心和国际蔬菜科技博览会展览园，由寿光市《齐民要术》研究会（受寿光市委宣传部主管，挂靠于潍坊科技学院）和贾思勰农学思想研究所（潍坊科技学院建设的研究机构）的缜密运作，贾思勰《齐民要术》新的一轮研究高潮就会到来。

三、农圣故里对《齐民要术》农学文化思想的研究

寿光是农圣贾思勰的故里，《齐民要术》在寿光的影响深远而深入。从学术研究角度看，寿光对《齐民要术》的研究工作始于1992年，《潍坊文化通鉴》第七编《北海名邑文绩多》中，收录了寿光提供的研究资料。1995年，在寿光召开国际成人教育学术期刊暨工作研究会第二阶段会议，同时举行了贾思勰与《齐民要术》学术研讨会，来自日本、法国、英国、德国、美国等国家，以及我国香港、台湾地区及国内23个省（市）的专家与会，会议气氛热烈，讨论广泛，产生了积极影响。1996年，《潍坊历史文化名人》编撰时，寿光提供了关于贾思勰里籍的考证文章；同年，山东省人民政府编撰《山东省志·诸子名家志》，贾思勰入志，时任寿光市长李群决定由寿光独立完成《贾思勰志》的撰写工作，

组建了专门班子，由市政府派专人赴南京、上海、西安、北京及省内多地收集相关资料，聘请全国知名专家教授来寿光评审书稿。

2001 年，由《山东省志·诸子名家志》编纂委员会编纂，刘德成、刘克强、王冠三、崔英魁等主编的《贾思勰志》由山东人民出版社正式出版，以平装、精装两种版本行世（图 4-6）。《贾思勰志》采用志、传、图、表、录诸体裁，客观、科学地记述了贾思勰的家世生平、农业思想和科学技术成就，书中附有《齐民要术》全文。

图 4-6 《贾思勰志》精装与平装本书影

其实早在 1974 年，李群在《自然辩证法研究》就发表了《〈齐民要术〉和法家思想》，成为对《齐民要术》农学文化思想研究的重要文章。1998 年，潍坊科技学院刘天剑老师创作的长篇传记文学《贾思勰》由中国文联出版公司出版，“贾学”研究成果首次在文学领域得以呈现。1999 年，针对济南泉城广场 12 位齐鲁名人雕塑及上海出版社《辞海》中关于贾思勰籍贯仍然沿袭原有说法（即介绍贾思勰籍贯时仍沿用“齐郡益都”为今青州的错误说法），在学术研究与实物（主要依据在寿光出土的贾思伯、刘静怜夫妇墓及其墓志铭）考证的基础上，寿光市政府责成市史志办相关人员积极斡旋处理，最终解决了贾思勰籍贯表述偏差（现今济南泉城广场、新版《辞海》“贾思勰”条的注释都已改正为“齐郡益都”为今寿光市），“贾学”研究成果得到社会普遍认可。

2005 年，寿光召开贾思勰农学理论研讨会，形成了三集《贾思勰农学思想研究》和《贾思勰农学思想研讨会论文集》；同年 10 月，寿光市齐民要术研究会成立，时任寿光市人民政府领导，贾氏后人，世界著名科学家、加拿大籍华人、前加拿大亚伯达大学研究生院院长贾福相应邀出席会议。同年，寿光市政府充分利用“贾学”研究成果，在弥河生态观光园广场建设了《齐民要术》文化柱，潍坊科技学院傅玉坤编写了《〈齐民要术〉难字解》，为深入研究“贾学”提供了参考。2006 年，第七届中国（寿光）国际蔬菜科技博览会期间，举办了《齐民要术》与现代农业发展高层论坛，大会收到原国务院副总理、中国农史学会名誉理事长姜春云题词、贺信，还收到寿光籍在京五位将军的贺电，会议论文在《中国农史》增刊转载，极大地促进了寿光“贾学”研究。2007 年，寿光召开了“海峡两岸《齐民要术》与新农村建设研讨会”，原潍坊市市长王伯祥应邀出席。2008 年，中央电视台电视纪录片《齐民要术》在寿光开机（图 4-7）。齐民要术研讨会推出了《〈齐民要术〉饮食研究与实践》，进一步拓宽了“贾学”研究领域。2009 年，由山东省农产品质量安全中心、寿光市人民政府主办，寿光农业局、寿光齐民要术研究会承办的“蔬菜质量安全生产研讨会暨齐民要术研究会年会”召开。同年，纪录片《齐民要术》在中央电视台七频道播出，并获潍坊市“风筝都文化奖”，“贾学”研究成果得到更加广泛的宣传。

图 4-7 中央电视台纪录片《齐民要术》在贾思勰故里寿光开机

2010 年，寿光市《齐民要术》研究会成员国乃全创作的小说《贾思勰逸史》出版，“贾学”研究成果为文学创作提供了更加形象和丰富的资料；同年，由潍坊科技学院、寿光齐民要术研究会主办的首届中华农圣文化国际研讨会在潍坊科技学院召开，山东省政协、山东省民盟、山东省教育厅、潍坊市、寿光市市委市政府等省市领导出席，会后编撰了《中国现代农业技术和经济研究》论文集。

中华农圣文化国际研讨会的召开，让寿光“贾学”研究登上了国际学术交流舞台。

2011年，第二届中华农圣文化研讨会形成《全球视角下的当代农业问题研究》论文集，以《齐民要术》作者贾思勰命名的潍坊科技学院“贾思勰农学院”同期揭牌。2012年，第三届中华农圣文化国际研讨会召开，中国工程院院士尹伟伦教授作主旨学术报告，会议形成了《世界农业文明传承与现代农业科技创新》论文集；同年，研究会部分成员赴临淄参加山东省农业历史学会成立暨《齐民要术》研究高层论坛；同年9月，齐民思酒业高峰论坛举办，成为《齐民要术》农学文化中酿酒文化与现代酒文化完美结合的有力证明。寿光市《齐民要术》研究会会员李兴军创作的反映贾思勰人生故事的大型原创文学作品《农圣贾思勰》，确定为寿光市重点文艺创作资助项目，国家新闻出版广电总局作了备案，现已完成52集的拍摄，并取得国产电视动画片播放许可证，将在中央电视台播出。2013年，寿光市《齐民要术》研究会组织编撰的《贾思勰与〈齐民要术〉研究论集》，由山东人民出版社出版，对研究会成立8年以来的学术成果等进行了归纳整理，成为“贾学”研究的重要资料。

2014年，受山东省贸易促进会委托，寿光市齐民要术研究会为2015年意大利米兰世博会提供了《齐民要术》展览素材，本书作者李兴军参加了山东省贸促会组织的《齐民要术》展项专家评审会，提供了展览所需要的《齐民要术》相关文字资料，充分发挥研究会的职能，展示学术研究成果，受到山东省贸促会和各级领导的肯定，极大鼓舞了研究会成员，为《齐民要术》在寿光的研究与应用开辟了新空间（图4-8，图4-9，图4-10）。

图4-8　2015年本书作者作为学术评委应邀参加
2015意大利米兰世博会中国馆《齐民要术》展项专家评审会

展陈区域 区域划分

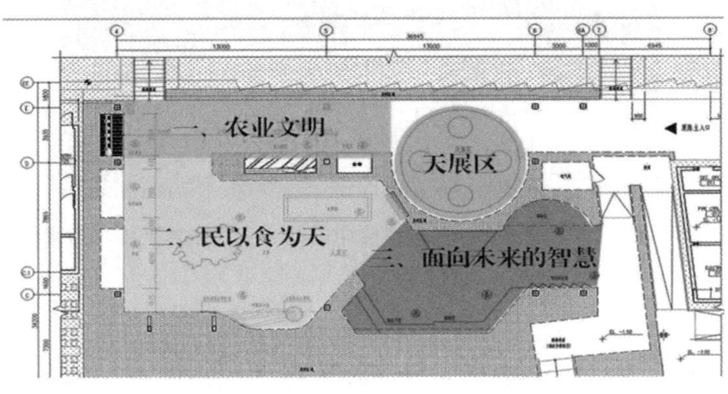

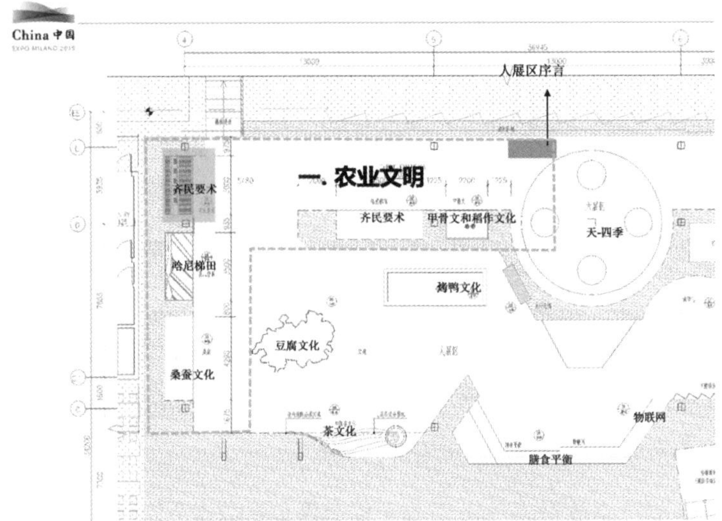

图 4-9　2015 意大利米兰世博会中国馆布局图及《齐民要术》所处“农业文明”部分示意图

注：资料来源于清华大学（美术学院）北京清尚环艺建筑设计院有限公司设计报告

寿光对《齐民要术》的研究虽然起步稍晚，但优势突出，发展形势好，平台阔大，措施到位，研究成果丰富，成果转化率高，形成了极具地域特色的“农圣文化”品牌，有力地推动了寿光经济社会的发展。

图 4-10　2015 意大利米兰世博会中国馆《齐民要术》展项效果图

注：资料来源于清华大学（美术学院）北京清尚环艺建筑设计院有限公司设计报告

第三节　《齐民要术》农学文化在贾思勰故里的创新

《齐民要术》是一部农学巨著，其内容涉及农、林、牧、渔、副等现代大农业的各个方面，但它的价值与魅力绝不仅限于此。作为一部“中国古代农业百科全书”，《齐民要术》总结了北魏以前和北魏当时的农业生产经验，在中国农学史上书写了光辉的一页。历代都不乏对《齐民要术》的翻刻、传印，在宋代甚至出现了“非朝廷要人不可得”的局面，至于《齐民要术》在古今中外的影响前文已简述，另有其他专题也会涉及，这里也不再赘述。从这些情况看，《齐民要术》的应用价值、研究价值都毋庸置疑，从文化的角度讲，其实这也即是《齐民要术》的文化价值之所在。文化，除了其固有的共性之外，还具有其鲜明的地域性特点。因此，我们探讨一种文化的形成，必不可少地要研究一下某一地域的文化发展情况，以及该地域内的风土人情。

一、农圣贾思勰故里——山东寿光拥有深厚的文化积淀

山东省寿光市位于山东半岛中部，渤海莱州湾南畔，是著名的“中国蔬菜之乡”“中国海盐之都”。境内现已发现北辛、大汶口、龙山、双王城盐业遗址群等古文化遗迹 150 多处，图 4-11 至图 4-17。寿光是夏代斟灌国、西周纪国的建都地。史传，汉字鼻祖仓颉在此创造了象形文字，汉代丞相公孙弘、徐干，前秦丞相王猛，南北朝时期的著名文学家任昉，世界上第一部农学巨著《齐民要术》的作者贾思勰都诞生在这里。

寿光是“农圣”贾思勰的故乡，要研究“农圣文化”就必定要分析一下寿

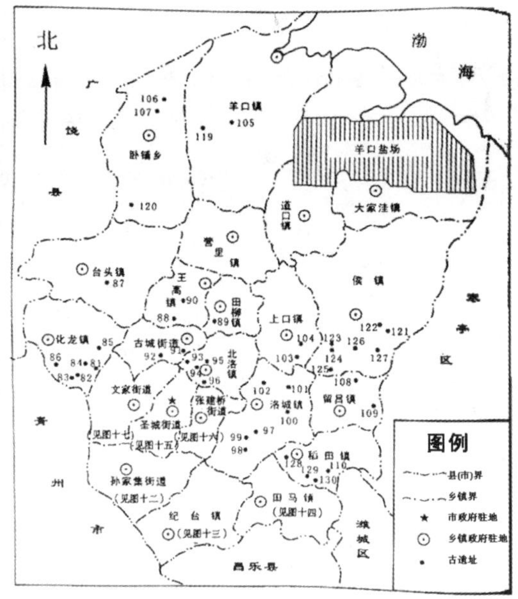

图 4-11 寿光市古文化遗址分布图

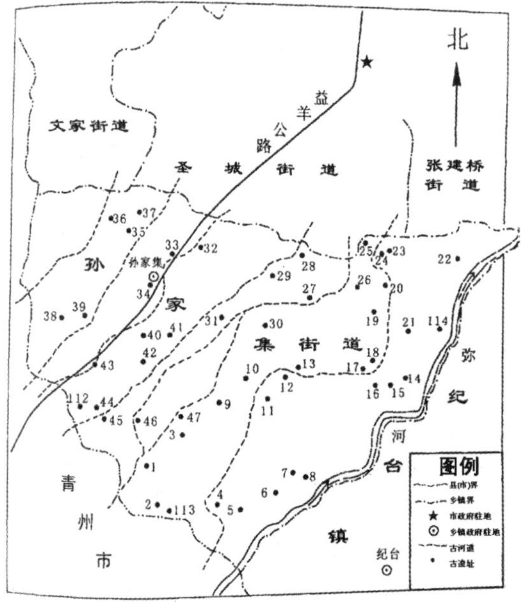

图 4-12 寿光市孙家集街道古文化遗址分布图

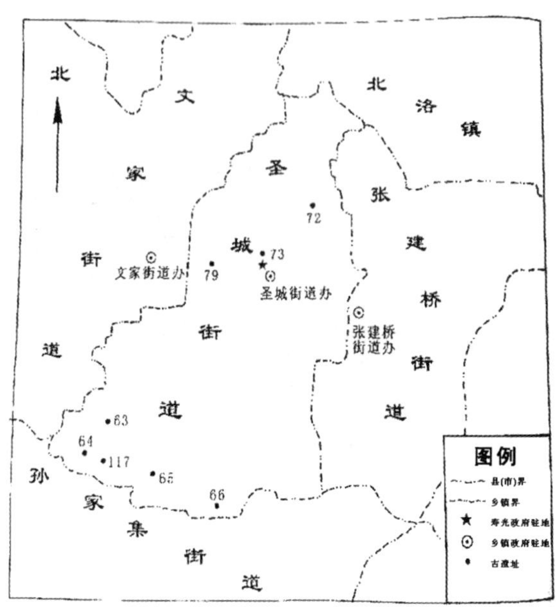

图 4-13　寿光市圣城街道古文化遗址分布图

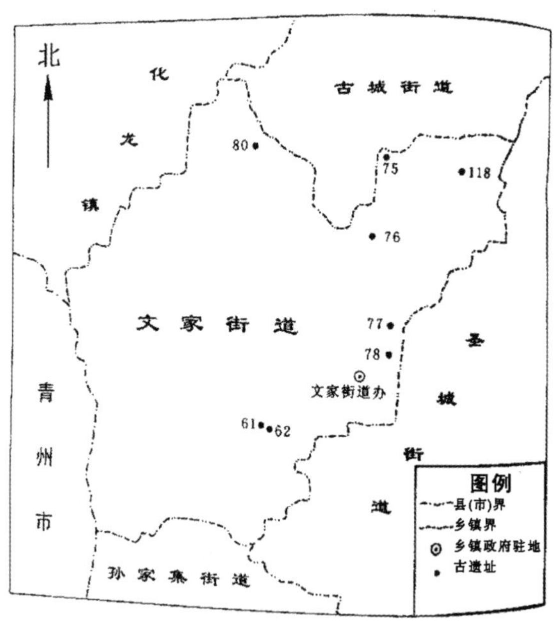

图 4-14　寿光市文家街道古文化遗址分布图

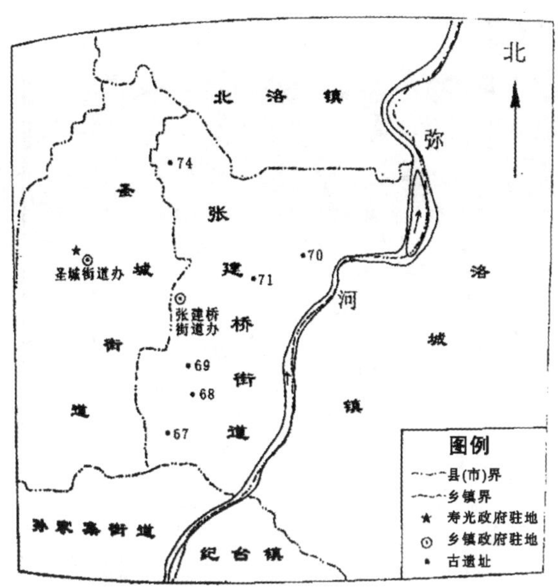

图 4-15 寿光市张建桥街道古文化遗址分布图

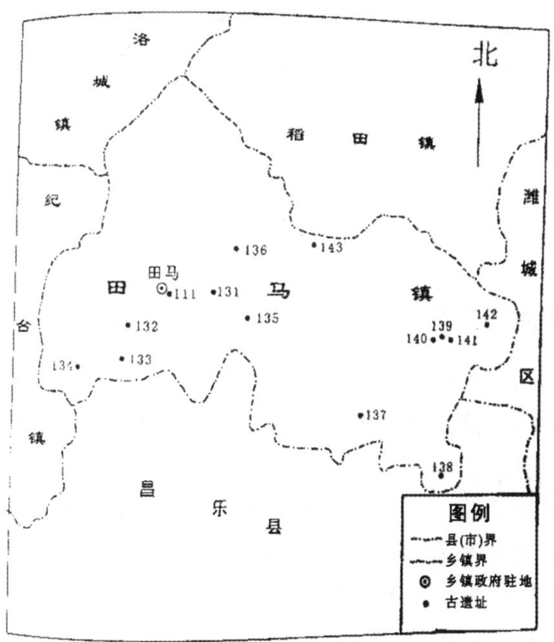

图 4-16 寿光市田马镇（今划为稻田镇）古文化遗址分布图

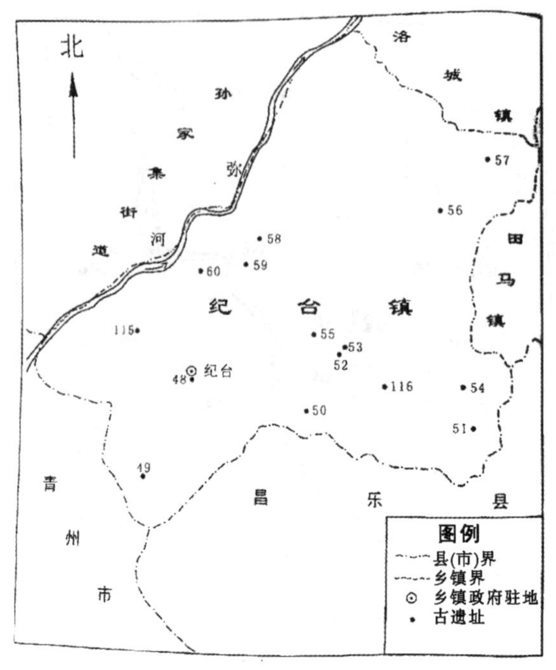

图 4-17　寿光市纪台镇（古纪国驻地）古文化遗址分布图

注：图 4-11 至图 4-17 寿光市古文化遗址分布图均源自贾效孔《寿光考古与文物》一书

光的文化，特别是寿光典型的地域文化代表，应该成为研究的重要内容。在寿光，以蔬菜文化为特色代表的“农圣文化”遍布其境内，称得上是村村有遗风，家家有传承，户户有根基，可以说“农圣文化”已经深入到了世世代代寿光老百姓的心中。

二、农圣故里对《齐民要术》农学文化思想的创新

文化的传承创新，最终形式就是转化为看得见、摸得着、感受得到的文化经济或活动，从而推动经济社会不断地向前发展，文化的生命力与魅力也在于此。在农圣贾思勰的故里，《齐民要术》农学文化思想已成为当地人从事农业生产和经济文化活动的精神营养，推动了寿光经济社会的又好又快发展。从最具寿光地域文化特色的蔬菜文化来看，中国（寿光）国际蔬菜科技博览会以推动现代农业发展为己任，坚持以科学发展观为指导，让国内外蔬菜产业领域的新品种、新技术、新成果、新理念在菜博会得到展示和交流，通过科技创新、管理创新引导蔬菜产业发展，逐步形成了包括农资展、农业科技展、农产品展、农机装备展、休闲食品展等众多专业领域的展览项目，绿色、科技、未来三个方向成为寿光菜

博会明确的办会主题，图 4-18 至图 4-19。

图 4-18 中国（寿光）国际蔬菜科技博览会标识 LOGO

注：资料来源于寿光菜博会官方网站

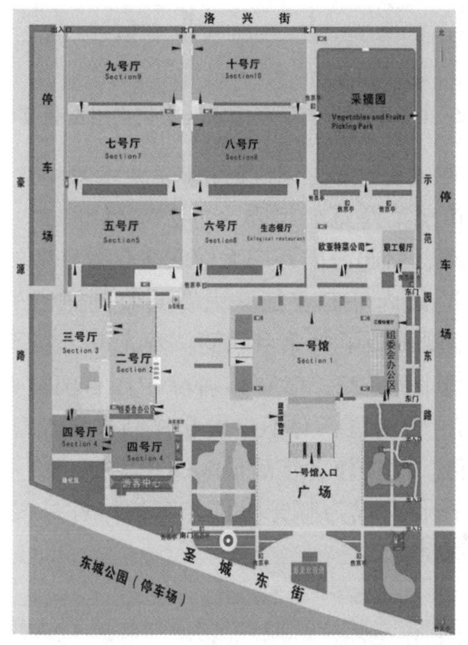

图 4-19 寿光国际会展中心平面图

注：资料来源于寿光菜博会官方网站

但是，通过研究发现，自 2000 年第一届中国（寿光）国际蔬菜科技博览会的成功举办，到 2003 年第四届菜博会，寿光菜博会虽然办得红红火火，却始终没有刻意在蔬菜“文化”上做文章，但每一届又都与文化有着说不清道不明的潜在关系。2004 年，第五届菜博会期间首届蔬菜文化艺术节同期举办，寿光才真正把菜博会与文化搭上了线。

2008 年，寿光市委、市政府决定由市财政出资 600 万元设立“农圣文化奖”，并组织评选出了首届“农圣文化奖”获奖作品和优秀个人（图 4-20）。“农圣文化奖”设重大成果奖、单项成果奖、重大活动和突出贡献奖三大奖项，至 2014 年已连续评选了七届，成为寿光文化建设的一个品牌和标志，产生了积极强烈的社会反响和带动效应，推动了寿光文化的大发展、大繁荣。

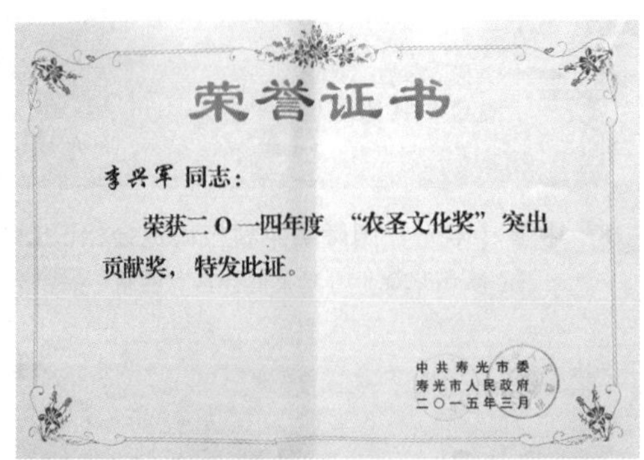
荣誉证书

李兴军 同志：

荣获二O一四年度 “农圣文化奖” 突出贡献奖，特发此证。

中共寿光市委
寿光市人民政府
二O一五年三月

图 4-20 本书作者所获的农圣文化突出贡献奖证书

2009 年，由寿光市人民政府、山东省楹联艺术家协会主办，寿光市诗词楹联艺术家协会、寿光市蔬菜博览会组委会办公室承办的“寿光市‘农圣杯’海内外有奖大征联”活动，引起海内外广大楹联文化爱好者的广泛关注。

寿光市“农圣杯”海内外有奖征联大赛共收到海内外 3 728位楹联作者的 21 765副楹联作品，编辑出版了《菜乡联韵：寿光市“农圣杯”海内外有奖大征联作品集》，图 4-21 至图 4-22。参赛作者除中国台湾、西藏自治区空缺之外，遍布全国 32 个省、市、自治区，有不少楹联作品来自加拿大、马来西亚等国家和中国香港、澳门地区。参赛作者年龄最大的 93 岁，最小的只有 18 岁。有的楹联作者生病住院，委托子女代为邮寄稿件，有的作者身残志不残，顽强进行创作，积极参赛，令人感动。

图 4-21 寿光市“农圣杯”海内外有奖征联评审现场

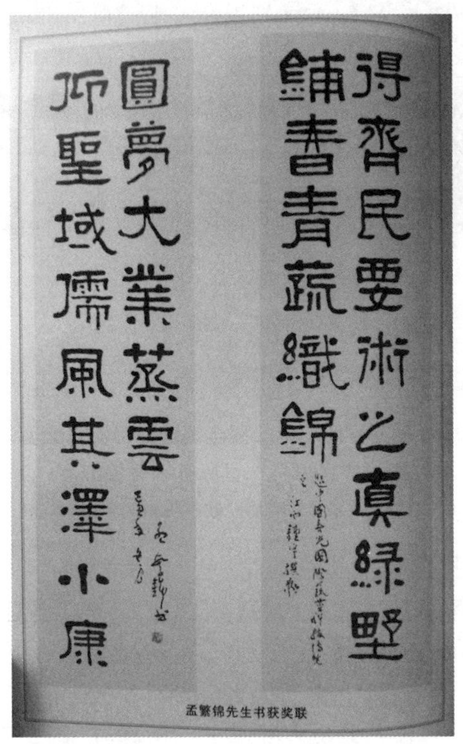

图 4-22 时任中国楹联学会会长孟繁锦（已故）亲笔题写了“农圣杯”海内外征联大赛一等奖作品

大赛的成功举办，充分彰显了农圣文化的魅力和影响力，也显示出农圣文化作为中华优秀传统文化一部分所拥有的强劲生命力。来自江西省的钟宇为中国（寿光）国际蔬菜科技博览会题写的楹联作品，以巧妙的笔触，描述了百里菜乡仰字圣、农圣之儒风，得《齐民要术》之真谛，在党的领导下，抓住蔬菜这个“牛鼻子”，一业带百业，大业腾飞的良好局面，获得一等奖，楹联内容为：

得齐民要术之真，绿野铺春，青蔬织锦；

仰圣域儒风其泽，小康圆梦，大业蒸云。

2010 年，第十一届国际（寿光）蔬菜科技博览会期间，寿光对蔬菜文化节进行了合并，第一次以“农圣文化”为主题举办了首届中华农圣文化节大型文化活动，将丰富多彩的寿光地域文化活动推向了一个新的层次，也为农圣文化赋予了新的时代内涵，图 4-23。2016 年，寿光蔬菜生产习俗入选山东省第四批非物质文化遗产代表性项目名录。

此外，从与《齐民要术》农学文化思想紧密关联，且在当今寿光仍具有强劲生命力和发展潜力的一些代表性生产实践活动来分析，我们还可以列举一些实

图 4-23 “农圣杯”第二届全国国际标准舞大赛暨齐鲁第五届“齐民思杯”国际标准舞锦标赛一瞥

资料来源：潍坊科技学院新闻中心

例，做一个印证性说明。

一是关于食盐的精制技术。盐为百味之祖，又是工业生产中的重要原材料，在人类的生产生活中都占有极其重要的地位。寿光盐业历史悠久，最早可追溯到上古神农时期夙沙部落煮海为盐，距今 5 000~5 500年，有正式记载的历史达 4 100年，最早见于《尚书 · 禹贡》记载：“海滨广泻，厥田斥卤……厥贡盐絺。”（图 4-24）。《齐民要术》卷八《常满盐、花盐第六十九》记载了制作盐和精盐的技术方法，并且强调“花、印二盐，白如珂雪，其味又美。”这一古老的制盐技艺在农圣故里得到了传承与创新，不仅丰富了当地人民的生活，也为全国经济发展提供了支撑。

图 4-24 古代多龙骨车接力纳取海潮图

2003 年，在位于寿光市以北，渤海南岸 25 千米处，南水北调东线工程山东段三大库区建设工程之一的寿光双王城水库周边，发现大面积制盐作坊遗址（图 4-25）。在寿光市官台村发现了元朝的盐运司衙遗址（图 4-27）。双王城一带属于古巨淀湖东北边缘，古代曾称霜王城，也称盐城。遗址群面积达 30 平方千米，共发现古遗址 83 处。其中，龙山文化时期遗址 2 处，商代至西周初期 76 处，东周时期 3 处，汉及宋元时期 4 处。经反复讨论、论证，专家一致认为出土的遗物绝大部分为盔形陶器，时代大多为商周时期，在这么大范围内发现如此密集的与制盐有关的古代遗址，在我国考古史上尚属首次。2008 年，双王城水库商周盐业遗址项目被列为 2008 年全国十大考古新发现。

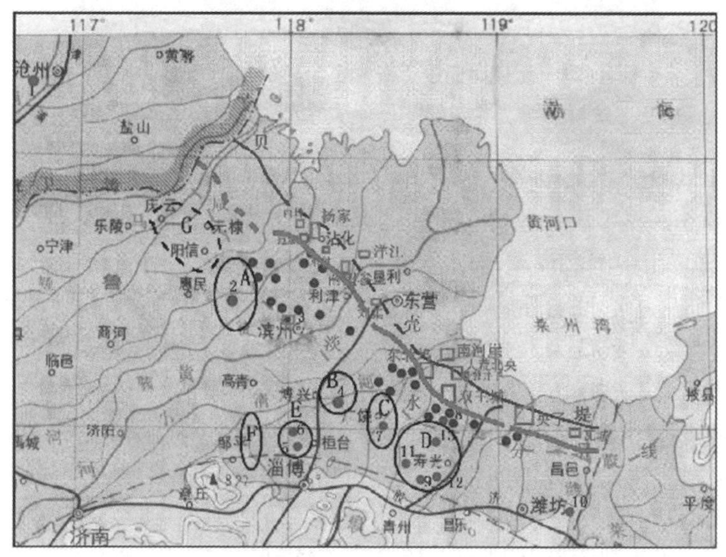

□盐业遗址群 ●制盐从业人员的定居地 ◎内陆地区遗址群●出土青铜礼器的墓地或聚落

图 4-25 渤海湾西南岸古盐业遗址群分布

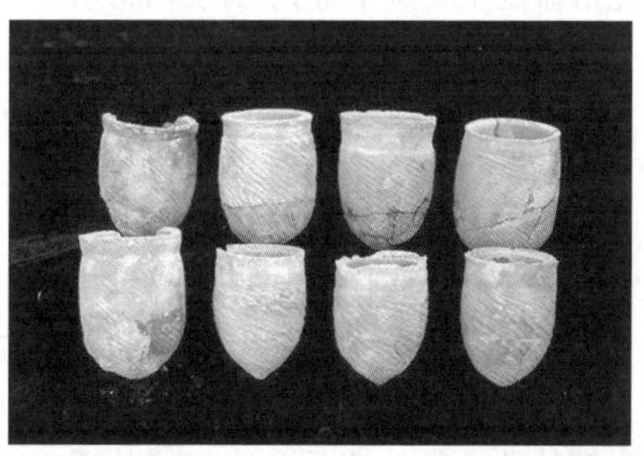

图 4-26 寿光双王城盐业遗址中发掘出来的商周时期的制盐盔

图 4-27 元朝时期设于寿光官台村的盐运司衙——官台场署碑“雕龙碑”见证了寿光盐业发展的辉煌

2009 年世界盐业大会在中国召开，大会认定：寿光是世界海盐生产的发祥地。2012 年 5 月，中国盐业协会正式命名寿光市为“中国海盐之都”。2012 年 8 月 23—24 日，由中国海洋湖沼学会、中国太平洋学会、中国盐业协会和青岛国家海洋科学研究中心联合主办的“盐圣 · 盐都与寿光”海盐科技文化座谈会在寿光举行，大会一致认为寿光是中国海盐的发源地，夙沙氏是最早熬制海盐者，被尊称为“盐宗”。2012 年 12 月，寿光市盐业局申报的“寿光海盐”地理标志商标，顺利通过国家工商行政管理总局商标局的审定（图 4-28）。2014 年，寿光市的卤水制盐技艺入选第四批国家级非物质文化遗产名录，如果以《齐民要术》制盐和精盐制作为始，这一传承 1 500多年的传统制盐技术，最终以非物质文化遗产的形式得到充分的保护和传承，也算是对《齐民要术》一种最高规格的文化传承与创新。

现在，山东省寿光市盐区主要位于寿光市的北部地区，东北濒临莱州湾，北傍羊口镇，西北毗临小清河，南面与道口镇、侯镇接壤，东西夹于丹河、洓河、塌河之间，地处东经 118°44′~119°07′，北纬 37°09′~37°16′，平均海拔 3.5 米，海岸线长 32.5 千米，为东南西北走向，呈弧形曲线状。盐区滩涂属沙质平原海岸，总面积达 269 平方千米，占全市滩涂总面积的 45.7%。这里气候适宜，土质良好，地下卤水资源丰富，发展盐业具有得天独厚的条件，是全市、全省，乃至全国的主要产盐地。如今，一块块盐田成为寿光北部一道道亮丽的风景，图 4-29。

目前，寿光盐业生产从业人员达 2 万余人，原盐产能 420 万吨/年，加上在寿光以外控股开发的海盐产能达到 1 000万吨/年，占全国海盐的 30%以上。氯碱

图 4-28 盐场收盐场景

图 4-29 寿光盐田风光图

生产能力 80 万吨/年，溴素生产能力 4 万吨/年，溴制品生产能力 6 万吨/年，十溴二苯醚生产能力 12 000吨/年，医药产品 TMP 生产能力 3 000吨/年，位居世界第一。2012 年，全市盐及盐化工业规模以上企业累计实现销售收入 160 亿元，利税 16 亿元，在全省乃至全国占有十分重要的地位。寿光已经成为全国重点市县级海盐历史文化中心、盐及盐化工生产制造中心、储备调节中心、金融结算中心、价格形成中心、信息汇聚中心和科技研发中心。

二是关于酱菜的制作。蔬菜有很多种食用方法，既可生食也可熟用，是生活中不可少的营养来源之一。1 500多年前的贾思勰在《齐民要术》里记载了若干种蔬菜的食用方法，时至今天仍然在其故里广泛应用的方法之一，就是酱菜的制作。《齐民要术》卷九《作菹、藏生菜法第八十八》中就记载了淡菹法、咸菹法、蘸菹法、作卒菹法等多种酱菜制作方法，“菹”就是现在的酸菜、盐（咸）菜。

现在我国各地都有一些特殊而有特色的酱菜，但据石声汉教授考证，关于酱菜的最早记载只在《齐民要术》里有。今天，在农圣故里，这一酱菜制作得到了很好的传承创新，如寿光羊口的老咸菜（用虾卤腌制而成）（图 4-30），“咸而不咸”的羊口咸蟹子（渤海特产的生的三疣梭子蟹子加盐腌制而成）（图 4-31）。家家户户自己腌制的萝卜咸菜、蔓菁咸菜等，丰富多彩，为生活增添了滋味。寿光人口味重，食性偏咸，酱菜特别是咸菜是寿光人的偏爱之味，日日不离，餐餐不落，成为一种古老的饮食习惯和风俗，应当说与《齐民要术》不无联系。

图 4-30　寿光羊口老咸菜原食材和稍作处理的老咸菜菜肴

图 4-31　别具特色的寿光羊口咸蟹子（盐水腌制）和咸虾虎（盐水或虾卤腌制、生食）

二是关于酿造技术与酒文化等。酿造在《齐民要术》中占有重要地位，其中卷七除了《货殖第六十二》《涂瓮第六十三》，卷八的上半部、末尾及卷九的一部分，都是关于酿造技术的记载。《齐民要术》关于酿造的项目主要有酒、酱、酢（现在写作“醋”）、豉、菹（现在的酸菜、咸菜）。此外，还有卷六中附载的乳品发酵——作酪、卷八中的肉类酶解——作“鲊”等，都是北魏或之前中国酿造技术的集大成，在今天的生活中也依然在广泛的使用或经改革创新后继续使用着。

在农圣故里，这一酿造技术也有着广泛的传承，如酿酒方面，就有传承《齐民要术》古法酿酒技艺的侯镇宏源酒业股份有限公司、齐民思酒业有限公司两家有名的酿酒公司代表，两家企业还建设了酒文化博物馆，在传承《齐民要术》酒文化方面作出了积极贡献。2012 年，侯镇宏源酒文化博物馆被评为国家 3A 级景区，图 4-32。齐民思酒业有限公司在白酒的制作上推陈出新，推出了农圣府藏、农圣家酿等系列产品，深受消费者喜爱，图 4-33。2009 年，侯镇宏源酒业股份有限公司的“宏源白酒传统酿造技艺”还入选第二批山东省非物质文化遗址名录，图 4-34。在制酱方面，寿光人更是将《齐民要术》的制作技艺发挥到了极致，如用海虾制作的虾酱，是寿光人餐桌之上的必备食材之一，食用方法更是千变万化，为生活增添了无限滋味。

图 4-32　位于山东侯镇宏源酒业股份有限公司内的宏源酒文化博物馆

三是关于生活中的烹调技术。“民以食为天”，解决吃饭问题是人类生存的必需，如何改善生活质量除了食材的选择外，烹调技术是提高生活质量和丰富生活内容的重要途径，我国古代劳动人民利用自己的智慧创造了无数人间美味，极大地丰富了生活餐桌。《齐民要术》卷八的 73、76、77、78、79，卷九的 80、81、82、85、86、87 等篇章，列举了许多关于肉类、蔬菜和淀粉质食物的各种烹调方法，反映了北魏之前和当时人们的生活状况，是今天我们研究分析当时饮食历史的重要资料。《齐民要术》中记载的各种烹调方法，在今天有的得到传承，有些已失去实际意义，有些得到创新形成新的烹调方法。在农圣故里，寿光人生活中有很多烹调方法延续了《齐民要术》的农学文化思想、技艺和精神，经过不断地努力开创了现代生活的新篇章，是对《齐民要术》农学文化的一大创新。

图 4-33　山东寿光齐民思酒业股份有限公司

图 4-34　寿光蔬菜博物馆民俗厅内的酿酒群雕

如寿光有名的地方名吃“王高虎头鸡”，图 4-35。《齐民要术》养鸡第五十九载：“春二月，耕作田一亩，秫粥洒之，割白茅覆上，自生白虫，母十雄一，自成，炙食之，良也。”这里的“炙食”就是将鸡宰杀后，把鸡斩块入味，挂以蛋浆，油炸至透，保存至来年春时而味不变，或清炖或干食皆得美味。寿光民间宴宾席上所谓的“九大碗”，在民间传为“一鸡、二鱼、三凉菜、四喜丸子跟上来……”，其中首道菜就是鸡。再如寿光温泉大酒店在充分研究《齐民要术》中关于烹调技术的记载后，创制了“齐民大宴”系列菜品，其方法沿用了《齐民要术》古法，取得极大的成功。而寿光老百姓的一日三餐，分别通过烧、煮、炖、煎、炸、冷拌、热炒等不同的烹调方法，做成了一道道鲜美的菜肴，丰富了生活内容，充分享受到了《齐民要术》带来的文化滋养。

图 4-35 寿光虎头鸡（此为刚炸出的虎头鸡，若清炖或蒸食味道更鲜美）

四是关于家庭手工业的制作技艺。手工制作是家庭副业的一部分，以手工制作方面的技术内容在《齐民要术》中有大量记载，如卷五《种红蓝花及栀子第五十二燕支、香泽、面脂、手药、紫粉、白粉附》等，卷七《涂瓮第六十三》，卷九中的《煮胶第九十》《笔墨第九十一》等，这其中当然也包括酿酒。在寿光，以编织、制陶为代表的手工业一直以独特的魅力，传承着《齐民要术》手工制作这一古老的技艺，成为发家致富丰富经济生活的重要内容，图 4-36。

图 4-36 由潍坊科技学院校办企业——山东美高斯麦化妆品公司根据《齐民要术》相关内容生产的“美高斯麦”牌生物化妆品样品

资料来源：潍坊科技学院新闻中心

在农圣故里，寿光市侯镇的草碾村是著名的草编艺术之乡，图 4-37。据史料记载：草碾村人“明朝洪武二年（公元1369年）始祖从山西移来即以草编为业。”现在，草碾村已经成为远近闻名的草编专业村。隆冬季节，家家户户一派繁忙景象，村民们忙着编织各种用品。全村有1 000多人从事草编制作，这些草编产品已不再局限于本地销售，大部分产品已经走出国门，远销到美国、澳大利亚、新加坡、葡萄牙、土耳其等国家和地区，每年创汇二三百万元。如今，加工草编的农户也由草碾村一个村扩展到周围的20多个村庄，近3 000农民整年从事草编行业，产品主要涉及花篮、果盘、饭盒、茶具垫等产品，年产30多万件。村里还成立了草编协会，村民们可以互相交流经验和信息。1997年，在潍坊国际风筝会农副产品博览会上，草碾村的草编获得金奖；2000年，山东电视台还为草碾村的草编制作工艺录制了专题节目，使草碾草编远播海内外。2011年草碾村的草编技艺荣获潍坊市非物质文化遗产称号。

图4-37　寿光市草碾村的草编技艺

其他有关家庭副业（手工业）的情况，在寿光农村有着普遍而广泛的发展，也取得了一系列的发展成绩，限于篇幅不再一一列举，有兴趣的读者可以到寿光进行一些实地考察，更加真实地体会《齐民要术》农学文化思想在农圣故里的深远影响。可以说，今天，以《齐民要术》农学文化思想为代表的农圣文化，越来越显示出其深厚的文化底蕴和迷人的价值魅力，成为了“中国蔬菜之乡”——寿光一个重要的文化品牌和地域文化标志。

第五章

贾思勰《齐民要术》与农圣文化

源远流长、博大精深的中华文化，是包括齐鲁文化、中原文化、吴越文化、巴蜀文化、岭南文化、三秦文化、燕赵文化、关东文化、草原文化、楚文化、晋文化、湘文化、徽文化、闽文化、赣文化、藏文化等不同特质个性、各具特色的地域文化在内的，若干个子文化系统组成的一个大文化体系。一定程度上讲，无论是中华文化的发展与创新，还是中华民族精神的形成与再创造，都与地域文化的兴衰发展息息相关。中国传统文化是人类文明进程与文化成就的重要组成部分，它“积淀着中华民族最深层的精神追求，代表着中华民族独特的精神标识，为中华民族生生不息、发展壮大提供了丰厚滋养”。在实现中华民族伟大复兴中国梦的征程中，中华优秀传统文化既是“滋养社会主义核心价值观的重要源泉”，又是“我们在世界文化激荡中站稳脚跟的根基”，更是每一个中国人树立正确的人生观、理想观、价值观的重要精神食粮。正如有的专家所评价的那样，优秀传统文化在思想上有大智，在科学上有大真，在伦理上有大善，在艺术上有大美。

第一节　圣贤文化与齐鲁十二圣

文化，作为人类社会发展的积淀和产物，首先表现为人类文明历史的物质形态，无论是史前文化还是有文字记载时期的文化，最初都是以物质形态呈现在世人面前。随着文化的发展和社会的进步，国内地域文化研究正在由最初的表层文化向深层的精神文化形态延伸扩展，逐步从纯物质形态的考证转向意识形态领域的精神文化研究。

中国是一个崇尚圣人贤哲的国度，圣人贤哲观念在中国人的思想观念中根深蒂固，有着深远的历史渊源和文化传统。中国也是一个多圣人多贤哲的国度，如孔子、老子、庄子、孟子、墨子、韩非子等诸子百家，他们以其思想、学说、理论或技艺的原创性，思想文化成就的至高性，影响范围的持久性、广泛性等原因，而成为中华优秀儿女中的杰出代表和人文典范。圣人观念是中国文化极为重要的观念之一，它既是人生最高的修养目标，又反映出中国文化的价值观、人学观。作为中华民族优秀传统文化的重要创造者之一，圣人贤哲在中华优秀传统文化中占有不可辩驳的历史功绩和地位，已成为中华文化的旗帜人物，围绕圣人贤哲其逐步发展为一种特殊的文化现象——圣贤文化。

人，是创造文化、使用文化、传承文化的主要对象，也是文化组成中的核心元素，是形成文化诸元素中最为活跃最为关键的。研究某种文化的特点，人的思想观点和精神特质就成了不可或缺的研究内容。纵观人类文明史，任何一种重要的思想文化，都是历史的产物、时代的产物，都有其必然的自然环境和社会条件。任何一位历史文化巨人，都是一个时代思潮的代表，既不可能割断与历史文化的联系，更不可能脱离一定的社会环境而独立存在。

图 5-1　齐鲁文化乃至中华文化的人文标志——东岳泰山

齐鲁大地独特的地形地貌、优越的生态环境、良好的区位优势、发达的农业经济，创造了人类文明发展的优越条件，诞生了一大批文化巨人，创造了一大批文化经典，孕育了光辉灿烂的齐鲁文化，图 5-1。中国近代成就卓著、影响深远的教育家、史学家和社会活动家傅斯年先生曾对齐鲁文化进行过深入研究，认为“儒出于鲁”“道出于齐”“墨出于宋，而兴于鲁”。儒、道、释向来是中国传统文化的三大主流，儒、道皆出于齐鲁，这在全国也是绝无仅有的，充分说明了齐鲁文化在中国传统文化中的核心地位，是中国传统文化的主流。山东向来享有“一山一水一圣人”的美誉，“一山一水一圣人”虽然在一定程度上也恰如其分地表达了齐鲁文化，在中华文化的核心地位和至高无上的成就，但在齐鲁大地，经过我们的研究发现，圣贤已远远超过一个人，已形成一个大的群体，这一群体已经成为齐鲁文化的重要支撑，他们的思想、学说、成就在影响着齐鲁文化乃至中国文化的走向，成为一种特色鲜明、魅力永恒的圣贤文化。

结合刘德龙先生等人的观点，按照思想、学说、理论或技术、艺术的原创性，即所提出的思想理论体系，所创立的学派，应该是开创性的，或具有里程碑意义的；所作出的重大发现、技术创造或发明，应是原创性的。二是思想文化成就的至高性，即所作出的贡献与成就，应该在相关领域达到最高水平，最具代表性。三是影响范围的持久性、广泛性，即所作出的贡献，产生的影响应是重大的，而且是长期的、持久的；影响范围可以是世界性、全国性的，或者是区域性、领域性的，但都应该是广泛的、深远的。四是成就的相对突出性，即文化名人的贡献和成就大都非常丰富，涉及的领域也非常宽泛。界定文化圣人，一般应选择其相对突出，最有代表性的方面，同时要考虑到同一领域其他人物的影响力，同一领域一般不宜过多选取。五是历史记载和文物考证的丰富性、确切性，即一般应该有传世的代表作品或有确切的文字记载，有丰富的出土文物佐证，一般不选神话色彩过浓或成就难以考证的人物。根据这些标准条件，刘德龙先生提出了“齐鲁十二圣”的概念，为便于读者了解“齐鲁十二圣”的相关情况，从而更加深入理解中国圣贤文化的特点，对于了解农圣贾思勰，把握农圣文化的特点起到一定的帮助，这里援引刘德龙先生的研究成果，以期对读者有所启发。

一、商圣——管仲

管仲（公元前 725 年—公元前 645 年），名夷吾，字仲，又名敬仲，颍上（今安徽颍上）人，春秋初年齐国政治家，被称为“春秋第一相”，辅佐齐桓公成为春秋时期第一霸主，图 5-2。在先秦诸子中，管仲最重视经济发展，经济思想最丰富、最系统，强国富民的成效也最显著，被誉为中国古代“重商”第一人。尽管管子在思想领域有诸多建树，创立了影响深远的“管子”学派，在推进改革、治国理政方面也有卓著成就，但考虑到其学说与儒家学派等思想学说的比较，考虑到与历史上其他重臣政要的比较，管子最突出、最有开拓性、最有影响力的还是其在发展经济领域的贡献，故应尊之为“商圣”。

图 5-2　位于齐国故都山东淄博市临淄区的管仲纪念馆前的管仲像和园内的管仲墓

二、史圣——左丘明

左丘明（公元前 556 年—公元前 451 年），肥邑都君庄（今山东肥城）人，杰出的历史学家，图 5-3。所著史学巨著《左传》，是我国古代记述春秋时期周王室与各诸侯国历史事迹的编年体史书，也是一部富有文学价值的历史散文名著。其文史结合的写作风格，为后代史书、特别是《史记》，以及小说、戏剧的写作提供了经验和丰富的素材。从撰写史书的名气和影响来说，左丘明可能不如后来的司马迁成就高，但就其生活的年代久远而言，就其撰写的《左传》对史学界开先河的贡献而言，特别是就其开创的秉笔直书、求真求实的史学新风而言，尊为“史圣”并不为过。

图 5-3　左丘明画像和位于山东省泰安市肥城市石横镇衡渔村的左丘明墓

三、文圣——孔子

孔子（公元前 551 年—公元前 479 年），名丘，字仲尼，鲁国陬邑（今山东曲阜）人，图 5-4。春秋末期最伟大的思想家、教育家、政治家、史学家、文献学家，创立了博大精深、影响深远的儒家学说，对中华文明做出巨大贡献，对中国乃至世界产生了巨大的影响，被誉为“万世师表”“大成至圣先师”，尊之为“文圣”乃举世公认，不必赘述。

图 5-4 大成至圣文宣王孔子画像及位于山东曲阜的墓

四、兵圣——孙武

孙武（生卒年不详，约与孔子同时代而略晚），字长卿，亦称孙子或孙武子，齐国人（今山东惠民）人，图 5-5。春秋末期著名的军事理论家，著有“世界第一兵书”——《孙子兵法》十三篇，在中国乃至世界军事史上占有重要的地位，在政治、经济、军事、文化、外交、教育、哲学、体育竞技、商海竞争等领域被广泛应用。无论是兵学成就的影响力，还是军事领域的丰富实践，孙子在兵学界无人可与其比肩，尊之为“兵圣”乃众望所归。

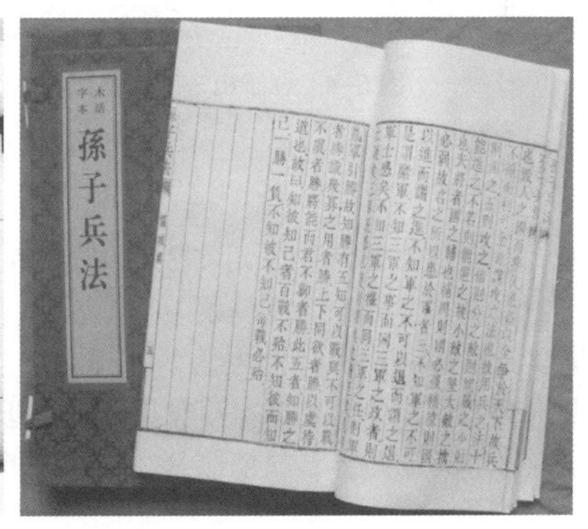

图 5-5 位于济南泉城广场的兵圣孙武塑像及木活字版《孙子兵法》

五、工圣——鲁班

鲁班（公元前507年—公元前444年），复姓公输，名般，又称公输子，春秋末期鲁国（今山东曲阜）人，图5-6。我国古代最早出现的有名有姓的科学家，古代最优秀的土木建筑工匠，发明创造涉及建筑、木工、工艺、机械、军事工程技术等行业，被尊为土木工匠的“始祖”，奉为工匠“祖师爷”。因其发明众多，是中国古代科技文化的集大成者，难以用单一的领域概括，故尊为“工圣”。也有的尊之为“匠圣”或“巧圣”。

图5-6　位于山东滕州鲁班纪念馆内的鲁班塑像

六、科圣——墨子

墨子（公元前476年—公元前390年），姓墨名翟，鲁国人，春秋末战国初期思想家、政治家、墨家学派创始人，图5-7。所创立的墨家学派，是先秦时代可与儒家学派相提并论的“世之显学”。同时，墨子在自然科学若干领域里的技术层面上均有大量发明与创造。尽管墨子在思想领域的贡献非常突出，但考虑到与儒家学说影响力的差异，故依照其在科技领域开创性的、划时代的贡献，尊之为“科圣”。

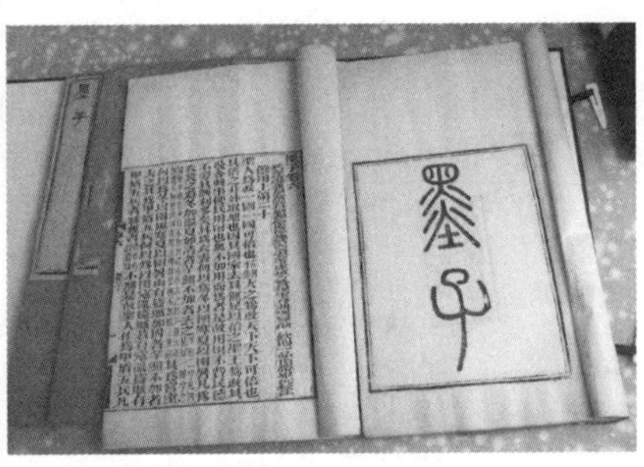

图 5-7　位于山东省滕州市的墨子塑像及《墨子》书影

七、医圣——扁鹊

扁鹊（公元前 407 年—公元前 310 年），姓秦，名越人，春秋战国时期齐国渤海卢（今山东长清）人，著名医学家，图 5-8。在诊断、病理、治法上对祖国医学做出了卓越的贡献，在医学史上占有承前启后的重要地位。司马迁著《史记·扁鹊仓公列传》为他立传，这是我国正史中现存最早的一篇为医学家所作的传记。尽管历史上对祖国传统医学贡献卓著者为数众多，但扁鹊所处年代的久远，对中华医学的开创性贡献，对高尚医德的亲历亲行而言，尊为“医圣”恰如其分。

图 5-8　位于陕西潼关扁鹊纪念馆的扁鹊雕塑及其墓冢

八、亚圣——孟子

孟子（公元前 372 年—公元前 289 年），名轲，字子舆，战国时期邹（今山

东邹城）人，著名思想家、教育家，儒家思想的代表性人物之一，图5-9。尽管孟子不是儒家学说的创始人，但他从思想基础、基本内涵和精神实质诸方面将儒家学说提升到一个新的境界，对中华民族独特文化心理结构的形成产生了巨大而深远的影响，成为儒学发展史上一位里程碑式的标志性人物。从儒家学说在中国传统文化中的至尊地位，来考量孟子对儒学的特殊贡献，尊之为“亚圣”乃势所必然。当然，这更是千百年来早有定评的称号。

孟子題辭 趙氏
孟子題辭者所以題號孟子之書本末指義
文辭之表也孟姓也子者男子之通稱也
此書孟子之所作也故總謂之孟子其篇
目則各自有名孟子鄒人也名軻字則未聞
也鄒本春秋邾子之國至孟子時改曰鄒矣
國近魯後為魯所并 又言邾為楚所
并非魯也今鄒縣是也或曰孟子魯公族孟

图5-9 亚圣孟子及其作品《孟子》书影

九、算圣——刘洪

刘洪（公元129年—公元210年），字元卓，东汉末年泰山郡蒙阴（今山东蒙阴）人，自幼勤奋好学，博览群书，精通六艺，擅长天文历算，取得了突破性成就，图5-10。就综合的文化影响力而言，刘洪的名气不算太大；但就天文、历法、数学、珠算等领域而言，其贡献和影响无与伦比，正如《后汉书》称“洪善算，当世无偶”。故尊为“算圣”。

图5-10 算圣刘洪画像及其发明的计算工具——算盘（今样）

十、智圣——诸葛亮

诸葛亮（公元181年—公元234年），字孔明，人称卧龙，汉末琅琊郡阳都（今山东沂南）人，三国时期杰出的政治家、军事家和战略家（图5-11）。从其27岁出山到54岁病逝于五丈原的27年间，明法、正身、和吴、治军，以超群的智慧、卓越的才能和近乎完美的人格，千百年来为世人传诵。诸葛亮的成就和才华表现在多个领域，政治、军事、经济皆有过人之处，就某一方面来说，也许他并不是最突出的，但就智慧、谋略、运作综合而言，几乎无人能出其右，尊为“智圣”乃名副其实。

图5-11 河南襄阳诸葛亮广场的雕塑和山东临沂诸葛亮城

十一、书圣——王羲之

王羲之（公元303年—公元361年），字逸少，原籍琅琊（今山东临沂），居会稽山阴（今浙江绍兴），东晋书法家，图5-12。他的行草书被世人尊为“草

图5-12 书圣王羲之及其书法代表作《兰亭集序》

圣”,《兰亭集序》被誉为天下第一行书，对我国书法艺术的发展产生了巨大影响。历代书学名家无不皈依，心悦诚服，推崇备至，故尊为“书圣”。

十二、农圣——贾思勰

贾思勰（公元488年—公元556年），北魏齐郡益都（今山东寿光）人，图5-13。所著《齐民要术》一书，是我国古代保存最早、内容最为完整、最为系统、最为丰富的一部农业百科全书，是世界农学史上一部不朽的农学名著。无论是《齐民要术》的严谨体系和博大内涵，还是从注重调查和实地体验，尊重客观规律的求实作风，对中国农业文明的推进，对后代农学研究和发展，都产生了巨大影响，故尊为“农圣”。

图5-13　农圣贾思勰塑像及其《齐民要术》（四部丛刊刻本）书影

第二节　农圣文化及其基本特点

在齐鲁文化的大家庭中，寿光也因其优越的地理环境和发达的农业生产，涌现了一大批贤哲才俊和文化名人，这其中最为世人称道的就是农圣贾思勰。寿光，也因为农圣贾思勰及其《齐民要术》而蜚声中外，成为贾思勰众多粉丝心目中的圣地，在很多“贾学”研究者、农史爱好者、农业科学专家学者等的意识里，来寿光就是来朝圣，就是来朝拜中国乃至世界上农业科技界的圣人——贾思勰，这是贾思勰《齐民要术》农学文化思想巨大感召力的真实体现，更是国人对中华民族优秀传统文化的敬畏，显示出了在中国这样一个以农业为主的大国，人们对先进的农业科技文化的追求与期待，显示出农圣文化历久弥新的文化价值和顽强的生命力。

一、农圣文化的概念

齐鲁圣贤文化前已述及，农圣文化作为齐鲁圣贤文化，乃至齐鲁文化的重要组成部分，有着其独特的文化魅力和价值。研究“农圣文化”必然要涉及“农圣”贾思勰本人，再一个就是文化的载体《齐民要术》这两个关键元素。通过对《齐民要术》的文本（原著）研究，我们可以看出，农圣文化包罗万象，用三言两语实在是难以说明白的。如果非要说清楚什么是“农圣文化”，我们根据前人和专家的研究成果，进行一些粗略的梳理和归纳，大概可以从以下三个方面概括农圣文化的基本内涵：

一是精神文化层面的，就是以“农圣”贾思勰本人身上所体现出来的思想和精神，以及《齐民要术》里面所蕴含着的农学文化思想为主要内容的这一部分。虽然贾思勰具体的身世、经历和业绩缺乏详细的历史记载，但从《齐民要术》的字里行间，我们仍然可以清楚地感受到他的思想光芒，以及通过贾思勰的创作而体现出来的、贾思勰身上的人文精神。当然，这其中也包括贾思勰在《齐民要术》中体现出来的农业哲学思想、农学思想、经营思想等。因为贾思勰是“人以文传”的历史人物，因此，研究释读贾思勰思想和精神的重要载体，也只有他唯一传世的作品《齐民要术》。

这部分内容是贾思勰和《齐民要术》所形成的“农圣文化”中仍具有现实意义和强劲生命力的文化精华部分，而精神文化恰恰是文明传承之本，历史发展之源，社会兴旺之基。本书后面几章将对这部分内容进行重点的释读。

二是物质层面的，通过释读《齐民要术》里面记载的农、林、牧、渔、副等大农业生产的各个领域的农业科学知识、技术和农业工具等转为物质化后的记载，可以看得见摸得着的，至今还具有重要影响或者参考借鉴意义的部分，以及贾思勰的农业经营思想为主要内容的这一部分。见图 5-14。

《齐民要术》所记载的方方面面的知识，在当今的现实生活中，正随着时代的发展变化而发生着变化，如果细心地留意或者有意识地观察一下生活，我们不难发现：有些知识，因为社会发展原因被历史淘汰了，已经失去了其原有的意义和价值；有的已经随着时代的发展，进行了较大的改进和创新，形成了新的知识，这些新知识虽然超越了《齐民要术》的记载，但其最根本的东西没有变，也就是其中的原理并没有变，也仍在使用；也有些东西不仅没有变，甚至还是按照《齐民要术》原书里记载的方法，在广泛地被人们有意识或无意识地使用着，只是“百姓日用而不知”罢了，如嫁枣、疏花、保墒、选种等，限于本书著作体例的原因，本部分内容也不作重点释读。只是因为佐证的需要，有时多少还会涉及一些最典型的记载或例子，有兴趣的或者是关心农业科学技术的读者，最好还是认认真真地阅读《齐民要术》原著，因为这才是宝库，也是最根本的。

三是社会层面的，即以《齐民要术》里记载的当时或以前社会人们的生活

第 5662056 号

商标注册证

齐民大宴

核定使用商品(第 29 类)

注册人

注册地址

注册有效期限 自 2009 年 06 月 14 日 至 2019 年 06 月

局长签发 李建昌

商标局

图 5-14　寿光温泉大酒店及酒店大厨根据《齐民要术》记载的技术方法，还原创新了“齐民大宴”并进行了商标注册

注：1. “齐民大宴”共有菜点 200 多款，烹调方法达 20 余种，内容有“齐民小吃宴”“齐民素宴”“齐民大宴全席”等多个系列。2. 图片来自寿光温泉大酒店

方式、饮食、风俗习惯以及社会传统等为主要内容的文化，图 5-15。一个时代有一个时代的风尚、礼仪和规范，这是为社会不断向前发展的事实所证明了的，除非是对这方面的知识有研究或创新的想法，否则与本书主旨也有所别，故本部分内容本书也不作具体释读，但个别的内容因为说明的需要，行文时会有相应的引用。

图 5-15　“齐民大宴”系列菜品里的代表菜品“寿光扒谷”

注：1. “扒谷”为寿光民间传统特产，以绿豆和菠菜为原料制作而成，绿颜色，类似豆腐样的菜肴。2. 图片来自温泉大酒店资料

因此，综合专家学者对文化的定义，以及上面我们的归纳分析，现在可以较为客观的对农圣文化作一个界定："农圣文化"就是"农圣"贾思勰的思想精神，及其著作《齐民要术》所蕴含和体现出来的哲学思想、农学思想、经营思想和农业科学技术等的总称。

任何一种文化都有其与众不同的内在特质，表现为不同的价值追求，但深入研究会发现，文化又具有一些共同的精神特质，因此而形成了文化的多样性特点。以《齐民要术》的作者贾思勰为代表人物，以其著作《齐民要术》为文化载体和源头，形成了具有浓郁人文特色的"农圣文化"。农圣文化是《齐民要术》农学文化思想的重要组成部分，体现了农圣贾思勰的思想、学说、理论，是《齐民要术》中除去农业科学技术和其他实用技术之外最重要的精神财富。农圣文化又是齐鲁文化的重要组成部分，以其地位的独特性和内涵的丰富性，在中华文化体系中居于特别重要的地位，并通过自身的不断发展、创新、升华，推动了中华文化的传承与发展。习近平总书记明确指出：要"用好齐鲁文化资源丰富的优势，加强对中华优秀传统文化的挖掘和阐发，为做好改革发展稳定各项工作提供强大精神力量。"

因此，我们通过研究中国传统文化和齐鲁圣贤文化的主要特点，就会发现农圣文化与之有着千丝万缕的不可分割的联系，它既有中华传统文化的深远渊源和传承，又有齐鲁圣贤文化的博大内涵和深厚底蕴。从这一意义上讲，了解中国传统文化的主要特点和齐鲁圣贤文化的特点，对于我们正确把握农圣文化的基本特点，传承创新《齐民要术》农学文化思想，弘扬中国传统文化精神，服务经济社会发展大有裨益。

二、中国传统文化的主要特点

中国文化博大精深，是在中国这片广袤的土地上，经过一代代中国人长期的生活生产实践，而形成的一种极具中国特色的智慧表达。了解中国传统文化特点，对于塑造我们的人格，树立正确的世界观、人生观、价值观，处理好个体与集体、国家与民族、内与外、失与得、荣与辱、社会与自然等各种复杂的关系都具有重要意义。

关于中国传统文化的主要特点有 3 种基本的概括：一是著名国学大师钱穆先生提出的："一天人，合内外，六字尽之。"他认为这六个字就可以把中国哲学精神穷尽了，其基本内核就是"天人合一"。二是中国现代哲学家张岱年先生把中国传统文化的要义归结为《周易》里说的"天行健，君子以自强不息；地势坤，君子以厚德载物。"他认为这足以概括我们中华民族文化的精神。三是北京大学哲学系教授汤一介先生提出的"天人合一""知行合一""情景合一"，它们分别对应于真、善、美。“天人合一”即求真，“知行合一”即致善，“情景合一”即审美。世界上不同的民族毫无疑问都是追求真、善、美的，这没有什么不同，但不同的是每个民族到底是用什么样的方式去实现真、善、美的追求。中国就是通过这三个“合一”来追求真、善、美的。图 5-16。

图 5-16　著名学者钱穆（左）、张岱年（中）、汤一介（右）

山东大学哲学与社会发展学院博士生导师何中华教授则认为，中国传统文化的特点主要包括六个方面：第一，“天人合一”“阴阳互补”。“天人合一”主张顺天应时，是中国传统文化在总体上是自然主义的重要特征；而“阴阳互补”构成中国传统文化实现其真善美追求的最基本的模式。第二，人性本善、德性优先。中国传统文化的人性论从主流看是性善论的，中国传统德性论具有浓厚的自然主义色彩。表现在以血缘关系为纽带建构起来的伦理结构，成为中国传统道德观念的发生学基础。而道德观上自然主义的取向，决定了中国传统文化在学理层面上的道德自足论。第三，“自强不息”“厚德载物”。凝练地概括了中国文化传统所蕴含的刚柔相济、阴阳互补的关系和内在结构。它既是个体人格特征，同时又是整个传统文化的特征。自强不息表达的是刚健进取的品格，厚德载物则体现着宽容敦厚的品格。第四，“内圣外王”“德治仁政”。中国传统文化讲究“格致诚正修齐治平”，所谓有德者为王。“德治仁政”始终是中国政治哲学所孜孜以求的理想。第五，中庸之道、过犹不及。中国人是容易满足的，中国人对于事物的“度”持敬畏和守望的态度，中国文化没有培养出贪婪的民族性格，而是非进攻性的，没有占有的冲动。第六，言近旨远、含蓄委婉。中国的文化基因注定了中国式表达的象征和隐喻的特征，中国文化从总体上说是诗化的文化，这种诗意化表达注重写意而非写实。最突出的表现就是中国人比较含蓄，中国人表达感情的方式也很含蓄。

三、齐鲁圣贤文化的主要特点

齐鲁文化以其独特的地位和丰富的内涵，在中华文化体系中居于特别重要的地位，并以自身的不断发展、创新、升华，推动了中华文化的传承与发展。齐鲁文化是从先秦时期就在今山东省境内的齐、鲁两国形成，是几千年来不断发展的一种地域文化。战国以后，随着齐鲁两国自身的发展及列国纷争形势的造就，齐、鲁作为文化“重心”的地位进一步显现，诸子百家争鸣与稷下学宫，其中主要的代表人物多半出于齐鲁，儒、墨“显学”俱盛于鲁，先秦兵学最盛于齐，形成了百花齐放的生动局面，造就了中国古代文明的轴心时代。特别是齐鲁文化的核心儒学，植根于深厚的农业文明和传统生产、生活方式之中，立足于宗法社会和血缘亲情之上，具有浓厚的等级名分观念、礼治主义、亲情主义、等序之爱、泛孝主义等特质。使得它不仅受到普通民众的认可，也迎合了维护封建集权和等差秩序的统治需要，有助于把分散的个体小农整合到专制统治秩序之中，保证国家的长治久安，因而获得了极大发展。

在齐鲁文化源远流长的发展历程中，齐鲁大地涌现出一大批文化、科技巨匠和贤臣良辅、著名将领。这其中既包括儒家学说的创始人孔子，还包括思想家孟子、墨子、荀子；兵学家姜尚、吴起、鬼谷子、孙武、孙膑、司马穰苴、戚继光；贤臣良辅伊尹、管仲、晏婴、东方朔、诸葛亮、房玄龄；科学家鲁班、墨翟、扁鹊、甘德、刘洪、何承天、王叔和；经学家伏生、郑玄、何休；中国古代三大农书的作者农学家氾胜之、贾思勰、王祯；文学家艺术家刘勰、王羲之、颜真卿、李清照、辛弃疾、李攀龙、王渔洋、张养浩、张择端、蒲松龄、孔尚任等一大批为齐鲁文化，乃至中华文化、世界文化的发展做出重大贡献的文化名人。从群体角度来深入地研究齐鲁圣贤文化，我们会发现他们在思想上和社会生活实践中拥有一些共同的特征或特质，体现了圣贤们的追求或倡导，而这些特征或特质也正体现出齐鲁圣贤文化的主要特点：

天下为公的群体精神。“老有所终，壮有所用，幼有所长”《礼记・礼运》的美好社会，是以齐鲁圣贤为代表的齐鲁文化的核心精神。儒学经典《礼记・礼运》关于“大道之行也，天下为公，选贤与能，讲信修睦。故人不独亲其亲，不独子其子，使老有所终，壮有所用，幼有所长，鳏、寡、孤、独、废疾者皆有所养，男有分，女有归。货恶其弃于地也，不必藏于己；力恶其不出于身也，不必为己。是故谋闭而不兴，盗窃乱贼而不作，故外户而不闭，是谓大同”的论述，充分体现了齐鲁圣贤们追求天下为公、天下大同的群体精神。

厚德仁民的民本精神。齐鲁圣贤有一个共同的思想认同，即尊重人民、重视人民，视人民群众为国家政治之根本、之基础，充满了人道主义精神。最早是管子提出的“政之所兴，在顺民心；政之所废，在逆民心。民恶忧劳，我佚乐之；民恶贫贱，我富贵之；民恶灭绝，我生育之……故从其四欲，则远者自亲；行其四恶，则近者叛之。”（《管子·牧民》）孔子的仁学思想体系，也是在民本思想基础上建立起来的。

讲信修睦的和谐精神。崇尚集体主义，讲和睦，讲和谐，讲和平，强调群体对个体的至上性，认为群体价值大于个体价值，要求个体合群，世界大同是齐鲁圣贤普遍的世界观。“宽厚处事，协和人我”“老吾老以及人之老，幼吾幼以及人之幼”“天和”“与天地合其德，与日月合其明，与四时合其序”“天地与我并生，万物与我为一”“温良恭俭让”“仁义礼智信”“以德服人”“天时不如地利，地利不如人和”“允执其中”“中也者，天下之大本也；和也者，天下之达道也”“协和万邦”“亲仁善邻”“以中国为一人，以天下为一家”“昔者圣王之治人也，不贵其人博学也，欲其人之和同以听令也。”“兼爱”“非攻”等主张都是这一精神的经典表述，充分体现了齐鲁圣贤文化中的和谐精神。

经世致用的救世精神。齐鲁圣贤们崇尚经世致用，主张积极入世，把建构一种合理化的社会秩序和政治形式，作为实现各自社会理想的根本途径，把实现强国富民，天下大同作为理想追求和政治抱负，这种经世致用的救世精神鲜明突出。

躬身实践的求实精神。尊重实际、尊重规律，躬身实践，求真务实，是齐鲁圣贤文化留给我们的宝贵精神财富，是颠扑不破的历来被高度重视的中华优秀传统美德，也是古今以来成就伟业的优良传统。

自强不息的进取精神。集中表现为要有自尊、自立、自爱的品德和独立的人格，做到“富贵不能淫、贫贱不能移，威武不能屈”（《孟子·滕文公下》）；表现为坚忍不拔、顽强进取的精神，在挫折和厄运面前不低头、不气馁，勇于奋起抗争；表现为顺应时代潮流，确立远大目标、积极进取，有所作为。

勤勉睿智的创造精神。齐鲁大地的原始土著东夷人就是一个勤劳、勇敢、聪明睿智、善于发明创造的民族，从弓、矢、舟、车的发明，到渔、猎、农、牧、酿造、冶炼技术的创造，以至天文、地理、律历、礼乐制度，都有重要的发现和创建，为中华文明作出了积极贡献，为中华民族优秀传统文化注入了创新活力。

四、《齐民要术》农学文化思想的基本特点

文化是人类在历史发展进程中创造，并随时代发展不断充实、完善、融合、积淀而形成的。每一个民族都有自己独特的传统文化，它是民族繁衍生息的根基和血脉；每一个民族的传统文化又都是复杂多样的。因此，文化既有其鲜明的个性特色，又具有相同或相似的共性特征。没有自己的特色和个性的文

化，最终将被人类发展的历史潮流所淘汰而消失。纵观人类发展史，那些在世界历史上曾有过辉煌，但今天已消失的如著名的玛雅文化、古希腊文化等可证明这一点。

中华民族优秀传统文化是华夏儿女的智慧结晶，是中华民族生生不息雄踞于世界民族之林的精神支柱，也是推动中华民族克艰攻难、创新发展、走向繁荣、实现“中国梦”的动力之源。农圣文化是地域文化的杰出代表，是齐鲁文化的一部分，是齐鲁圣贤文化中一颗璀璨的明珠，理所当然的也是中华民族优秀传统文化的重要组成部分。从农圣文化自身的特点看，也是对中华民族优秀传统文化的传承、创新与发展。因此，农圣文化既有文化的共性，也有着自己鲜明的个性特点。具体地说，《齐民要术》农学文化思想具有以下五个方面的特点：

（一）爱国主义精神和责任担当精神是农圣文化的灵魂

一个民族，一个国家，都有其血统里延绵不断的精神支撑，譬如美国的开拓精神，法国的浪漫主义等。而有一些精神是没有国界的，这就是人们对自己国家的热爱，对自己国家发展的责任与担当精神。爱国主义是中华民族最深厚的思想传统，是中华民族精神的核心和基石，爱国主义精神和责任担当精神又是塑造民族文化风格的关键因素，也是中华民族优秀传统文化最宝贵的地方。爱国主义精神和责任担当精神在中国历代先贤，乃至普通百姓的思想和精神深处屹立不倒，从未缺失。特别是当中华民族受到外族或其他侵略，民族处在生死存亡之际，其作用则更加明显，我们完全能从历史的光影中得到印证。

从《齐民要术》宏大的规模、丰富的内容、广泛的影响来看，如果贾思勰没有强烈的爱国主义精神和责任担当精神，他就不会为了国家富强、人民富足而殚精竭虑，耗时 16 年或者更长的时间去写这么一部并不会流行的农书；他就不会历尽千辛万苦“采捃经传，援之歌谣，询之老成，验以行事”，他也不会“起自耕农，终于醯、醢，资生之业，靡不毕书”，他更不会斤斤计较地去算计如何经营致富，如何勤作丰收；也更不会“丁宁周至，言提其耳，每事指斥，不尚浮辞”，就像在孩童耳边叮嘱，每种方法的介绍都直截了当，不追求华丽的辞藻，以这样的方式去详细记录。爱之弥深，则作之必细；爱之弥切，则志之必坚。

因此，我们可以肯定地说，爱国主义精神和责任担当精神也是农圣文化精神价值的核心和灵魂所在，更是农圣文化与中华优秀传统文化一脉相承的重要特征，农圣文化也因此而历久弥新，不仅成为民族的自豪，也赢得了世界人民的尊敬。

（二）农圣文化实现了历史性与现实性的完美统一

任何文化的产生、发展和定型都有其深厚的历史渊源，同时也与该时代社会发展状况和现实特点紧密相连，体现出历史性与现实性的统一。相对于农圣文化来说，历史性是指农圣文化与中华民族优秀传统文化的一脉相承，能在中华民族优秀传统文化的历史长河中找到源头，这在前文所述的农圣文化的渊源追溯部分已作解读，毋庸赘述。而农圣文化的现实性，是指农圣文化体现了贾思勰所生活时代的社会现状和实际需求，也就是南北朝时期北魏社会的发展现状下，群众精神需求的真实反映。

北魏时期，中国社会还处在传统农耕时代的发展期，劳动水平和生产力低下，农业生产受到自然环境的严重制约，农业经济水平不能充分满足人们的生活需要。加之社会政局动荡，南北政权对立，人民生活贫困，经济尤其是农业发展水平亟需提高。在这样的社会背景下，可以说《齐民要术》是因时而生，适时而生。我们知道，《齐民要术》里面记述的内容既是对北魏之前农业生产技术的大总结，又是结合北魏当时农业生产现状，对农业生产的各个方面作了一些必要性的技术创新和改进，极大地提高了当时的社会生产力，符合当时国家和人民的需要，是大势所趋，是历史发展的必然，具有积极而又现实的指导意义。就是在今天，农圣文化中的精粹依然没有过时，依然放射着耀眼的科学光芒，依然适合时代的发展需要。

（三）农圣文化体现了特殊性与普适性的兼容并包

任何文化的形成都受一定的时代发展和社会背景的影响而具有其鲜明的时代特点，但同时它又具有一切文化的共性特点。农圣文化特殊性的根源最主要的有 3 条。

第一，社会大形势的特殊性。北魏社会是我国北方鲜卑族拓跋氏部落建立的少数民族政权，统治者为了稳固政权必然会实施一系列有针对性的保障政策和措施，民族大融合成为历史发展的必然，这也为少数民族文化与汉民族文化的加速融合提供了机遇，这是农圣文化特殊性的原因之一。

第二，广大社会群众的普遍心理需求。南朝刘宋政权和北朝鲜卑族政权的相互对立，造成了社会的动荡不安，影响了人们的正常交流和生活，这使得普天之下老百姓对安定的社会环境和国家统一，充满了渴望和期待，农圣文化里面的爱国精神就是典型的代表，此为特殊性之二。

第三，乱思治、穷则变的发展规律使然。北魏上层社会的奢靡浪费之风造成了整个社会风气的极端恶化，国家资源的极大浪费和生产的凋敝，因贫生乱，因乱致衰，又成为农圣文化中勤俭朴素精神和忧患意识的重要根源。因此，以贾思勰为代表的有着正义感和责任感的一些知识分子或者基层的地方官僚，便自然会生发出为社会、为老百姓寻找生路的思想。农圣文化的精神内涵正是对其所处时代的现实和理智反应，有其特定的历史烙印。

文化的生命力在于对其他一切先进文化营养的不断吸收、融合、发展，从而生生不息似水长流。即便没有民族大融合的社会背景，不同民族、国家、地域间的文化交流也是在所难免的。此外，人民对于安定的社会局面、发达的生产、富裕的生活追求是没有时代、社会和国家之别的，人心所向，大概如此。因此，人们也必然会对腐败的社会现象产生强烈的不满和反对，等等。

所以说，农圣文化又有着其社会普适性，它所蕴含的人文道理和精神理念又是适用于任何时代的，是特殊性与普适性的二位一体，有着强劲的生命力。

（四）农圣文化突出了哲理性与实用性的和谐相融

文化在生活中产生，并与生活融为一体。作为深层次的文化可能高于一般的生活，但现实生活是产生和创造一切文化的土壤。农圣文化的精神内涵是中华民族千百年来哲学思想的一以贯之，既反映了中国古代劳动人民在生产劳动和社会实践中的哲理思辨精神，又在现实社会生活中起着非常重要的指导作用，具有很强的实用性。它让人们在社会实践中不断剔除糟粕，走出困惑、走向文明，再从实践中汲取经验和教训，形成新的更高层次的哲理思辨，正如中华文化的源头，被誉为“大道之源”的《周易》六十四卦中最后一卦是“未济”，强调的是“物不可穷”，事物不可穷尽的道理一样，周而复始，不断推动社会向前发展。因此，农圣文化有着积极的实用性特点，是哲理性与实用性的和谐相融。

（五）农圣文化实现了科学性与全面性的相得益彰

科学性是农圣文化的突出特点，贾思勰在《齐民要术》里面记载的选种法、烟薰防霜法、嫁枣法、疏花法、嫁接法、制盐法、制酒法（微生物科学）等，无一不闪烁着科学的光芒，很多科学知识和技术，如前面提到的烟薰防霜法、嫁枣法、疏花法等具有极高的科学性，就是在今天的农业生产中，也仍然还在被广泛应用，图5-17。除此之外，《齐民要术》里面关于耕地、墒情、抗旱、区种法、养殖、兽医、制香料、食品制作等其他方面的知识记载，也体现着积极的科学性和全面性，仍具有非凡的生命力。因此，农圣文化的科学性是毋庸置疑的。通过前面对《齐民要术》记载内容的介绍我们知道，《齐民要术》涉及农、林、牧、渔、副等现代大农业的基本范畴，可谓包罗万象，全面具体，被誉为“中国古代农业百科全书”名至实归。

由此看来，农圣文化所体现出来的科学性与全面性是互为表里、相得益彰的，其文化魅力也是显而易见的。

正因为农圣文化有灵魂、有渊源、讲科学、又全面的鲜明特点，1 500多年的风风雨雨，才始终没有让农圣文化有半点的过时，才使得农圣文化不仅没有因为时间的流失褪色而退出人们的生活，反而随着历史的发展，得到不断传承和创新发展。

图 5-17　寿光菜博会以贾思勰《齐民要术》为素材的蔬菜文化景点

五、《齐民要术》农学文化思想的基本精神内涵及其关系

明确了什么是农圣文化，农圣文化有哪些特点后，读者也许会感到这些东西太抽象了不容易理解，还是实际些，谈谈《齐民要术》农学文化思想或者说农圣文化到底有哪些具体的基本精神内涵吧。这是本书重点为读者释读的内容，自然会详加说明。因为农圣文化具有一个完整的精神价值体系，有必要在这里先简单的罗列一下农圣文化到底有哪些基本精神内涵，并将它们之间的逻辑关系作一释读，这样对准确把握而不是“只见树木不见森林”的理解农圣文化的实质内容就容易得多了。

(一)《齐民要术》农学文化思想的基本精神内涵

通过阅读、分析、梳理《齐民要术》原著和贾思勰在书中的自序，我们可以非常容易地概括出农圣文化在精神文化层面主要包括九个方面的内容：以安民、富民、教民为主要特征的责任担当精神，以开拓创新、毅力坚定和做事专一为特征的创业敬业精神，以主张勤劳务本、反对奢靡浪费为特征的勤俭朴素精神，以博览群书、勤奋学习和一丝不苟为特征的严谨治学精神，以尊重客观规律、敢于挑战甚至否定权威为特征的实事求是精神，以重视和提倡先进科学技术应用为特征的科学精神，以重视实践和躬行践履为特征的实践精神，以居安思危和倡导“荒政”为特征的忧患意识，以盼望国富民强、反对奢靡浪费、热爱祖国物产和取他族之长以利吾民为特征的爱国精神等，也可以说这九个方面的内容就是《齐民要术》农学文化思想精神的基本内涵，也是农圣文化中具有现实意义的精神价值所在。

（二）《齐民要术》农学文化思想内涵之间的关系

《齐民要术》农学文化思想九个方面的精神内涵之间，有着内在的逻辑辩证关系，它们之间互为关系共同构成了农圣文化的精神价值体系。其中，爱国精神是农圣文化的核心，责任担当精神是农圣文化的关键，勤俭朴素精神、实事求是精神、科学精神、实践精神是农圣文化的精华所在，忧患意识是农圣文化的可贵之处，而创业敬业精神、严谨治学精神则是农圣文化的基础所在。农圣文化的这九种基本精神内涵，与中华民族优秀传统文化是一脉相承的，是农圣文化中熠熠生辉的思想精华，图 5-18。研究贾思勰《齐民要术》，传承创新农圣文化，对砥砺个人成长，增强民族自信和文化自信，实现中华民族伟大复兴的“中国梦”具有重要的积极的现实意义。

图 5-18　中国（寿光）国际蔬菜博览会用生姜制作的“江（姜）山”蔬菜文化景点

正如习近平总书记所说，爱国主义是中华民族精神的核心，是“我们在世界文化激荡中站稳脚跟的根基”，无论什么时候都不可动摇，也动摇不得。无论在国家、民族利益面前，还是在事关发展的大局面前，担当就是一种责任，是一个人、一个民族、一个国家面对困境、危难，或是面对现实、机遇时表现出的最坚定的抱负和情怀。思想的坚定，不畏艰难的开拓奋进，一步一个脚印的前行，这是成就事业、创造美好未来的必须，也是获得长足发展的重要前提。

可以说，只有通过实事求是的科学加实干，才能成就个人梦想，才能成就国家、民族伟业，这也是农圣文化的精华之所在。居安思危，未雨绸缪向来是中华民族智慧中的优秀品质，忧患意识所具有的前瞻性，是农圣文化的可贵之处，也是中华民族精神的一脉相承，它以民族智慧的思辨性让农圣文化赢得了未来。这是农圣文化精神价值的逻辑辩证关系，也是农圣文化能够自成体系，拥有不竭发展动力的原因之所在。

第六章

《齐民要术》农学文化思想实践与典型代表

第一节　《齐民要术》农学文化思想的蝶变飞跃

粮食、水是生活中不可或缺的基本物质，而蔬菜是丰富人们生活，提高生活质量的重要内容之一。蔬菜是人们日常饮食中必不可少的食物之一，可提供人体所必需的多种维生素和矿物质，据国际粮农组织的统计，人体必需的维生素 C 的 90%、维生素 A 的 60%都来自蔬菜。此外，蔬菜中还含有多种成份的植物化学矿物质，有些蔬菜甚至可入药，是最安全的食疗植物之一。种植蔬菜，创新蔬菜品种和种植方法，提高蔬菜的产量、食用价值和品质，是蔬菜产业发展的重要方向。

一、《齐民要术》记载的与蔬菜相关的知识

设施园艺蔬菜，是我国农业生产中历史最悠久，种类最丰富，品质也优良的最光辉最伟大的成就之一，也为世界设施园艺发展作出了积极贡献。北魏时期的贾思勰在《齐民要术》里从卷二《种瓜第十四茄子附出》到卷三《种苜蓿第二十九》，用了 16 章的篇幅来专门记述蔬菜的种植、选种、储藏乃至食用等方面的知识，内容庞大，记录详细，技术全面先进，实用价值高，为我们了解 1 500年前我们国家在蔬菜栽培方面的情况，提供了详实可靠的历史资料。根据石声汉教授统计，《齐民要术》中记述的作为蔬菜的植物，当时在黄河流域栽培的就有 31 种（表 6-1），其中有几种还包含着栽培的变异品种在内，这在世界园艺种植史

上都是值得肯定和敬佩的。

通过对比研究我们还发现，《齐民要术》记载了 31 种蔬菜植物，其中的 20 种植物今天还在不同区域有着广泛的栽培，有 2 种已经转移到了其他类别而不再作为蔬菜进行种植，有 9 种已经被其他更好的种类所替代，而现在仍在种植的 20 种蔬菜中，菘（白菜）、芦菔（萝卜）经过我国劳动人民千百年来不断地创新选育，已经由当时的次要蔬菜成为今天的主流菜品，并培育出了许多新品种和优良品种，成为了许多国家种植的蔬菜，充分显示了我国古代劳动人民的聪明和智慧。由此我们也可以推知，蔬菜种植在 1 500多年前我国的北魏时期已经相当广泛，设施园艺在我国有着悠久的发展史和演变史，为今天我们的现代设施园艺发展积累了丰富的经验，提供了重要的参考资料。

表 6-1 《齐民要术》中记载黄河流域作为蔬菜的植物略表

现在仍然在广泛种植的	栽培目的已转向其他方面的	现在已经被替代而退出菜圃的
瓜（甜瓜）（品种计 15 至 17）、冬瓜、越瓜、胡瓜、茄子、瓠、芋（品种有 18）、蔓菁（品种有 2）、菘、芦菔、蒜、葱（品种有 2 或 3）、韭、蜀芥、芸薹、芥子、胡荽、姜、芹、笋	荏、苜蓿	葵（品种有 5，又有季节不同的栽培品种 3）、泽蒜、䪥、兰香、蓼、蘘荷、白蘘、马芹、堇、胡葸子

注：根据石声汉《从〈齐民要术〉看中国古代农业科学技术》整理

关于蔬菜的记载，《齐民要术》里记述的内容还涉及蔬菜的种类和栽培、蔬菜的套作、蔬菜的加工与保存等。而其中蔬菜的加工与保存，贾思勰又列举了蔬菜的鲜藏法、酱藏法（据石声汉教授考证，酱菜最早的记载，大概只在《齐民要术》中有）、干藏法（就是通过晒干方法来保存蔬菜）和作菹（就是利用乳酸菌发酵，杜绝细菌的扰害而做成酸菜）四种不同的方法，可谓经济实用，具有非凡的生活智慧，既是中国以蔬菜种植为主要内容的园艺技术的集大成，又是《齐民要术》农学文化思想实践过程中活的精神文化和物质文化完美的结合。在贾思勰的家乡——山东寿光，蔬菜种植已形成产业化，带动了相关行业、产业的集群发展，成为当地经济发展的典型代表和重要品牌，极大地丰富了人民群众的生活，推动了当地经济的发展。

二、《齐民要术》农学文化思想中的蔬菜存储理念

蔬菜的生产加工与保存是一项重要的应用性科学技术，也是一项事关经济发展和民生问题的重要课题。《齐民要术》中关于蔬菜生产加工的记载，不仅有力地指导了当时人们的蔬菜生产，还提高了当时的蔬菜生产技术水平，大大方便了人们的日常生活，提供了人体所需要的各种维生素，保障了人们的健康。而关于

蔬菜存储技术的记载，又最大限度地克服了季节时令对蔬菜保鲜存储的局限，有效解决了人们冬季吃不到新鲜蔬菜的问题，丰富了人们的生活餐桌，应该说是一项科学之举，智慧之举。

（一）“藏生菜法”——蔬菜的保鲜技术

食品安全已成为当今社会最为关注的重要内容之一，也是保障人们健康生活的基本保证。安全、环保、生态是人们对包括蔬菜种植在内的最关心的民生工程底线，更是对包括蔬菜加工、储存等方面的基本要求。最早在1 500多年前，贾思勰就在《齐民要术》卷九《作菹藏生菜法第八十八》中，记录下了一种近似原生态性质的、重要的蔬菜保鲜技术——“藏生菜法”：“九月十月中，于墙南日阳中，掘作坑；深四五尺。取杂菜，种别布之，一行菜，一行土。去坎一尺许，便止；以穰厚覆之。得经冬。须即取，粲然与夏菜不殊。”意思是说，（在中国北方，当时北魏政权所辖的区域）九月到十月中，在墙南边太阳可以晒到的向阳处，掘一个四五尺深的土坑。将各种蔬菜，一种一种的（分层）分别铺在土坑里；（铺）一层菜，（然后在菜上面再铺）一层土（作者注：土保湿、透气）。到距坑口还有一尺的距离时，便不再铺菜。盖土，只（在最上一层土面上）厚厚地盖上稿秸（作者注：稿秸保温）。这样，这一坑菜就可以（保鲜）度过冬天。等到要用，便去取出来，（这种方法保存的蔬菜）和夏天（刚采下来）的蔬菜一样新鲜。卷三《种姜第二十七》谈到姜的保存时，贾思勰记到“九月掘出置屋中。<u>中国多寒，宜作窖，以谷稈合埋之</u>。”①，姜虽喜温暖湿润的气候，但是畏寒，用窖存，同时辅以谷穰保温，提供了姜适宜生存的自然环境，确保姜能鲜活不烂。

《齐民要术》里面记载的这种“藏生菜法”，与当今假植蔬菜的科学道理非常相近，是有效保持蔬菜的水分、新鲜程度、营养等不发生根本改变，最为环保和生态化的一种蔬菜保鲜技术，是有效解决冬季至夏初，当时乃至现在中国北方人民吃不上新鲜蔬菜的现实问题，为农家餐桌增添了一点绿色的希望。就是这种简单而又智慧的“藏生菜法”，成为了中国“绿色革命”的圣火之源，至今在中国北方农村，虽然有了广泛的日光温室大棚蔬菜生产，但这一古老的蔬菜保鲜技术，因为其方便、安全、环保和生态性强，又不会增加像冷库储存那样的经济负担，仍然为广大百姓所喜爱和惯用，成为《齐民要术》农学文化思想传承创新最现实最有力的代表之一。

（二）“菹藏”“干藏”“酱藏”等——蔬菜的特殊保存技术

民以食为天，人们不仅重视食物最基本的食用价值，随着经济发展水平和生

① 注：划线者为《齐民要术》中贾思勰自注内容

活水平的不断提高，人们对食物的品质、口味、种类等也随之提出了更多不同的要求，对于蔬菜不同的保存、食用形式，也提出了更多要求。除了“藏生菜法”这一原生态式的蔬菜保鲜技术外，《齐民要术》中还记载了“酱藏”“干藏”“菹藏”“腌藏”“糟藏”等不同的蔬菜保存方法，在科学技术不发达，经济发展水平较低的时代背景下，充分显示出我国劳动人民的聪明智慧，传承创新这些古老的民族生活经验，一定也会为今天我们的生活增添无数色彩。

《齐民要术》卷三《种葵第十七》引崔寔语“九月，作葵菹，干葵”，提到葵菜可以用菹法和干藏法进行储存。《蔓菁第十八》提到了蔓菁（根叶）的菹法、干藏法、蒸法等多种保存方法：“从处暑至八月白露节皆得。早者作菹，晚者作干。”（原书是小字注）蔓菁从处暑到八月白露这段时间内种，都可以。早种早熟的可用来菹制保存，晚种晚熟的可用来作干菜保存。“其叶作菹者，料理如常法。拟作干菜及蘸菹者人丈反，蘸菹者，次年正月始作耳，须留第一好菜拟之，其菹法列后条。”[①] 做蔓菁菹菜与干蔓菁菜，要从次年正月开始，必须把最好的叶子留出来备用，这样才能保证菹法或干制法做出的蔓菁菜的质量。蔓菁“干而蒸食，既甜且美，自可藉口”，晒干的蔓菁蒸熟了吃，又香又甜，非常可口。用“蒸干芜（蔓）菁根法”制作出来的蔓菁，“谨谨著牙，真类鹿尾。蒸而卖者，则收米十石也。”用牙咬时“感觉细致紧密”，很像鹿尾。蒸热的蔓菁根拿去卖，一瓦瓮根可换得十石（音 dàn）米。

蔬菜的菹法保存在《齐民要术》卷九《作菹藏生菜法第八十八》中，有“葵、菘、芜菁、蜀芥咸菹法”，该法做出的菹菜“菹色仍青，以水洗去咸汁，煮为茹，与生菜不殊。”或“菹色黄而味美”。“汤菹法”做出的菘、芜菁菜，如果“盐、醋中，熬胡麻油着，香而且脆。多作者，亦得至春不败。”放适量的盐和醋，再熬些芝麻油倒进去，香而且脆。还有“蘸菹法”，就是做酸菜的方法，“作菘咸菹法”，“作醋菹法”“作菹消法”（在《齐民要术》卷八《菹绿第七十九》中有专条记载）“瓜菹法”“瓜芥菹法”“苦笋紫菜菹法”“竹菜菹法”“菘根榼菹法”“胡芹小蒜菹法”“菘根萝蔔菹法”“木耳菹”等等多种蔬菜的菹法保存技术。

酱藏法是一种借物存物的方法，《齐民要术》卷二《种瓜第十四》中记载：越瓜“于香酱中藏之亦佳”，冬瓜“削去皮子，于芥子酱中，或美豆酱中藏之，佳。”卷三《种蘘荷、芹、豦（加草字头）第二十八》中记载蘘荷的菹存或酱存法：“九月中，取旁生要为菹。亦可酱中藏之。”等，都是酱藏法保存蔬菜的古老记载。

---

① 注：划线者为贾思勰原小字注

综合《齐民要术》关于蔬菜的各种存储方法，可以得知：腌藏法，就是利用盐水腌泡蔬菜的方法，以达到杀死有害病菌使食物得以保存的方法，这一方法仍然是今天我国人民生活中常用常新的食物储存形式。菹藏法，就是酸菜的制作法，是利用微生物菌发酵原理，使食物发生化学性变化而形成一种新的食物品种。酱藏法，《齐民要术》卷八《作酱法第七十》是专门讲述制作酱类的方法，该方法就是通过食物发酵等化学、物理综合方法将食物性质、形状改变，而成为新的食品的做法，《齐民要术》讲的主要是鱼类、肉类等制酱保存方法，关于蔬菜类的酱藏法，《齐民要术》只是记载了如何将蔬菜置于酱中，通过半流体状酱的长时间作用，使蔬菜品质味道发生改变，蔬菜能得以保存的方法。糟藏法，也是利用食物中微生物作用产生有益菌类，以达到保存食物的方法，如《齐民要术》中提到的糟鱼、糟肉等。

不可否认，“酱藏”“干藏”“菹藏”“腌藏”“糟藏”等储存方式，虽然也能在生活中普遍使用，但有些已经从根本上改变了食物的原生态，不再是“藏生菜法”中所说的蔬菜的新鲜储存了。同样，不可否认的是，《齐民要术》中这种蔬菜存储的理念给了我们很多启发，有些方法甚至在我们今天的生活中仍然发挥着重要作用，如酸菜的制作方法，不仅在我国各地都有广泛的使用，甚至在韩国、朝鲜等国外也是一种特色精致的菜品之一；再如今天用酱油、虾油、香料等不同配料制作的酱菜，仍然是生活中不可或缺的一种菜品。

三、《齐民要术》农学文化思想中“蔬菜存储”理念的创新

再伟大的创造如果没有很好的创新与发展，也会在历史的长河中失去其夺目的光彩，甚至会退出历史的舞台，通过对《齐民要术》里关于蔬菜的种植史分析已说明了这一特点。但《齐民要术》的农学文化思想却是科学的、先进的，有着顽强的生命力，千百年来未曾减弱。如果我们到寿光看看其蔬菜产业的发展，就能够为《齐民要术》农学文化思想中“蔬菜存储”理念创新，找到生动现实的佐证，从而对我们深入理解和把握《齐民要术》农学文化思想会有直接的帮助和启发。

（一）圣火初燃，其道大光

时光轮回到公元 1989 年的 12 月 24 日。在寿光市孙家集镇三元朱村，时任村党支部书记的王乐义带领全村 17 名党员干部，在大田里建设的 17 座不需人工加温的日光式温室蔬菜大棚，生产出了第一批鲜嫩的越冬黄瓜，开秤就卖到了 20 元钱 1 公斤，每天来收黄瓜的汽车在村口排成了一长溜。而在这之前，没有一个万元户的三元朱村，一下子就冒出了 17 个“双万元户”，图 6-1。1 500多年之后，在农圣家乡——山东寿光，诞生了日光式温室大棚蔬菜种植这一超越农

圣当年“藏生菜法”的科学创新，让中国大地从此有了冬天里的“春天”。

图 6-1　日光温室大棚蔬菜种植发祥地——寿光市孙家集街道三元朱村

注：资料来源于三元朱村网站

1999 年，寿光市蔬菜高科技示范园建成使用，示范园实行统一布局、统一种植、统一技术指导、统一产品销售，利益共享，风险同担的“四统一”蔬菜种植模式，图 6-2。现在示范园集生物工程种苗开发、蔬菜标准化生产、蔬菜加工销售、科研技术培训、会展信息交流及农业观光旅游等于一体，是国家农业科技园区试点单位、山东省农业科技示范园区建设单位、山东省蔬菜工程技术研究中心、博士后科研工作站、国家引进国外智力成果示范基地、全国农业旅游示范点、国家 AAAA 级景区。

图 6-2　由原国家主席、中央军委主席、中共中央总书记
江泽民题写的寿光市蔬菜高科技示范园一角

（二）市场繁荣，绿波荡漾

早在 1984 年，寿光就投资 5 万元建设了占地 10 亩的寿光蔬菜批发市场，不久之后成为全国十大农副产品专业批发市场，图 6-3，图 6-4；1996 年蔬菜监控中心建成，1997 年投资 3 600万元建设了全封闭蔬菜交易大厅，1998 年组建蔬菜产业集团有限公司，建成外省市蔬菜交易中心，1999 年建设了蔬菜种子交易市场和网站，2000 年全封闭式放心菜专营区和电子交易厅建成，2002 年农产品质量检测中心建成，2003年启动了全国第一家蔬菜电子拍卖中心，注册资本1.102亿元、总资产达2.02亿元的寿光蔬菜批发市场有限公司正式成立，公司是全国首批151家农业产业化国家重点龙头企业、全国蔬菜批发市场十强、农业部首批定点鲜活农副产品中心批发市场、农产品大流通双十佳市场之一，是全国农产品市场协会副会长单位和银行系统“AAA”级信用企业。

图6-3 1980年代寿光蔬菜批发市场的繁忙景象

注：图片来源于中国寿光网

图6-4 新建的寿光农产品物流园

1995年，寿光到北京的“绿色通道”开通，寿光蔬菜占据了北京蔬菜市场四分之一的份额；1999年，又开通寿光至哈尔滨的“绿色通道”，与寿光至北京、海南至上海和北京的三条“绿色通道”南北相列，形成了全国农副产品流通大格局。1996 年，寿光投资 40 万元，与山东省农科院合作建起了 10 个无土栽培大棚，1998 年《寿光市绿色蔬菜生产技术操作规程》颁布实施。同年，寿光获得了中国绿色食品发展中心颁发的“绿色食品”证书。2011 年 4 月 20 日，用以全面反映蔬菜价格和市场活跃程度的我国首个以蔬菜为主题的价格及流通指数——中国 · 寿光蔬菜指数在寿光市对外发布。寿光蔬菜指数分为物流指数和价格指数，其中物流指数是综合与市场蔬菜交易量有关的多项指标编制的全面反映蔬菜物流量变化趋势的指数；价格指数为选择有代表性的蔬菜，采集其成交价格、成交量、成交金额等数据编制的反映寿光蔬菜交易价格变化趋势的指数。

从现代农业发展的综合效益角度讲，日光式温室大棚的创新实现了低生产成本和高经济效益的充分结合。一是，它推动了农业种植结构的调整，扩大了保护地蔬菜种植面积。二是促进了蔬菜品种布局的调整，实现了蔬菜品种的多样化，推动了大棚蔬菜种植由大路菜生产到精细菜和特色菜生产的转型。三是实现了蔬菜产品内在质量与商品性的共同提高，在可控的环境条件下既保证了蔬菜质量，又增加了高端稀有蔬菜产品的生产，图 6-5。四是带动了大棚式果、林、牧、渔及花卉产业的发展。五是充分满足了蔬菜市场的周年供应，极大地丰富了各族人民的餐桌文化。

图 6-5　寿光市蔬菜高科技大棚里栽培的“西红柿树”

注：照片来源于中国寿光网

日光式温室大棚蔬菜的种植是对《齐民要术》农学文化思想的创新与发展，它的诞生不仅改变了中国江北冬季没有新鲜蔬菜的现实，而且对贾思勰关于蔬菜的存储理念有了全新发展，实现了蔬菜从原来的只收“藏”到反季节“种”、从蔬菜的“死”到“生”的换代升级，甚至可以说是蔬菜产业或者设施园艺技术的一次质的飞跃。寿光人就像希腊神话中盗火的普罗米修斯，用自己艰辛的劳动和勤劳的双手，巧妙地传承创新了农圣文化中的科学精神，取来了自然科学的一粒火种，然后又点燃了一把把“蔬菜革命”的火炬，在寿光乃至中国大地上创造了一个春天永远也不会消失的神话，圣火在农圣家乡熊熊燃烧……

四、《齐民要术》农学文化思想的传播与影响

“择其善者而从之，其不善者而改之”（《论语·述而》）向来是中国传统文化所推崇的，《齐民要术》农学文化思想的“善”与“不善”只有在现实社会的大背景下才可以看清。时至今天，寿光日光温室蔬菜大棚经过不断的改造、创新与升级，已经发展到了第六代，图 6-6。随着自动化技术和信息技术的不断发展，像“大棚管家”、短信预警、远程诊断等先进的核心技术，已经在新式大棚中陆续推广和使用，大棚管理的现代化程度不断提升，大棚蔬菜的质量、产量、效益得到不断提高，图 6-7。

图 6-6 现代日光式温室大棚代表——光伏蔬菜大棚

图 6-7 现代化的育苗大棚

如今，仅寿光市就已拥有日光式温室蔬菜大棚 40 余万个，占地到了 84 万多

亩，年产优质蔬菜45亿多公斤，直接从事蔬菜种植的农民达20万人之多，表6-2。全市育苗设施总面积已达160多万平方米，从业人员达到6 000多人，全市育苗能力达15亿株以上，其中嫁接苗3亿株（以嫁接黄瓜、茄子苗为主），其中育苗厂占地面积6.67公顷以上的达到20家，3.33~6.67公顷的达30家，年育苗能力3 000万株以上的达10家，育苗设施面积达20 000平方米以上的达15家，10 000~20 000平方米以上的达50家，种子种苗年经营额达6.5亿元以上。寿光有552个品种获得“国家优质农产品”标志，14个产品获“国家地理标志产品”认定，蔬菜总产量占山东省的10%，占全国的1.2%，占世界的0.6%。蔬菜产业化程度高，布局区域化明显，高投入高产出，是典型的劳动密集、技术密集型产业，已成为当地的主导产业之一，逐渐形成了与寿光蔬菜相关的产业链，并形成了以蔬菜种植、农资、机械、商贸、农产品加工、科研、信息、观光、文化创意、交通、餐饮等产业互为关系、协调发展的蔬菜产业群，成为寿光经济持续快速发展的增长点，极大地推动了寿光蔬菜产业的发展。寿光借此成为国家第一批现代农业示范区、全国农业标准化示范区建设先进单位、全国农产品质量安全工作先进单位、国家食品安全示范县和国家级出口食品农产品质量安全示范区，寿光成为了名副其实的“中国蔬菜之乡”。

表6-2　山东省寿光市蔬菜（含瓜类）种植面积及总产量统计表

年份	种植面积（亩）	总产量（亿千克）	年份	种植面积（亩）	总产量（亿千克）
1987	255 783	11.3	2001	855 054	34.9
1988	277 818	12.5	2002	947 771	38.6
1989	271 926	12.0	2003	951 381	39.1
1990	264 589	12.5	2004	911 319	39.3
1991	290 413	9.8	2005	904 159	38.5
1992	306 787	12.9	2006	876 851	37.8
1993	476 835	17.6	2007	855 783	37.7
1994	459 870	20.5	2008	857 501	39.7
1995	499 815	20.5	2009	842 724	41.5
1996	551 865	22.3	2010	847 099	43.9
1997	552 553	22.3	2011	856 242	43.9
1998	585 496	24.6	2012	855 071	44.5
1999	610 181	25.9	2013	848 754	45.3
2000	784 306	31.6	2014	837 879	45.1

数据来源：根据《2015年寿光统计年鉴》整理

由此，我们可以肯定地说：从《齐民要术》的“藏生菜法”到日光温室大棚蔬菜的种植，已经证明了《齐民要术》农学文化思想是“善”的，是有生命力。随着日光温室大棚蔬菜种植的成功，中国设施园艺生产出现了一个空前的发展繁荣期，这又证明《齐民要术》农学文化思想不仅是“善”的，而且是大“善”，其生命力也必将是长久的。

富裕了的寿光人就像1 500年前的农圣贾思勰一样，胸怀“安民、富民”的个人理想和社会责任担当精神，他们不仅没有保守地封锁大棚蔬菜的种植技术，而是在寿光成功推广之后，走出家乡，走出潍坊，走出山东，走向全国，让大棚蔬菜种植技术在中国大地上遍地开花，图6-8。历史永远会记住，从农圣贾思勰的家乡——山东寿光，从寿光的三元朱村点燃了第一把火，之后，一场让全国农民发家致富的圣火从寿光燃遍全国，“绿色革命”让偌大的中国从此满园春色。

图6-8 被誉为中国“大棚蔬菜之父”的三元朱村党支部书记王乐义在向少数民族兄弟传授蔬菜种植技艺

注：照片源自寿光市三元朱村网页

而此时，“中国大棚蔬菜之父”王乐义却说“三元朱村富了不算富，寿光市富了也不算富，只有大家都富了才算真正富。”

这就是中国人，这就是农圣家乡人，这就是寿光人对《齐民要术》农学文化思想最好的传承和创新。

第二节 《齐民要术》农学文化思想与菜博会

对中国古代农业科学技术的总结与创新，是《齐民要术》的重要贡献和主要特色所在，也是《齐民要术》农学文化思想中最核心的内容。传承创新《齐民要术》农学文化思想，发展现代、高端、生态农业是现代农业发展的重要任务和方向。在改革开放的现代中国，在经济社会迅猛发展的时代潮流中，贾思勰家乡人秉承农圣创业敬业和科学创新精神，以无比的勇气、无比的自信和不懈的努力，再一次站到了中国现代农业发展的涛前浪尖，以创新发展了的农圣文化筑起了另一道文化坐标，引领了时代风潮，开启了新时代下《齐民要术》农学文化思想创新发展的崭新一页。

2000 年 4 月 20—26 日，由国家国内贸易局、农业部全国“菜篮子工程”办公室，潍坊市人民政府、寿光市人民政府、《中国果菜》杂志社主办，以展示蔬菜之乡风采，加强技术交流合作，创造繁荣交易环境，倡导绿色市场文明为主题的首届中国（寿光）国际蔬菜科技博览会（以下简称寿光菜博会），在寿光蔬菜批发市场高调开幕，简陋而朴素的布展并没有影响观众的兴致。图 6-9，图 6-10。

图 6-9　首届中国（寿光）国际蔬菜科技博览会盛大的开幕式

来自 15 个国家和地区以及国内 20 多个省、市的参展商积极参会参展，人数达到了 28 万人次，图 6-11，图 6-12。首届寿光菜博会就签订协议合同项目 230 个，签约额 11.9 亿元，贸易合同 8 个，贸易额 10 亿元，图 6-13。首届寿光菜博会获得了巨大成功，引起社会各界的广泛关注，参观者人流如潮，络绎不绝，红红火火欲罢不能，不得不使原定 7 天的会期延长为 18 天。从此，每年的 4 月 20 日至 5 月 30 日，烙有“中国印”的农圣文化贴着“寿光”标签走出国门，在国际科技平台上亮出了鲜明的旗帜。

寿光菜博会是世界在农圣故里——山东寿光的一次春天约会，这是以蔬菜产业为代表的寿光现代农业发展新样板、新模式的一次盛装亮相，这是中国向世界

图 6-10 首届中国（寿光）国际蔬菜科技博览会经典蔬菜组合景点“菜龙腾飞”

注：资料来源于寿光菜博会官网

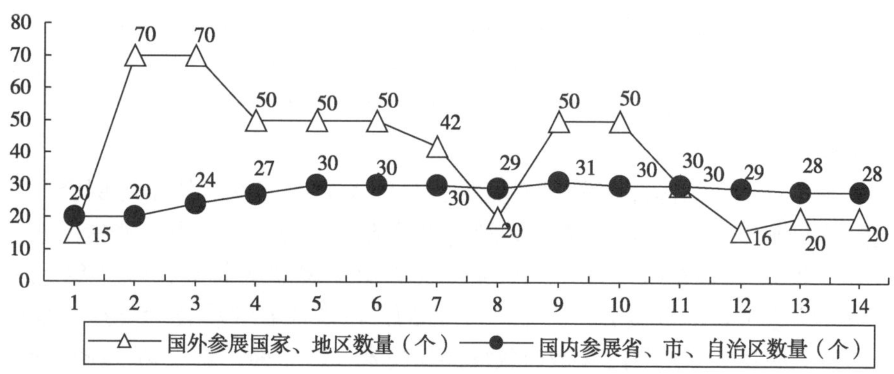

图 6-11 历届寿光菜博会国内外参展情况

数据来源：根据中国（寿光）国际蔬菜科技博览会官网资料绘制

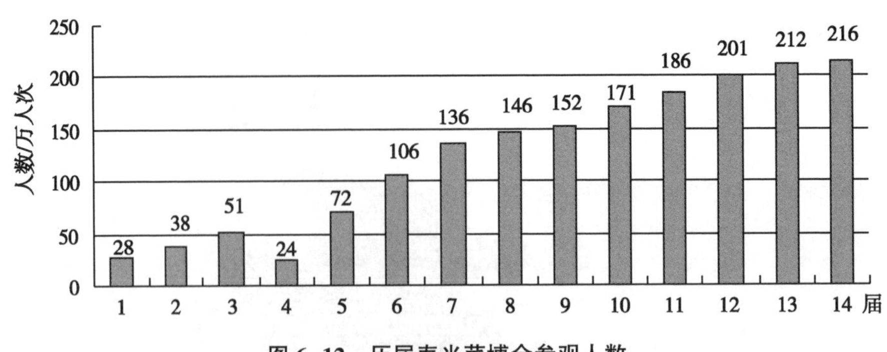

图 6-12　历届寿光菜博会参观人数

数据来源：根据中国（寿光）国际蔬菜科技博览会官网资料绘制

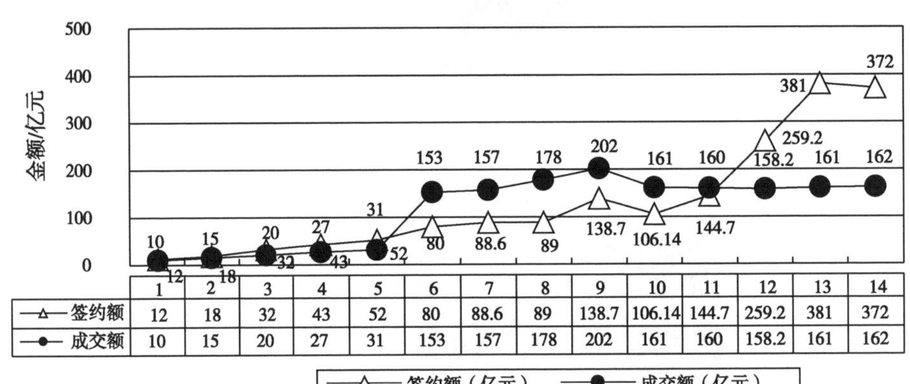

	1	2	3	4	5	6	7	8	9	10	11	12	13	14
签约额	12	18	32	43	52	80	88.6	89	138.7	106.14	144.7	259.2	381	372
成交额	10	15	20	27	31	153	157	178	202	161	160	158.2	161	162

图 6-13　历届寿光市蔬菜科技博览会签约额、成交额

数据来源：根据中国（寿光）国际蔬菜科技博览会官网资料编绘

吹响的向现代高端农业进军的号角，这更是农圣文化传承创新在国际科技平台上的一次完美展示。中国（寿光）国际蔬菜科技博览会的举办，标志着《齐民要术》农学文化思想在寿光的传承实现了新的跨越，是农圣文化创新发展的一个重要里程碑。

中国（寿光）国际蔬菜科技博览会，是国家商务部批准的年度例会，是目前国内最大规模、最具影响力的国际性蔬菜产业品牌展会，被中国贸易促进会认定为“专业展‘AAAAA’级”。菜博会以科学发展观为指导，以“绿色·科技·未来”为主题，以服务“三农”为目的，以现代农业科技为支撑，全面汇集展示和交流共享国内外蔬菜产业领域的新技术、新品种、新成果、新理念，促进设施农业、信息农业、低碳农业等科技新成果的转化和推广，加快农业现代化发展步伐；广泛开展投资洽谈、招商引资等活动，促进市场信息交流，扩大国际国内合作，促进区域经济发展。

自2000年以来，寿光菜博会已成功举办了十七届，每届都以丰硕的经贸成果，独特的展览模式和丰富的文化内涵，在国内外产生巨大影响，共有50多个国家和地区、30个省、市、自治区1 739万人次参展参会，实现各类贸易额达1 599亿元，寿光蔬菜、寿光菜博会已经成为一个公众认可的公共品牌，是寿光乃至中国设施农业，特别是设施园艺技术发展的一个典型代表。

菜博会总展览面积45万平方米，其中室内15.6万平方米，设有招商展位区、台湾馆、蔬菜园艺厅、无土栽培模式展示厅、新研发品种展示厅、蔬菜前沿栽培技术展示厅、蔬菜文化艺术景观展示厅及蔬菜采摘园、蔬菜博物馆和分展区等，图6-14。展厅内特色突出，亮点纷呈，示范功能性强。展会为客商在蔬菜科技推广、经贸洽谈交流、农业观光旅游等方面提供了完善服务。

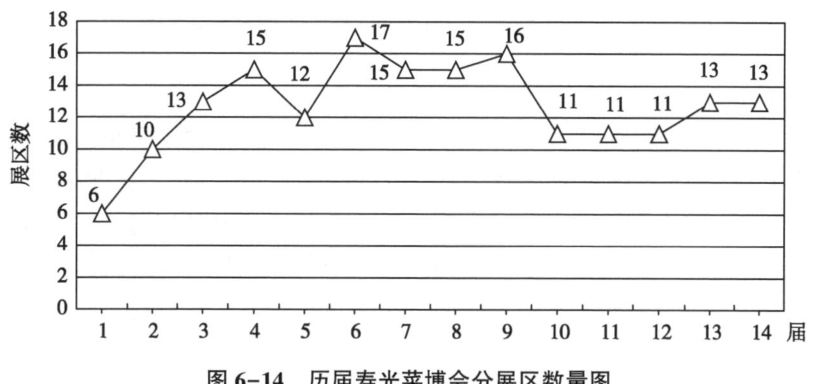

图6-14 历届寿光菜博会分展区数量图

数据来源：根据中国（寿光）国际蔬菜科技博览会官网资料编绘

展会期间还举办现代农业专题论坛、中华农圣文化节、海峡两岸休闲观光论坛、中国（寿光）蔬菜种子展示交易会、中国农业电视论坛、中国（寿光）文化产业博览会等活动，大大丰富了菜博会的内涵。

2012年，寿光市委市政府基于潍坊科技学院的人才、智力、科研实力和支撑，将菜博会9号展厅交由潍坊科技学院建设管理，图6-15。菜博会9号厅占地面积10 000平方米，是潍坊科技学院自主知识产权蔬菜新品种，及国内外值得推广的蔬菜新品种展示厅。

9号厅集中展示了高档蔬菜花卉组织培养、新品种栽培和蔬菜水肥一体化高产栽培技术，是广大菜农学习先进技术，选择优良品种，提高蔬菜生产技术水平的理想平台。整个展厅实行信息化管理、水肥一体化生产、机械化操作，是现代最为先进的保护地蔬菜实地种植展厅。2014年，第15届中国（寿光）国际蔬菜科技博览会组委会将9号厅易名为“学院厅”，充分体现了寿光市委市政府对本土大学——潍坊科技学院在《齐民要术》农学文化思想的传承创新方面的信任、

图 6-15　寿光菜博会 9 号厅（潍坊科技学院厅）一角

支持和肯定。

追本溯源，菜博会的举办源于寿光日光式温室大棚蔬菜的种植，而寿光大棚蔬菜的种植又源于现代农业科技中的“假植蔬菜”法，而“假植蔬菜”法与1 500多年前贾思勰《齐民要术》里的“藏生菜法”道理是相同的。因此，我们有充分的理由说，中国（寿光）国际蔬菜科技博览会就是中国人，特别是农圣贾思勰家乡的人对《齐民要术》不折不扣的传承创新，也就是对《齐民要术》农学文化思想的传承创新。

第三节　《齐民要术》农学文化思想与农圣文化研讨会

文化的魅力在于不断地吸纳、融合，不断地推陈出新，拥有农圣文化基因的中国人不甘于“绿色革命”的成果，也不甘于“富而教”的成功，他们把《齐民要术》农学文化思想置于更高层次的发展平台，以博大的胸怀和责任担当精神展开了与世界的对话，显示出中国人更加坚定而又从容的文化自信和理论自信。

早在 20 世纪 50 年代，以研究贾思勰《齐民要术》为主要内容的学术活动，在日本就已经形成了一门专门的学问——“贾学”。在中国，在农圣贾思勰的家乡——山东省寿光市，以学术研究身份亮相国际学术舞台是 21 世纪初的事，最典型的代表就是“中华农圣文化国际研讨会”的成功召开，图 6-16，图 6-17。这标志着“贾学”研究进入了一个全新的历史时期，也是《齐民要术》农学文化思想创新发展的另一个重要里程碑。

中华农圣文化国际研讨会是一个世界性的现代农业高端学术论坛，是中国（寿光）国际蔬菜科技博览会的重要组成部分，又是中华农圣文化节的重要内容

图 6-16 2010 年 4 月 26 日，首届中华农圣文化国际研讨会在潍坊科技学院隆重举行

注：资料来源于潍坊科技学院新闻中心

图 6-17 第四届中华农圣文化国际研讨会开幕式上，中国农业历史学会常务副会长、中国齐民要术研究会会长曹幸穗教授与中国工程院院士尹伟伦、金鉴明等为潍坊科技学院农业科学和环境科学两个院士专家工作站揭牌

注：资料来源于潍坊科技学院新闻中心

之一。研讨会旨在弘扬传统农业文化，传播现代农学思想，发展现代农业科技，促进农业国际交流与合作，推动现代农业的发展与进步。研讨会由中华农圣文化节领导小组主办，潍坊科技学院承办，寿光市《齐民要术》研究会协办，每年在菜博会（4 月 20 日至 5 月 30 日）期间举行，会议吸引了荷兰、以色列、印度、美国、日本等国家和台湾地区以及国内的农学专家学者积极与会，围绕《齐民要术》农学文化思想和现代农业发展展开热烈的研讨。研讨会组织方根据时代特点和农业发展趋势，确定不同的研讨主题，向世界各地的专家学者、行业领域权威代表提前发出邀请。

中华农圣文化国际研讨会的常驻地点设在潍坊科技学院，主持人由寿光市人民政府领导担任，寿光市委领导和潍坊科技学院校长分别作大会致辞，世界各地的专家学者代表作大会发言，每次会议结束之后，都会形成重要的学术研究成果——中华农圣文化国际研讨会论文集。会议期间，与会专家学者和行业代表还被邀请到中国（寿光）国际蔬菜科技博览会、中国寿光蔬菜博物馆和建有农圣文化公园的弥河生态农业观光园进行参观考察，让他们置身农圣文化大观园，领略和品味农圣文化在中国、在寿光传承创新发展的最新成果，图 6-18，图 6-19。

图 6-18　参加山东省农业历史学会 2015 年年会的部分代表参观中国寿光蔬菜博物馆

中华农圣文化国际研讨会自 2010 年 4 月 25—27 日举办首届以来，已成功举办七届。每年 4 月，来自美国、德国、澳大利亚、阿根廷、以色列、荷兰、印度、日本等全球各地的专家、学者云集潍坊科技学院国际会议中心，围绕农圣文化和现代农业发展展开热烈讨论，图 6-20。

7 届中华农圣文化国际研讨会的举办，形成了《贾思勰农学思想研讨会论文集》《〈齐民要术〉与现代农业高层论坛论文集》《中国现代农业技术和经济研究——首届中华农圣文化国际研讨会论文集》《全球视角下的当代农业问题研

图 6-19 中国寿光蔬菜博物馆内的贾思勰雕塑

图 6-20 参加第五届中华农圣文化国际研讨会的中外专家学者参观寿光菜博会主展区

究——第二届中华农圣文化国际研讨会论文集》《世界农业文明传承与现代农业科技创新——第三届中华农圣文化国际研讨会论文集》《弘扬世界农业文明发展现代绿色农业——第四届中华农圣文化国际研讨会论文集》等丰硕的学术理论成果，体现了当今世界农业的前沿思想和领先技术，也体现了与会专家学者的严谨学风、渊博学识和睿智思想，在国际学术领域产生了广泛的影响，图 6-21。

图 6-21 《齐民要术》农学文化思想研讨的部分学术研究成果书影

中华农圣文化国际研讨会的举办，为中外专家学者搭建了一个交流合作的国际舞台，对农圣文化的传播和创新发展，对宣传中国文化，树立中国形象，表达中国声音，提升中国的学术水平，增进国际交流与合作，发挥了至关重要的作用。

第四节 《齐民要术》农学文化思想的教育传承

“要在安民，富而教之”是农圣贾思勰创作《齐民要术》的宗旨，其中，“安民”“富民”的理想经过中华民族千百年来的奋斗实践都已变成了现实，现在的中国百姓安居乐业，经济持续快速发展，我们的朋友遍及了世界各地，已经成为名副其实的世界第二大经济体。而“教民”的愿望，在积贫积弱的旧中国虽有一定的发展实践，但最终未能实现大众化的全民族利益的均衡，知识仍然被少数人掌握，普通老百姓依然是先进科学知识的局外人。而要达到“教民”的目的，只有通过正规、开放的教育来实现，而教育最好的载体就是学校。但在1 500多年前的北魏时代，建立一所让普通老百姓教化受益的学校，甚至高等教育学校，只能算作一个纯朴而又美好的愿望，一个无径可通无法实现的梦想。而今天，位于农圣贾思勰故里的潍坊科技学院挑起了这一历史重担，为《齐民要术》农学文化思想的传承传播作出了积极探索，图 6-22。

“合抱之木，生于毫末；九层之台，起于累土；千里之行，始于足下。”经过千百年的文化积淀和寿光百万父老对于“大学梦”的不断执著追求，1 500多年后的今天，贾思勰当年没有实现的梦想也变成了现实：2001 年，潍坊科技职业学院正式成立，从此寿光高等教育正式跻身于中国高等教育大家庭。7 年之后

图 6-22　潍坊科技学院南校门

的 2008 年，经国家教育部批准，潍坊科技职业学院升格为本科院校，更名为潍坊科技学院。自此，潍坊科技学院以崭新的姿态，与寿光（1993 年撤县设市）作为一个新兴城市的形象一样，拥有了一份责任和担当……

作为寿光惟一一所高校，文化的传承创新是其重要的功能之一。30 载春华秋实，创业敬业，求是求新，潍坊科技学院从无到有，从小到大，风风雨雨，一路坎坷一路歌。而以农圣文化为特色的国学教育成为了学校教书育人的重要内容和文化特色，来自祖国四面八方的莘莘学子在这里感受到了农圣文化的淳朴与力量，也为农圣文化的传承和创新作出了自己的努力和实践，又带着农圣文化的馨香展翅飞翔，飞向祖国的山山水水……

“山不在高，有仙则名；水不在深，有龙则灵。”地域文化作为中华民族优秀文化的重要表现形式，它对凝练地方高校的校园文化特色，塑造地方高校的文化品质起着关键作用。潍坊科技学院作为寿光市人民政府举办的一所地方高校，其文化特色和品质必然受到寿光地域文化的影响。农圣文化作为寿光杰出的地域文化代表，是潍坊科技学院校园文化发展、特色凝练和形成特有品质的重要影响因素。

潍坊科技学院校园文化精神主要由办学理念、学校精神和“一训三风”组成，它是潍坊科技学院学校精神、办学理念和办学特色的标志性体现，是学校历史、优良传统的高度概括，是校园文化建设的重要组成部分。

一、潍坊科技学院办学理念与《齐民要术》农学文化思想的融合

理念，是一种思路，一种方向，也是干事创业的灵魂，关系事业的成败。办学理念是大学的灵魂，办学理念的定位决定了学校发展的方向，关系着学校发展的成败。《齐民要术》农学文化思想内涵中的爱国精神和忧患意识是贾思勰创作《齐民要术》的出发点，“以农为本”是其创作的落脚点，而科学精神、实事求是的精神是《齐民要术》这部农业科学巨著的灵魂。可以说，爱国精神、忧患

意识、科学精神和实事求是精神是农圣贾思勰创作《齐民要术》的基本理念和根本所在，也是其农学文化思想给我们的重要启示。立德树人是高校办学的根本，坚持以生为本、质量为魂、创新发展、引领社会是潍坊科技学院的办学理念，“以生为本”“适合的教育”又是其办学理念的核心，而“修身、博学、求索、笃行”的校训、“创业敬业，求是求新”的学校精神、“让认真成为品质”的校风、“责任高于一切”的教风、“勤学苦练”的学风是学院办学理念的具体表现形式。

第一，办学的中心工作是教育教学，其根本要求是以生为本。“以生为本”就要把学生看成学校生存之本，学校的一切工作都应为学生成长服务，为国家培养人才服务。潍坊科技学院“以生为本”的办学理念与农圣文化中“以农为本”的思想都对事业的根本作了清楚表述，也可以说，潍坊科技学院的办学理念是对农圣文化的创新发展，是农圣文化的学院化特色。

第二，立德树人是高校办学的根本，它要求学校不仅要传授知识、培养能力，还要把社会主义核心价值体系融入教育体系之中，引导学生树立正确的世界观、人生观、价值观、荣辱观，切实提高人才培养质量。潍坊科技学院的办学定位是建设适应地方经济社会发展需要，以质量著称的应用型特色名校，与《齐民要术》农学文化思想中的实践精神可谓一脉相承。

第三，潍坊科技学院坚持“质量为魂”的理念体现了一种责任与担当，是科学发展与实事求是精神、严谨治学精神的一种完美结合，是对《齐民要术》农学文化思想内涵的一种全新阐释。

第四，创新是一个国家和民族进步的动力，科学发展已成为时代主题。《齐民要术》农学文化思想中的科学精神、创业敬业精神也体现了创新的理念，而且其“实践精神”又具有鲜明的引领之意，同时，农圣文化的重要载体——《齐民要术》中所记载的农业科学技术，代表了当时世界农业发展的最高水平和最新成果，其创新引领意义不言而喻。在这一方面，潍坊科技学院的办学理念与《齐民要术》农学文化思想的价值观是一致的。

二、潍坊科技学院学校精神与《齐民要术》农学文化思想完美结合

学校精神是一个学校的精神引领和灵魂，是内化为师生人文自觉的行为恪守。潍坊科技学院的学校精神是“创业敬业，求是求新”，图 6-23。创业敬业，强调敢于挑战、勇于开拓、勤于钻研、敢于创新，把所从事的每一项工作都当作课题去研究，以强烈的创新意识和严谨的科学态度，以身作则，率先垂范，任劳任怨，兢兢业业，不断超越他人，超越自我，在挑战面前不退缩，在困难面前不屈服，永不满足，永不停步。在每一个工作岗位上都有新创举、新业绩，淡泊名

利，廉洁自律，不计回报，做到对事业负责，对自己负责，对家庭负责。求是求新，就是尊重科学、追求真理、开拓创新、与时俱进。从潍坊科技学院精神的这些基本内涵看，它与农圣文化精神中的创业敬业精神、科学精神殊途同归，意义和道理是相统一的。

图 6-23 中国楹联学会原会长孟繁锦题写的学校精神

三、潍坊科技学院“一训三风”对《齐民要术》农学文化思想的新发展

“一训三风”是潍坊科技学院精神文化的核心内容，是学校师生的日常行为、工作作风、理想抱负的精神引领和行为准则，对塑造全体师生的潍科品位、潍科特色，有着极为重要的意义和作用。“一训三风”是指校训、校风、教风和学风。

校训是学校历史和文化的积淀，是学校精神的象征和学校教育理念的集中体现，是学校的行动纲领与指针，也是全校师生员工共同遵循的行为规范。潍坊科技学院的校训是“修身、博学、求索、笃行”，图 6-24。“修身”是指修养身心，涵养德性，努力提高自身的思想道德修养水平，是指个人对自己的思想意识和道德品质进行主动的、自觉的锻炼和修正，按照社会道德标准的要求，不断地消除、克制自己内心的各种非道德欲望，努力将自己的品德修养提高到一个尽善尽美的境界。“博学”是指通过广泛地学习，到知识渊博、学识丰富、学问广博精透的境界。“求索”是指自强不息地朝着新方向、新目标不懈地追求、不断地超越，勇往直前的登攀毅力和实践。“笃行”是指知行统一、注重实践、身体力行、学以致用。修身，是为人之根本；博学，是成才之必需；求索，是成事之动力；笃行，是行事之作风。校训对于学校内聚合力、外塑形象、永葆活力与朝气，具有不可替代的作用，对于激励师生员工奋发向上，开拓创新，弘扬优良传统，增强荣誉感、责任感和使命感，具有特别重要的意义。

潍坊科技学院的校训强调的是加强自身修养、进行广泛学习、积极创新和实践，与农圣文化精神中的严谨治学精神、实事求是精神、实践精神有着充分的交集和共鸣。

校风即学校的风气，是学校整体精神风貌的显现，是学校全体师生在教学、

图 6-24　中国书法家协会原主席张海题写的学校校训

科研、生活等一系列活动中逐步形成的思维方式、道德风尚、价值取向、审美情趣等诸方面的综合反映，是一所学校所特有的居主导地位的行为习惯和群体风范。潍坊科技学院的校风是“让认真成为品质”，它要求教师爱岗敬业、关爱学生，刻苦钻研、严谨笃学，勇于创新、奋发进取，淡泊名利、志存高远；要求学生勤学苦练、执著追求，一丝不苟、永不言弃，认真做人、认真做事、认真做学问。要把“认真”培养成一种工作习惯，把简单的事情做到位，做到精致。校风是潍坊科技学院的办学理念、指导思想、办学特色和精神气质的凝练和概括，体现了学院育人的原则、目标、作风、品格与精神，是校园文化建设的核心和灵魂。它们所反映的精神旨意和价值追求将引领学院未来的发展方向。

从这些解读看，潍坊科技学院的校风与农圣文化精神中的严谨治学精神可以说是异曲同工。

教风是学校教师的育人观念、工作态度、治学精神的综合体现。它是由学校上下共同作用、相互影响而形成的一种整体氛围，反过来又对个体的成长和发展产生作用。潍坊科技学院的教风是“责任高于一切”，强调的是担当，它要求教师专心致志以事其业，用谦恭严谨的态度对待教书育人的神圣事业，认真负责，一丝不苟，精益求精。优良的教风如春风春雨，润泽万物，既濡染学子的心灵，又提升其思想境界，这与农圣文化精神中责任担当精神的内涵是完全一致的。

学风就是学习的风气，是学生思想作风在学习上的具体体现，是学生在学习过程中所表现的态度、方法和习惯等要素的综合。潍坊科技学院的学风是“勤学苦练”，勤学苦练，就是认真学习，刻苦训练。勤奋是点燃智慧的火把，勤出智慧，勤能补拙，大志非才不就，天才非学难成。勤学如春起之苗，不见其增，月有所长；惰学似磨刀之石，不见其减，年有所亏。勤学苦练，关键在“勤”学，基础在“苦”练，旨在倡导严谨治学、学而不厌、终身学习，重视实践、勇于

实践、勤于实践。优良的学风可以培养学生正确的学习方法和治学态度，在学生成人成才的道路上发挥着重要的作用。“勤学苦练”的学风强调的是学习与实践，与农圣文化精神中的严谨治学精神和实践精神又有着极为相似的共同点。

四、潍坊科技学院校园文化精神与农圣文化的联系

潍坊科技学院校园文化精神与农圣文化一脉相承相互辉映，既有共同的文化渊源，又有现实的文化价值和教育意义。

（一）地同域文同壤，都是中国优秀文化的典范

寿光是著名的“中国蔬菜之乡”、“中国海盐之都”，素有“衣冠文采，标盛东齐，人物辐辏之地”，“北海名城，东秦壮县”之誉，是汉字始祖仓颉的故里、农圣贾思勰的家乡、盐圣夙沙氏的生活地，悠久的历史、深厚的人文底蕴孕育了光辉灿烂的寿光文化，农圣文化就是其中杰出的代表，图 6-25。潍坊科技学院是经国家教育部批准，由寿光市人民政府举办的一所全日制普通本科高校。寿光是农圣文化的发源地，也是潍坊科技学院精神文化的生发地，寿光悠久的历史文化又为农圣文化和潍坊科技学院精神文化的发展繁荣提供了丰富的营养，让两枝精神文明之花绚烂绽放。

图 6-25 寿光菜博会展厅的贾思勰与《齐民要术》蔬菜文化景点

（二）根同脉源同流，都是对中华优秀传统文化的传承

农圣文化是以贾思勰为代表的古代劳动人民的智慧结晶，是中华民族优秀传

统文化的重要组成部分。潍坊科技学院精神文化是学院全体师生伴随学院的发展，在实践中不断探索完善、不断提炼、不断践行、不断坚定、不断隽永的人文自觉和精神恪守，是学院人在传承创新中华民族优秀传统文化过程中形成的独特鲜明的文化特质和内涵。因此，二者根同脉源同流意义非常相近，形成了相顾辉映的文化守望。

（三）农圣文化是潍坊科技学院校园文化的源头

作为土生土长的一所地方高校，潍坊科技学院的发展必然受到寿光地域文化的影响，而农圣文化作为寿光地域文化的杰出代表，不仅是形成潍坊科技学院独具特色校园文化的重要源泉，也是学校着力传承和创新发展的校园主题文化。农圣文化的传承和创新对丰富大学校园文化生活，提升大学生的人文素养，塑造大学生的精神人格，实现高素质应用型专门人才的培养目标，具有积极意义和重要作用。

（四）农圣文化是潍坊科技学院校园文化的特色

在人才培养方面，潍坊科技学院形成了以农圣文化为特色的国学教育体系，低年级全部开设了国学教育课，而以9种基本精神为主要内容的农圣文化成为学校培养人才，提升大学生综合素质，塑造大学生独立精神人格的重要方面。以农圣文化为特色的大学生科技文化艺术节、师生书画艺术展、低碳行动、学术讲座、“中国梦·潍科梦·我的梦”爱国主义教育系列主题活动等校园文化、社团活动形式多样丰富多彩，使学生不仅具备了良好的科学文化知识、扎实的实践技能，还拥有了优良的道德品质，积累了指导自己成长成才的精神力量，图6-26。

图6-26　潍坊科技学院大学生科技文化艺术节

在学科建设方面，为纪念农圣贾思勰，传承农圣文化，潍坊科技学院还根据寿光蔬菜产业发展需要设立了贾思勰农学院，建成了山东省普通高校实验教学示范中心——设施园艺实验教学中心，中心师生共同选育出了学校拥有自主知识产权的“鲁硕红”蔷薇新品种，以及“潍科”系列大葱、番茄等10余个蔬菜新品种，园艺专业入选教育部第一批本科专业综合改革试点专业和教育部、农业部“卓越农林人才教育培养计划”改革试点专业，农学专业作为学校的特色专业发挥了良好的示范引领作用。正是在《齐民要术》农学文化思想的激励和影响下，贾思勰农学院实现了教学质量和育人质量的双赢，创造了不平凡的成绩。2013年，该学院毕业生考研率高达67.6%，其中两个宿舍12名同学考研全部被国内知名高校录取，被媒体誉为山东考研史上“最牛的寝室”，产生了强烈的社会反响和积极的社会效应，不仅树立了学校形象，提升了学校的知名度和美誉度，也为潍坊科技学院传承创新发展农圣文化作出了事实上的证明，图6-27。

图6-27 贾思勰农学院考研“最牛的寝室”的12名同学

在学术研究方面，为了更好传承农圣贾思勰的文化思想，学校设立了农圣文化研究中心，专门从事农圣文化的研究工作，现已形成了以《贾思勰与齐民要术研究论集》为代表的大批学术研究成果。在《潍坊科技学院报》开辟了《农圣文苑·寻梦》和《贾学探研》专栏，图6-28，图6-29。此外，学校每年都举办“中华农圣文化国际研讨会”，吸引了来自美国、德国、澳大利亚、阿根廷、以色列、荷兰、印度、日本等全球各地的专家、学者云集学院，在弘扬以农圣文化为代表的传统农耕文化，传播现代农学思想，发展现代农业科技，推动现代农业的发展与进步，宣传学校，提升学校学术水平，增进国际交流与合作等方面起着至关重要的作用。目前，中华农圣文化国际研讨会已成功举办了7届，取得了丰硕的研究成果。

在文化创意方面，潍坊科技学院组织力量创作并制作了52集大型原创三维动画片《农圣贾思勰》，图6-30。学校艺术推广中心制作了贾思勰文化广场大型群雕作品，对弘扬寿光农耕历史文化，传承农圣文化方面发挥了积极作用，图6-31。

另一种春暖花开

图 6-28 《潍坊科技学院报》开辟的《农圣文苑寻梦》专栏样刊

探求贾学真谛 弘扬农圣文化

贾思勰籍贯辩误

贾学研究专家简介

一生椽笔文称冠 三昧澄怀德可师

务实创新 群策群力

把"贾学"研究推向新层次

会议纪要

图 6-29 《潍坊科技学院报》开辟的《贾学探研》专栏样刊

高校作为重要的文化传承创新之地，是各种文化思想碰撞、融合以及新文化、新思想诞生的重要场所，在推进文化传承创新、建设社会主义文化强国进程中居于特殊的重要地位。潍坊科技学院作为寿光唯一的一所高校，在研究、消化异质文化和弘扬、传播中华民族优秀传统文化、社会主义先进文化方面发挥着重要作用，传承创新以农圣文化为特色的中华民族优秀传统文化，潍坊科技学院责无旁贷。

图 6-30 本书作者创作的 52 集原创动画片《农圣贾思勰》宣传海报及影片截图

图 6-31 潍坊科技学院根据《齐民要术》制作的广场群雕

第五节 《齐民要术》农学文化思想的文学价值

以科学的理论武装人，以正确的舆论引导人，以高尚的精神塑造人，以优秀的作品鼓舞人，是我们党关于宣传思想工作的重要指导方针，而文学作品是通过艺术的方式落实这一方针的重要形式。文学创作，尤其是以人物为主的文学创作，无疑需要通过各种形式、手段和措施对人物形象进行细致入微的刻画，从而达到使人物性格鲜明，形象丰满。而刻画人物形象离不开对人物的思想精神的挖掘与重塑，《齐民要术》农学文化思想是《农圣贾思勰》文学创作中的核心，也是塑造人物性格，丰富人物形象所必需的。

暗示（suggestion）在“百度百科”中的解释是：人们为了某种目的，在无对抗的条件下，通过交往中的语言、手势、表情、行动或某种符号，用含蓄的、间接的方式发出一定的信息，使他人接受所示意的观点、意见，或按所示意的方式进行活动。暗示是文学创作中经常使用的一种创作手法，作者往往通过作品中暗示的方法，向读者提示一种有关主人公命运的“暗信息”，其实这种“暗信息”是文学创作中的实信息，有用信息。譬如古典名著《红楼梦》第五回中曹雪芹为“金陵十二钗”写的判词，就非常巧妙地为我们勾勒出了“十二钗”每一“钗”的未来命运，“一把辛酸泪”皆寓“其中味”，可谓匠心独运，为此“红学”蔚然。

《齐民要术》是“中国古代农业的百科全书”，研之者甚众，谓之“贾学”。《农圣贾思勰》是一部文学作品，文学创作是在“言”与“象”之间的奔走，“大音希声，大象无形”。《齐民要术》虽然不是文学作品，但它在“言”上还是浅近平易，不雕琢，“不尚浮辞”，清楚明快。透过《齐民要术》“言”中所寓有的“象”，我们能从中得到某些“暗示”，这些“暗示”为文学创作提供了重要线索和依据。

一、《齐民要术》是《农圣贾思勰》文学创作的核心依据

《农圣贾思勰》是一部写历史人物为主的现实主义文学体裁，苦于历史的惨淡和空白，我们至今无法找到与贾思勰有关的任何历史记载。那么，要写贾思勰，写贾思勰的故事，除了《齐民要术》外，牵强为之尚能作为参考，具有一定征引或论据作用的是现存曲阜的“魏兖州贾使君之碑”，1973 年寿光城南四公里的李二村出土的《贾思伯墓志》和其夫人《刘静怜墓志》，以及史书类的《魏书》、《资治通鉴》和《北齐书》，但这些可考之据都是记载贾思伯、贾思同的历史资料，与贾思勰似又无多大干系。

综观当世或历来的考证之论，大致认同的结论是贾思勰与贾思伯、贾思同应该是同族之亲，籍于此以上所列志、史、碑当有一定参考价值。

别其纷争者，最具说服力的惟有《齐民要术》。作为一个以文传人的贾思勰，可以说《齐民要术》是贾思勰的传奇一生中唯一可以信赖的“证据”，因此《齐民要术》无可非议的成为《农圣贾思勰》文学创作的故事源泉，但唯此似又过于枯燥和单薄，如若再追溯下去，应该能从贾思伯的记载里得到些许蛛丝马

迹。贾思伯的人生历程是清晰的，在志在碑在史都能找到详实可信的证据，如果贾思伯的人生发展脉络作证不乏的话（今学者多认同思伯思勰同族别家之属），那么贾思伯的人生轨迹就可以作为贾思勰成长的辅线、隐线使用，这样创作起来明暗两线，而以贾思伯之路映射贾思勰成长之路，以思伯之经连思勰之历，应当说尚不失“情理之中”，也不甚穿凿附会。

二、《齐民要术》的文本暗示为《农圣贾思勰》的文学创作留足了“写实”空间

再究《齐民要术》。作者自己在“序”里面曾谈到他的创作时说是“采捃经传，爰及歌谣，询之老成，验以行事”，我的解读是作者在这里向我们暗示了其“人生”经历。

“采捃经传”不正是在说明作者怎样的在书山学海里博览群书积学积识吗？据胡立初先生的统计，《齐民要术》引用的书，一共有180种以上，其中，经部30种，史部65种，子部41种，集部19种；著名农学史专家石声汉先生后来重新检查后，如同一书不同的各家注本，都分别计算，共有164种；如不同各家注本，归入本书，不重复计算，则是157种。虽然其中更多是关于已往农业知识的历史援引，但这正向我们说明了作者家藏之丰和家学渊源，无形之中证明了作者的非凡家世。

其次，“爰及歌谣，询之老成”不正向我们说明了作者是在遍游天下虚心求教之后的全面总结吗？囿于一室者绝无此可能，这不正给了我们创作的时间和空间吗？作为文学创作，应该说也给了我们合情合理的“杜撰”空间。

再次，“验以行事”似乎向我们说明了作者游历之后如何激情澎湃，如何躬身事农，从而去验证游历之所得，去伪存真成此巨著。

所以，我认为贾思勰是用这样的“暗示”方法，既向我们说明了他创作的来龙去脉，又向我们阐明了作者的人生轨迹。后者或为作者的无意，但为我们今天的文学创作指明了方向，而我们的任务似乎更多的是怎样用今天的笔去将作者的游历表现完整、充实。因此，选择作者的撰述之因作为文学创作的思路，成为串起故事的脉络，或者说发生在贾思勰身上的故事就是以此为纲以这样的方式来体现的，应当说是“符合”历史本来面目的，这也为提高作品的说服力、可信度增加了砝码。

三、《齐民要术》的文本暗示为《农圣贾思勰》的文学创作设计了基本框架

文学创作是一个自圆其说的文字的排列组合，要想自圆其说或者叫艺术上的合理性、完整性，需要对作品整体结构进行较为具体的把握和设计。通过对《齐

民要术》的文本解读，挖掘书中有关农业知识的地域性特点和作者在书中涉及的相关地名，然后参照贾思伯的为宦历程和行踪来假设和“推理”贾思勰的行踪似乎就容易地多了。从“采捃经传，爰及歌谣，询之老成，验以行事”的文本暗示，我们可以“合理”性地将作者的人生划分为三大部分，而每一部分应当都是对这一暗示的合理性补充和阐释，具体地说：

第一部“居家”，应当是贾思勰在家学习经传、博览群书的一段生活，是贾思勰所有经传知识储备的重要时期，也是贾思勰人生故事的第一个阶段，重在为其的“采捃经传”作一阐释和展现，而其思想的启蒙又在此时发仞，当是时事纷扰不定，百姓生活困顿的启发所致，一个“忧”字可作剧“眼”。

第二部“出仕”，应当是贾思勰游宦在外，学习、积累、思想渐趋明朗的时期，是“爰及歌谣，询之老成”的重要过程，也是贾思勰思想发展、成熟的重要时期，是贾思勰从凡入圣的重要阶段，或者简单了说第二部就是要为“爰及歌谣，询之老成”作个注，把《齐民要术》中所涉农业知识、歌谣等通过故事演绎来描绘出作者的所行所作所为，故事也就理所当然地以此二句为纲展开。

第三部“归园田居”，应当是贾思勰潜心著书，将所见所闻所学所记付之于文的重要时段，也是贾思勰“验以行事”的重要时段，所以《齐民要术》才系统才完整才有实践意义才有灵魂。

根据以上的界定和思考，对《农圣贾思勰》人生“三部曲”的提炼和定名也就水到渠成了。

第一部，殷忧启圣。殷：深。殷忧：深深的忧伤。成语原意是深切的忧患能启发圣明。《农圣贾思勰》的创作定位是该部主要介绍贾思勰少年在家时的生活，而用“殷忧”来说明贾思勰幼年生活环境之艰难和动荡的社会给生活给作者所带来的深沉思考，说明贾思勰少怀忧患之心，从而启发他点燃智慧灵光，注重农业，忧国忧民——这或许是圣之为圣之因吧。

第二部，梯愚入圣。原意是指启迪引导凡夫俗子成为圣人。《农圣贾思勰》的创作定位是主要介绍贾思勰游宦之历，学习求教之路，说明农业、农民的创造和实践经验为农圣架起了成圣之梯，正是因为贾思勰的虚心学习、切身感受和启发，以及自己的努力，才让贾思勰脱俗不凡，为集“天下”（主要是黄河流域，北魏政权所辖领域）农业经营之大成准备了第一手资料。历如梯，求知若治愚，贾思勰思路大开，心胸大开，思想渐熟，正在向圣人靠近。

第三部，千载一圣。原意是千年出一圣人，指圣人不常有。《农圣贾思勰》的创作定位是主要介绍贾思勰辞官归田亲事农事总结农业经验著书立说，最终成就大业，而其亦以煌煌 10 卷 92 篇 11 余万字而为后世誉为农圣，而圣者非一日之事，观其始终，评其作为，千年无一人也，岂非“千年一圣”得其所乎？

四、《齐民要术》文本暗示为《农圣贾思勰》文学创作提供了“活”性元素

小说创作的三大要素是人物、情节、环境，就是要通过一定的社会场景描写，把人物用一系列的故事情节穿起来，从而让读者通过故事认知社会，品味人物，形成某种感悟和精神愉悦，影响或改变自己的精神甚至行为，以达教化作用。其中，人物形象刻画是关键，故事和环境都是为人物服务的。写人物，尤其是写历史人物，尊重历史事实是一条不可逾越的底线，否则就容易出“硬伤”惹非议，非议尚可理解，硬伤却不可容忍。而相对于贾思勰这样一个历史的“盲点”人物，要想写他的一生，在历史结论不一，社会认知不一的情况下，最有说服力的创作还是要回到他的作品《齐民要术》。《齐民要术》涉及农、林、牧、副、渔、工、商等诸多领域，知识庞杂、生动、具体，只要把握准了这一点，再进行适当的艺术创造，应该说“故事”是很多的。

换句话说，要写贾思勰，就是要把《齐民要术》里面枯燥、专业的农业知识变为一个个生动有趣的故事，故事取材只能来源于《齐民要术》。虽然我们今天也看到了一些对历史人物“戏说”的影视作品，但观其创作宗旨都没有脱离主人公的历史成就。如大型动画系列剧《孔子》，作为“至圣先师”虽有翔实的历史记载，但创作者在编故事的时候还是以《论语》为蓝本，从《论语》里提炼出了“兰花仙子”这样一个与孔子进行精神对话的虚拟人物形象，而人物的精神对话又以《论语》为创作资源，因为人们对《论语》的熟悉原因，也就大大增强了故事的真实性或熟悉感。

《农圣贾思勰》的故事元素就在《齐民要术》丰富的文本暗示（图6-32），恰如一个事物在不同视角下的不同反应：老百姓从《齐民要术》看到了农业科学知识和“资生之道”，商人看到了“商机”，农学史家看到了中国农业发展的历史痕迹，经济思想史家看到了地主治生之学，食品科技界看到了食品科技的古老配方和技法，科学哲学领域看到了农业科学哲学方面的哲学意义，而封建统治阶级更把它看作是“惠民之政，训农裕国之术”……

作为文学创作，要写贾思勰，必定要写《齐民要术》，创作者应当从《齐民要术》的文本暗示看到什么？看到的是过程而不是结果，看到的应该是作者如何的“采捃经传，爰及歌谣，询之老成，验以行事”，表现的应该是贾思勰“要在安民，富而教之”的忧国忧民思想和不畏艰险跋山涉水的实践精神，而“忧国忧民思想和不畏艰险跋山涉水的实践精神”正是刻画贾思勰这一历史人物的关键所在！

《齐民要术》被誉为“中国古代农业的百科全书”，内容的综合庞杂和价值地位的不可替代性，成就了贾思勰，也成就了古老的中华文明。“还原”历史，

中华人民共和国国家新闻出版广电总局
State Administration of Press,Publication,Radio,Film and Television of The People's Republic of China

首页 | 领导讲话 | 总局机构 | 政策法规 | 信息公开 | 历史沿革 | 办事程序 | 管理动态 | 拍摄公示 | 广电党建 | 广电职业

当前位置：首页 >> 拍摄公示 >> 动画片公示剧目

山东省2012年12月国产电视动画片制作备案公示表

【发布时间】：2013-01-06 10:30 【信息来源】：宣传司

报备机构（盖章）：山东寿光市中印软件园发展中心 许可证号：（鲁）字第121号

联合制作机构：潍坊科技学院 杭州悦喜动画有限公司 2012年12月

序号	片名	编剧	导演	题材	集数	每集长度（分钟）	计划投拍时间	计划完成时间	备注
	农圣贾思勰	李兴军	公长生 薛慧丽	历史	52	15	2012.9	2013.6	

内容提要：

贾思勰从小对农业知识很感兴趣，向农民学习了大量农业知识。后来他得到朝廷重用，指导农业生产，取得很好的效果。晚年，贾思勰辞官回家，边耕种边著书，历时11年，完成《齐民要术》一书，贾思勰也被人们誉为“农圣”。

省级管理部门备案意见	同意备案	相关部门意见	

相关报道

- 山东省2012年1月国产电视动画片制作备案公示表
- 山东省2012年3月国产电视动画片制作备案公示表
- 山东省2012年5月国产电视动画片制作备案公示表
- 山东省2012年11月国产电视动画片制作备案公示表
- 山东省2008年3月国产电视动画片制作备案公示表

图 6-32　52 集三维动画片《农圣贾思勰》在国家新闻出版广电总局备案表截图

资料来源：中华人民共和国国家新闻出版广电总局官方网站

“还原”贾思勰是现代国人的责任，也是传承《齐民要术》农学文化思想的重要内容之一。《齐民要术》的文本暗示让我们认识到了一个形象更加具体、饱满的贾思勰，也让我们深深地体会到了《齐民要术》农学文化思想的博大与精深的内涵，对我们建设中国特色社会主义，实现中华民族伟大复兴的“中国梦”，也必将起到鼓舞士气、振奋精神的积极作用。

第七章

志存高远胸怀天下的责任担当精神

中国梦承载着中华民族既古老又常青的光荣与梦想，浓缩了五千年中华文明的优秀文化基因。民族圆梦，人人有责。中国梦深深扎根于中华优秀传统文化的沃土之中；而敢于担当作为民族精神的重要内容，又深深植根于中华民族优秀传统文化之中。从《周易》的“天行健，君子以自强不息”，诸葛亮的“鞠躬尽瘁，死而后已”，张载的“为天地立心，为生民立命，为往圣继绝学，为万世开太平”，范仲淹的“先天下之忧而忧，后天下之乐而乐”，文天祥的“人生自古谁无死，留取丹心照汗青”，到林则徐的“苟利国家生死以，岂因祸福避趋之”，顾炎武的“天下兴亡，匹夫有责”，孙中山的“勇往直前，以浩气赴事功，置死生于度外”等，古人先贤的嘉言懿行，都生动诠释了中华民族敢于责任担当的内在禀赋。

中国共产党作为伟大民族精神的坚定传承者，不断赋予责任担当以新的内涵，从井冈山精神、长征精神、延安精神、西柏坡精神，到大庆精神、“两弹一星”精神，再到抗震救灾精神、载人航天精神、改革开放精神等，都生动地体现了民族精神的与时俱进，进一步拓展了责任担当的精神疆域。

党的十八大以来，习近平总书记在系列重要讲话中多次强调，责任担当是领导干部必备的基本素质，并从什么是责任担当、为什么要责任担当、怎么做到责任担当等方面，提出许多新思想、新观点和新要求。那么，从一个普通人的角度讲，一个人只要有了责任和担当，他就会自觉地努力拼搏，将担当和责任付诸实际行动。

农圣文化是中华民族优秀传统文化的重要组成部分，以志存高远、胸怀天下为特色的责任担当精神作为农圣文化的重要内容之一，是农圣文化的关键所在，也是贾思勰历尽千辛万苦、涉广行远、躬耕田畴、潜心著书的动力所在。那么，农圣文化中的责任担当精神是如何体现的呢？有什么价值和特色？又具有怎样的现实意义呢？

第一节　关于《齐民要术》书名及署名前的引文

一、关于《齐民要术》书名的理解

一定程度上讲，一部作品的名字就是该部作品的眼睛，是该作品主旨体现的重要元素，也最容易表达作者的创作意图。对《齐民要术》书名的解释，栾调甫、缪启愉、石声汉等众多学者专家大都倾向于：书中的“齐民”指的就是平民百姓，“要术”是指谋生的重要方法，“齐民要术”就是老百姓从事生活资料生产的重要技术知识。这也是研究较早、流传时间较长，已经是社会上普遍认同的一种观点。但，也有人不这么认为，如曾雄生就曾对书名中的“齐民”二字总结了平民说、全民说、农民说、齐地之民说、治理人民说等五种不同的观点，他本人则更倾向于“治理平民”一说。曾雄生认为，书名不仅仅是字面所表达的“农（平）民（生计）的基本技能”，更应理解为“治理人民的重要方略”，前面一种观点的含义不言而喻，后面“治理人民的重要方略”的观点含有：如果人民的生产生活得不到保障，人民生活于水深火热之中，治理就是失败的，就需要实施一定的管理和技术策略，让老百姓安居乐业。实施什么策略？自然是“农（平）民（生计）的基本技能”。

因此，综合各种研究我们可以看出，无论哪一种观点，其中都带有明显的安民、富民、教民的思想寓意在里面。由此推断，贾思勰怀有安民、富民、教民的理想抱负是有根据的，并非空穴来风。

二、关于贾思勰署名前的引文

《齐民要术》书名之后署名之前，贾思勰引用了《史记·平准书》中“齐民无盖藏”一句，这句话的意思是说，老百姓（穷的）没有储藏物。考查此句来源知道，它描写的是秦朝灭亡后西汉初年社会现实的真实写照。如果我们把历史当作一面镜子，就可以明白秦亡汉初的情况与贾思勰所处的北魏时期民族大融合、社会动荡不安的社会现实极为相似。因此，贾思勰引用《史记》中的这一句，绝不是心血来潮，一定是有原因的。通过这样的分析，我们也就会发现，贾思勰对战乱、灾荒、生产凋敝的社会现实是怀有忧虑之心的，是抱有改变社会现实状况的理想和担当精神的。

同时，贾思勰引用三国时如淳对“齐民”的注释：“齐，无贵贱。故谓之齐民者，若今言平民也。”，意思是说，“齐”不分贵贱之意。因此所谓“齐民”就像今天所说的“平民”，进一步明确了作品的服务对象——平民。虽然有专家怀疑贾思勰是不是真引用了这句话，但我们通过《齐民要术》记载的内容来看，全书涉及农、林、牧、渔、副在内的现代大农业结构框架内的所有方面，是北魏及以前社会农业科学技术的集大成者，都是与老百姓的生产生活息息相关的。从这一意义上讲，引文是不是贾思勰亲自写入的也就显得并不重要了。因为，无论对历史、对事实、对老百姓还是对社会，通过《齐民要术》我们对贾思勰的责任意识都是可以见一斑而识全豹的。

因此，我们可以总结说在《齐民要术》书名与作者署名前的引文，都对责任担当精神有所涉及，从创作一开始就充分显示出了责任担当精神在贾思勰《齐民要术》农学文化思想中的重要地位和创作主旨。

第二节　从《齐民要术·序》分析责任担当精神

《齐民要术》序言共有 2 700余字，是全书的灵魂所在，是贾思勰说明他的著书宗旨、基本思想、论说对象、体例结构和资料来源的，也是全书思想价值和精神价值的集中体现和高度概括。我们可以通过贾思勰的自序，体味贾思勰的良苦用心，更可以从中找到贾思勰责任担当精神的根源。

在序的第一段，贾思勰开宗明义，援引《汉书·食货志》里“盖神农为耒耜，以利天下；尧命四子，敬授民时；舜命后稷，食为政首；禹制土田，万国作乂；殷周之盛，诗书所述，要在安民，富而教之。”的文字，通过援引历史事实来表明他的心胸和志向，明确表达了他的创作目的就是“要在安民，富而教之”，意思是说，我写作的目的就是为了让百姓安定，让老百姓生活富足，然后让他们受到教化。而教化的作用就是让人明白事理，知道廉耻，自觉拒绝野蛮和庸俗。可以说，这既是贾思勰的创作目的，也是他的理想所在，更是他作为“齐民”（平民）的责任担当。

在序言里，贾思勰还不厌其烦地引经据典，历数神农、尧、舜、禹、李悝、秦孝公、赵过、蔡伦、耿寿昌、桑弘羊、猗顿、陶朱公、王景、皇甫隆、茨充、崔实、黄霸、龚遂等等，这些在中国历史上曾经在安民、富民、教民的伟大实践中，为老百姓，为改变生活现状、生产技术、生活理念，甚至是社会制度改革方面，做出过积极贡献的历史人物，字里行间无不流露出作者对他们的无限推崇之情和追慕之心。对比这些圣贤或良吏，可以看出贾思勰大有“苔花如米小，也学牡丹开”（清朝袁枚《苔》诗句）之意，我虽然是一朵小如米粒的苔花，我也要照样学着牡丹的样子昂然怒放。联系北魏当时的社会背景，贾思勰自觉的责任担当意识在这里表达的就更加清楚明白了。

贾思勰生活的时代是南北朝时期的北魏末年，因为政权更迭频繁，国家战火频仍，自然灾害又接连不断，导致社会动荡不安，百姓生活颠沛流离，图 7-1。《齐民要术》“种桑拓第四十五”中有“杜、葛乱后，饥馑荐臻，唯仰以全躯命，数州之内，民死而生者，干椹之力也。”，意思是因为“杜葛之乱”当地经济萧条产生了大饥荒，老百姓凭着晒干后的干椹，救了数州老百姓的命。由此可知，贾思勰是亲身经历过“杜葛之乱”的，也深知战争给百姓带来的不幸和灾难。“杜葛之乱”指的是杜洛周、葛荣于公元 525 年、公元 526 年先后率领民众在河北一带发动的暴动，暴动声势浩大，于公元 528 年以失败告终。

图 7-1　难民到贾思勰家乞讨的场面

图片来源：52 集原创动画片《农圣贾思勰》截图

作为一个有良知的知识分子和地方官僚，贾思勰感到自己有责任有担当去改变这一切。面对战争、贫穷、饥饿、落后，贾思勰做过什么样的理性思考和思想斗争，我们无从得知，但在他的序言里，我们从他引用的，如：“食为政首”意思是，生产粮食是首要的政事；“一农不耕，民有饥者；一女不织，民有寒者。”意思是，一个农夫不耕田，就会有挨饿的人；一个妇女不织布，就会有受冻的人。“仓廪实，知礼节；衣食足，知荣辱。”意思是，仓库丰实了，人们才知道礼节，衣食充足了，人们才会知道荣辱；“圣人不耻身之贱也，愧道之不行也；不忧命之长短，而忧百姓之穷。”意思是，圣人不以自身受歧视而羞耻，而以自己的主张不被采纳而惭愧；不担忧自己生命的长短，而忧虑老百姓的贫困；“故田者不强，囷仓不盈；将相不强，功烈不成。”意思是，所以耕田人不努力，仓库就不会丰实，将相们不努力，就不会成就功名事业；“民可百年无货，不可一朝有饥，故食为至急。”意思是，老百姓可以百年无财物，不可以一天没食物，所以食物是第一要紧的等等，或者是经典史籍，或者是人物事迹，或者是著名人物的言论观点，都突出地显示出贾思勰强烈的安民、富民、教民思想。

这种责任担当精神为贾思勰著书立说奠定了思想基础，也成为贾思勰“起自耕作，终于酰醢，资生之业，靡不毕书”的著书原因和思想支撑。通过贾思勰引经据典的论述，我们能清楚地看到感受到他那一颗似乎还在怦然跳动的火热之心，以及贾思勰“舍我其谁?”的责任担当的强烈表达，图 7-2。

图 7-2　52 集动画片《农圣贾思勰》截图

第三节　《齐民要术》农学文化思想责任担当精神价值

责任担当精神也可以理解为理想抱负，在现实社会生活中具有极端重要的作用，是一个民族、国家、家庭、事业、生活和发展的重要思想支撑和精神内核。

对民族（国家）而言，责任担当就好像是历史使命。如果一个民族（国家）没有了责任担当精神，就会成为一盘散沙，一旦遇到大至世界范围，小到局部区域内的动荡、冲击或外族侵扰时，就极易被瓦解离析，导致灭族灭种。从另一角度讲，一个民族（国家）没有了责任担当精神，人民生活就会处于水深火热之中，民族（国家）的发展就会停止不前，整个民族（国家）的脆弱性就会急剧加大，民族生存也将受到严重甚至致命的威胁。北宋历史上出名的“靖康之耻”，就是宋徽宗、宋钦宗父子两位皇帝没有了对国家的责任担当，重用了蔡京、童贯、高俅等奸臣，从而荒淫无度、治国无方，亡国成奴成了金兵的阶下囚；慈禧当政的清王朝，毫无责任担当自然就置国家百姓于不顾，割地赔款，委曲求全，丧尽中华尊严，失国体失民心，直至义旗四张，改旗易帜，这些沉痛的历史教训不能不让我们警醒。

对家庭而言，责任担当犹如黏合剂。如果一个家庭的成员没有了责任担当精神，就会貌合神离各行其道，必然导致家庭的不和谐，甚至破裂。家和万事兴历来是国人的传统共识，“和”的前提是家庭成员人人抱有一种责任和担当精神。对老人有责任担当，老人才能颐养天年，同时还会教育影响子女，对自己对爱人有责任担当，感情才会稳固，子女有责任担当，才会努力学习开创未来，唯有这样才会形成家庭的凝聚力，营造一个和谐美满的幸福家庭。现实生活中这样的例子和教训比比皆是。

对事业而言，责任担当犹如兴奋剂。一个人如果对事业没有了责任担当精神，意志就会消沉，精神就会颓靡，就会做一天和尚撞一天钟，对工作敷衍塞责消极应付，事业的发展壮大就成为空想，甚至导致事业的全面溃败。

对生活而言，责任担当犹如强心剂。富有责任担当精神的人具有高度的理智性，始终对生活充满了信心和希望，不会被生活中一时的困难挫折所困扰，也不会被暂时的失败所击倒，更不会为一时的成功而得意忘形，他会朝着更加幸福美好的生活不断努力，直至最后的胜利。

对未来（发展）而言，责任担当犹如催化剂。无论个人还是集体，如果没有责任担当精神，其未来就会停滞在空想、妄想阶段，也就没有了梦想和理想。一个没有了梦想和理想的人，生活枯燥无味，人生若行尸走肉，也就没有了精彩的未来。一个人只有负有责任担当精神，才会为了梦想、理想不断开拓前进，向着未来的方向不断奋斗，不断收获成功和希望。

总而言之，无论古今，责任担当精神虽然在内容上有着千差万别，但在其意义上是一致的。在社会转型、机遇与挑战同在的今天，无论个人还是集体，责任担当精神的现实作用和意义更加突出，而传承发展好农圣文化中的责任担当精神，对一个民族（国家）的繁荣强大、家庭的幸福和谐、事业的发展壮大、生活的充实美满、未来的理想实现都具有积极的意义。

第八章

敢为人先矢志不渝的创业敬业精神

敬业，是人生的一种精神境界；创业，是人生的一种涅槃。通过《齐民要术》的文本阅读，结合贾思勰所生活的时代特征，以及《齐民要术》所形成的历史影响来分析，我们从中可以发现以敢为人先、矢志不渝为主要特色的创业敬业精神，是《齐民要术》农学文化思想的形成基础，也是《齐民要术》农学文化思想的重要组成部分，更是中华民族优秀传统文化宝库中的精髓。提炼、梳理、释读《齐民要术》农学文化思想中"创业敬业精神"的基本内涵，把握其核心价值，对于传承创新发展农圣文化，服务于中华民族伟大复兴中国梦的人才培养，服务于中国特色社会主义经济社会的发展，具有重要的现实意义。

第一节 《齐民要术》农学文化思想中的创业精神

《齐民要术》在中国传统农学的发展史上是一个重要的里程碑，为后世农书的发展树立了榜样。有学者认为，《齐民要术》绝不仅仅是对北魏时代北方旱作农业生产技术的全面总结，它还保存了北魏以前大量的农业史资料，为后人研究秦汉农业生产发展提供了重要依据。开前人之所未立，领后人之所未为，应该说，这就是农圣文化中创业精神的充分体现。

一、从专家学者对《齐民要术》的评价看

南宋李焘《孙氏齐民要术音义解释序》中称"贾思勰著此书，专主民事，又旁摭异闻多可观，在农书中最峣然出其类"。1744 年，日本学者田好之等译注

的《齐民要术》新序中说“民家之业，求之《要术》（指《齐民要术》），验之行事，无一不可者矣。”1957 年，日本学者神谷庆治在西山武一、熊代幸雄的《校订译注〈齐民要术〉》序中说，“即使用现代科学的成就来衡量，在《齐民要术》这样雄浑有力的科学论述前面，人们也不得不折服。”近代王尚殿称“《齐民要术》是我国古代一部优秀的农书，是农产品加工和食品生产的科技书，内容极其广泛和丰富。……可谓我国六世纪的食品百科全书。”经济史学家胡寄窗也曾评价说“其记载周详细致的程度，绝对不下于举世闻名的古希腊色诺芬为教导一个奴隶主如何管理其农庄而编写的《经济论》。”农史学家石声汉教授认为，“《齐民要术》以前，中国是有过一些农书的；但有的已完全散佚，有的只保存了一部分。就这些现存的农书看来，《齐民要术》的成就，是总结了以前农学的成功，也为后来的农学开创了新的局面。”缪启愉教授则认为“它的宏观规划、布局、体裁，完全是独创的，自出心裁的。《齐民要术》本身虽然没有先例可循，却给后代农书开创了总体规划的范例，后代综合性的大型农书，无不以《齐民要术》的编写体例为典范。”。

通过古今中外的著名学者专家对贾思勰《齐民要术》的评论看，《齐民要术》作为一部“中国古代农业百科全书”式的农学著作，无论在农学还是其他领域，它的历史地位都是不容置疑的。而作为《齐民要术》的作者，贾思勰在农学领域所做的开创性贡献，也是不容置疑的。从另一角度讲，在贾思勰身上是有着一种对历史、对未来负责的“创业精神”的，而这种创业精神已成为农圣文化中重要的精神内涵。

二、从《齐民要术》对后世的影响看

在《齐民要术》之后，唐朝初年的太史李淳风避李世民的讳，曾撰写《演齐人要术》一书来推演要术，武则天也曾命令臣下编撰由她删定的《兆民大业》，而“兆民”也就是“齐民”，《齐民要术》能够得到当时官方最高统治者的青睐，可见影响非同一般。自唐代以后，直至清代，无论官方还是私人著述，或套用《齐民要术》书名或模仿其体制或引用其资料，并不鲜见，这也足以看出《齐民要术》在中国古代农学领域所占的重要地位，以及对后世的深远影响。

石声汉先生认为，《齐民要术》以后，我国的农书中，有着与《齐民要术》相似规模的只有四种，即元代司农司编的《农桑辑要》，王祯的《农书》；明代徐光启的《农政全书》与清代“敕修”的《授时通考》。而《农桑辑要》与《授时通考》，都是以“朝廷”的力量，用集体工作的方式，编纂出来的“官书”。这四部全面性的农书，不论官书或私人著作，都一样以《齐民要术》的规模为规模，用《齐民要术》的材料作材料。这一点，具体十足地说明了《齐民要术》在过去中国农学上的地位。明代王廷相更是称赞《齐民要术》是“惠民之政，训农裕国之术”，评价之高实为罕见。

《齐民要术》对古代经、史、子、集等各种典籍都有大量引用，其数量之大令人叹为观止，充分体现了贾思勰知识的渊博和阅读的广泛。据石声汉先生统计，“如同一书不同的各家注本都分别计算，共有 164 种；如不同各家注本归入本书，不重复计算，则是 157 种。”经过一千多年的发展，有很多古籍已经完全散佚，值得庆幸的是因为有了《齐民要术》的征引，才保存了其中的部分吉光片羽。例如，现在仅存约 3 700字的西汉时著名农学家氾胜之的《氾胜之书》，因为有了《齐民要术》的摘引，才在 19 世纪前半期和 20 世纪 50 年代，经过一些专家的辑集之后，才得以让后人看到它的原貌端倪。另一部有名的古农书，东汉时崔寔著的《四民月令》，也主要是靠《齐民要术》等书的引用，才得以保存下来部分材料。此外，再如《齐民要术》中所引用的《食经》、《相马书》、《广志》等等这些重要的古代典籍内容，已成为后世考订和辑佚古籍的珍贵资料。就连全书最后一卷（卷十）“五谷果蓏菜茹非中国物产者第九十二”篇，虽然“其有五谷果蓏，非中国所殖者，存其名目而已”，不是当时在北魏统治区域内种植的五谷和果蔬之类，只是保留了它们的名称目录，但贾思勰所引用的书，如《广州记》、《交州记》之类都已失传，在考证华南一带的植物时，《齐民要术》就提供了一些重要的间接史料。这样说来，贾思勰和他的《齐民要术》实在是功不可没。

三、从《齐民要术》的规模内容看

《齐民要术》体系完整，虽然内容庞杂，却结构层次条理，行文先后有序。全书除去序言外有十卷 92 篇共计 111 800字，其内容正如作者序中所说“起自耕作，终于酰醢，资生之业，靡不毕书”，农、林、牧、副、渔，凡是人们生产生活中所需要的内容都作了记载，几乎囊括了古代农家经营活动的所有方面，以百科全书式的全面性结构展现在我们面前。此外，作者叙述所处疆域兼及其境外农产的结构体系，也在中国农业科学技术史上具有首创的意义，而其“规模之大，范围之广，某些观察之精到细致，某些结论之正确全面。”（石声汉语）可谓前无古人，后无来者。

四、从《齐民要术》的传播研究情况看

《齐民要术》的版本流传和研究情况有着清晰的脉络，仅其在国内外的研究传播，也能充分证明贾思勰开创性的价值所在。唐宋时期，《齐民要术》传到邻国日本，引起日本学者的高度重视和深入研究，把《齐民要术》的研究作为一

门学问称之为“贾学”，还专门成立了《齐民要术》研究会，翻译出版了多种版本书籍。

大约在19世纪传到欧洲，英国学者达尔文在写作《物种起源》和《植物和动物在家养下的变异》时就参阅过《齐民要术》，并援引了其中的有关事例作为他的著名学说——进化论的佐证。在《物种起源》中，他赞扬道“我看到了一部中国古代的百科全书，清楚地记载着选择原理。”欧美学者说它“即使在世界内也是卓越的、杰出的、系统完整的农业科学理论与实践的巨著。”

据统计，国内外学者对贾思勰及《齐民要术》的研究主要集中于以下方面：①《齐民要术》的校勘、注释、今释、翻译；②《齐民要术》的流传和版本传承；③《齐民要术》的成书年代与背景；④贾思勰身世与科学技术活动；⑤《齐民要术》在中国农业科学技术史上的地位；⑥《齐民要术》在中国农产加工和食物史上的地位；⑦《齐民要术》在中国农业经济、经营史上的地位；⑧《齐民要术》在中国农业哲学思想和方法论史上的地位；⑨《齐民要术》在中国生物学史上的地位；⑩贾思勰《齐民要术》在世界农学史和科学技术史上的地位等等。杨法瑞教授、薛彦斌博士等曾经对20世纪以来国内学者的研究情况作过分类整理，借助于他们的研究我们可以得知，对贾思勰、《齐民要术》的研究内容已扩展到了《齐民要术》与饮食文化，与语言学、文化学、数学、少数民族学等领域。如果《齐民要术》不是具有非常之价值，一定不会得以传世并且能入众多专家的法眼；如果贾思勰没有他的独到之处，也一定不能得到各家重视并且如此精心的研究。这是贾思勰开创性之举的魅力所在，相信今后也必然还会涌现出更多专家学者，从不同视角对贾思勰和《齐民要术》进行研究，也一定会有不同专家从同一视角作更加深入式的再研究。

第二节 《齐民要术》农学文化思想中的敬业精神

贾思勰生活在后魏末年到东魏初年的政局动荡年代，社会政治腐败黑暗，战乱由边境向内地蔓延；经济上破坏严重，土地荒芜，生产凋敝，战火和饥荒吞噬了千千万万勤劳善良的劳动民众，社会面临的问题十分严峻。应该说，这一切都是贾思勰亲身经历、耳闻目睹过的。在强烈的爱国力量推动下，富有责任担当精神的贾思勰克服困难，潜心著书，体现出可贵的“敬业精神”。

一、一生只著一部书

据郭文韬、严火其考证，《齐民要术》创作于公元528年—公元556年间，历时28年才得以完成（郭文韬、严火其著《贾思勰王祯评传》）。梁家勉教授则分析认为，《齐民要术》成书于公元533—公元544年或稍后，历时约11年多。无论28年还是11年，如果我们不以著述时间长短而论的话，在没有发现贾思勰的其他作品，而且缺乏历史佐证的情况下，可以说贾思勰是倾其一生的心血，完成了这样规模庞大的一部著作，历时之长，工程之巨，创作的艰难程度可想而知。如果翻译成现代汉语，单就字数来讲，恐怕20万字也不止，这样宏大篇幅、庞杂的内容就是拿到今天来也绝不是什么轻而易举的事。

二、著书作注最见本心

《齐民要术》全书十卷92篇11万多字，除正文（大字）7万余字外，贾思勰还充分发挥自己丰富的阅历知识和文化知识优势，对正文作了长达4万余字的注释（原书中的小字体都是注的内容）。特别是那些表明自己见解的注释，一定是作者有着切身经历之后的真实思考，反映了北魏当时的社会生产现实情况，或者当时人们对生产生活的观察心得，是今天我们研究农业历史发展的重要资料，价值极高。如《齐民要术》卷二《种芋第十六》，全文共533字，正文仅有193字，而注释就占到了340字。为了注释引用古农书《氾胜之书》中“豆萁”所用“音其，豆茎”4字，贾思勰又引用他人书籍的注释文字来加以说明，字数达到了266个，而体现贾思勰本人见解的仅有70字，字数虽然少却是最有价值。正是因为加入了贾思勰用心作的注释，才使得作品主旨更加明白晓畅，内容更加丰富立体，也为我们今天研究农学发展或《齐民要术》农学文化思想提供了宝贵的历史文献资料。

三、“四途”同归最见功力

为了提高《齐民要术》的实用价值，指导农业生产，提高产量，贾思勰一是尊重历史的发展规律，有选择性地摘录了古人有关农业政策和农业生产的文献，尊重历史的延续性和在延续基础上的发展成果，并把这些知识作为当时的精神激励和生产上的借鉴，这就是贾思勰在序中所说的“采捃经传”。

二是采集农业谚语，农谚是老百姓在生产生活中的经验总结最活跃的部分，是经过了长期的历史考验，具有旺盛生命力的活教材，也是高度概括的科学技术格言，这就是《齐民要术》序中所说的“爰及歌谣”。

三是实地采访群众经验，向富有实际生产经验的老农和内行请教，吸收当时广大劳动群众在生产生活中积累的宝贵经验，把自己的理论建立在了丰富而又扎实的生产生活基础上，这就是所谓的“询之老成”。

四是注重亲身的实践验证，以上三个方面得来的生产经验虽然有些是自己采集来的，但总体上来说都是现成的，这些经验和技术究竟是不是完全正确合理，最后通过自己亲身的实践来加以验证和提高，这就是“验之行事”。

以上四条途径，除了大量的农业文献资料来源于书本以外，其他三条都是建立在实践基础上的，这就说明了贾思勰非常重视生产实践，著书立说绝不是凭空的想象。有了历史文献作理论基础，有了群众智慧作理论支撑，又经过了自己的深入思考和实践验证，更加上自己的精心总结和提升，《齐民要术》以其坚实的理论基础和实践验证，成为我国古代农业科学技术的集大成之作，成为了我国古代劳动人民从事农业生产生活的操作指南。贾思勰这种创作上的专注态度和创新实践，无疑是其敬业精神的真实写照。

据统计，《齐民要术》全书援引古代典籍 157 种，农谚歌谣（农业实践经验）30 余首，贾思勰在养羊、制醋等等众多方面有过切身的实践经历，他曾到过山东的益都（北魏时的寿光境内，贾思勰的出生地）、青州（临淄附近）、齐郡历城（青州辖郡）、西兖州（定陶及附近）、济州（茌平附近）、西安、广饶（齐郡辖县），还到过河北的井陉、渔阳（密云一带），河南的朝歌（淇县附近）、洛阳，陕西的茂陵，山西的代（大同附近）、并（太原附近）、壶关、上党，以及东部的辽等地，可以说足迹踏遍了大个半中国（历史上汉水、长江以北的北魏政权管辖区域），特别是对黄河中下游旱作地区进行了详细认真的考察，取得了第一手资料，图 8-1。在社会条件低劣，交通不便，战乱不断的北魏时期，贾思勰的所作所为充分体现了一个有责任敢担当的知识分子的敬业精神，图 8-2。

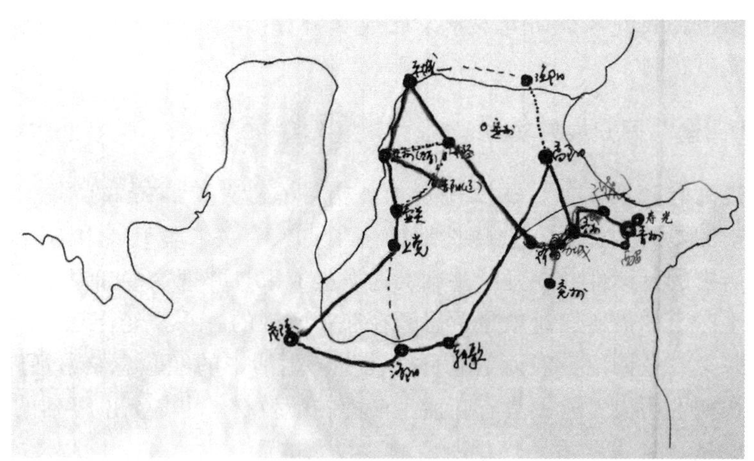

图 8-1　贾思勰概略行经图

注：本书作者创作《农圣贾思勰》时根据《齐民要术》所涉地名手绘

图 8-2　52 集动画片《农圣贾思勰》截图

第三节　《齐民要术》农学文化思想创业敬业精神价值

创业相当于说是创新，创新是继承和打破传统的辩证结合，是在原有基础之上的开拓前进，坚持创新并不断发展之而成规模气候，产生了效益，就成了创业。敬业相当于专一，专一是对事业的持之以恒，宋朝大儒朱熹曾解释“敬者主一无适之谓”，意思是说做一件事，把全部精力都集中到这件事上来，一点儿也不会被其他的事情分心。创业敬业精神古已有之，今后也不会断绝。

在贾思勰之前的时期，这种开拓性、创新性和专一性的精神在不同时代的不同领域，均有突出的表现和骄人的成果，也有着杰出的典型和代表性人物。譬如在史学领域，“究天人之际，通古今之变，成一家之言”的司马迁，虽然身体承受了宫刑（阉割）的奇耻大辱，但他忍辱负重，倾其毕生心血精心总结研究了中国三千多年的历史，编纂为《史记》，写成了中国历史上第一部纪传体通史，从而名留千古彪炳史册。在军事领域，春秋时期“孙子膑脚，《兵法》修列”的孙武，虽然受到了削去膝盖骨的酷刑（膑脚），但他却克艰攻难，编著了世界上第一部军事专著《孙子兵法》，成为古典军事文化遗产中的璀璨瑰宝，被军事家誉为“兵学盛典”。在工业领域，东汉末年蔡伦发明的造纸术，在推动中国和世界文明发展的进程中都起到了不可替代的作用。在医学领域，三国时华佗创制的“麻沸散”，是世界上最早的麻醉剂，比西方早 1600 多年……

通过以上的例子看，可以说“创业敬业精神”一直是中华民族传统文化中的主流文化之一，是我们国家、民族、事业发展一以贯之的重要源动力，更是我们应该传承和创新发展的宝贵的精神财富。我们也可以由此推知，《齐民要术》

农学文化思想的“创业敬业精神”与中国传统文化中主流文化的渊源关系。所以，我们认为“创业敬业精神”追溯历史可以找到它的文化根源，面对当今的社会现实，我们是不是更应该传承发展而不是有所偏废呢？

创新，是一个民族发展的不竭动力，也是事业发展的不竭动力。敬业，是成事之关键，发展之基础。只有创新，发展才有希望；只有敬业，发展才有保障。在现实生活中，大至国家、民族、事业，小至个人、工作、前途，是否具有创业敬业精神，关乎发展，关乎成败，也关乎未来，其意义和作用不言而喻。

发展，是时代的潮流，也是历史的必然。成功和未来是国家、民族的梦想，也是事业、工作和个人的期盼。没有了创业敬业精神，时代就不会发展前进，社会就会处于停滞，无论对民族、国家、工作还是个人及其事业，就会落后，“落后就要挨打”。“挨打”事小，淘汰事大，一旦一个民族被历史淘汰，这个民族的人民就会沦为异族之奴，国家就会沦为亡国之奴，家庭就会跌落贫寒深渊，事业也会萎缩窘迫。中国以及世界的发展历史，已充分证明了这一点。

对于青年大学生来说，创业敬业精神尤为重要。因为大学生终将担负起建设国家和创新发展的重任，没有了创业敬业精神，就只会躺在前人的功劳簿上消极沉沦，不思进取；就会畏于困难挫折，失去挑战自我、超越自我的勇气，满于现状，临渊羡鱼。传承发展好创业敬业精神，才会自觉不断地提升自己的素养，努力去实现自己的梦想、国家的梦想，中华民族伟大复兴的“中国梦”才有希望。梁启超曾言“少年强则国强，少年进步则国进步，少年雄于地球，则国雄于地球”，诚哉斯言。由是观之，创业敬业精神的现实意义愈发显得重大，传承发展好创业敬业精神的必要性、迫切性也愈发突出。

第九章

热爱劳动朴实无华的勤俭朴素精神

勤俭朴素精神是中华民族精神宝库中的重要思想内容，也是一种文明高尚的传统美德。《左传》中有记载说“俭，德之共也；侈，恶之大也。”可见自古至今，人们就提倡勤俭节约，反对奢侈浪费，以勤俭为善行中的大德，以奢侈浪费为诸恶之中的大恶。以热爱劳动、朴实无华为特色的勤俭朴素精神，是贾思勰通过他的著作《齐民要术》所体现出来的农圣文化的重要组成部分，研究贾思勰的思想精神，提炼《齐民要术》的精神价值，对提升人的综合素质，服务于现代经济社会发展，践行社会主义核心价值观，形成积极健康的社会风气具有重要的推动作用，图 9-1。

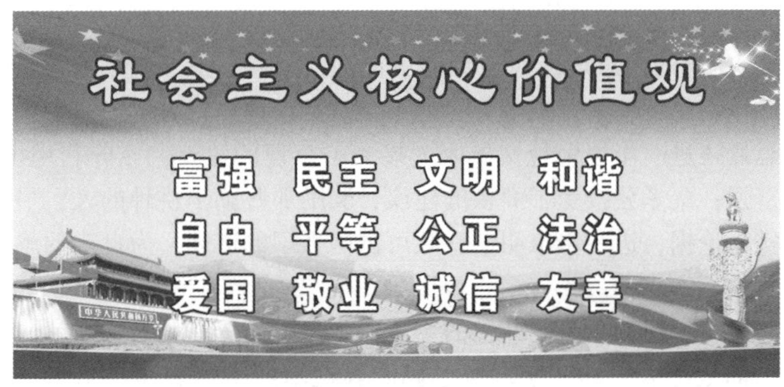

图 9-1　社会主义核心价值观内容

第一节 《齐民要术》农学文化思想中的勤俭精神

《齐民要术》序是体现贾思勰的创作理念、宗旨、体例和思想主张的重要文章，通过研读贾思勰的自序，我们就能清楚地发现作者内心深处的思想源点。从贾思勰的引文和评述中不难发现，“勤俭朴素精神”就是其中闪烁着耀眼的人文光辉的重要思想。贾思勰在《齐民要术》自序中的多处引文和评述性文字，是我们今天分析研究他的“勤俭精神”内涵的重要文献资料，现粗略梳理如下。

一、勤劳思想在《齐民要术·序》中的体现

（一）引用《论语》表明作者态度

贾思勰引用《论语·微子》“四体不勤，五谷不分，孰为夫子?”强调四肢不劳动，五谷分不清的人是不配做别人老师的。贾思勰借“丈人”也就是年长有德行之人的话，无情地抨击了不积极参加劳动的人，显示出了对空谈者的不屑之情。《论语》被历代统治者奉为治世经典，所谓“半部《论语》治天下”，贾思勰的这一引用则更可见他的胆识与气魄。

（二）引用《左传》名句明确作者主张

序中引用《左传》名句“民生在勤，勤则不匮。”说明人生贵在勤劳，勤劳就不会缺乏衣食用度的道理。《左传》此句历来受到世人的褒赞，被视为修身执事的圭臬，贾思勰引用此句也就非常明确表明了自己勤劳致富的思想主张。

（三）为古语作解释并列举史实作证

“古语曰：‘力能胜贫，谨能胜祸。’盖言勤力可以不贫，谨身可以避祸。故李悝为魏文侯作尽地力之教，国以富强；秦孝公用商君，急耕战之赏，倾夺邻国而雄诸侯。”古语的大意是，勤于劳动就能战胜贫穷，只要谨慎就能避免灾祸。贾思勰对此作出的解释是，勤劳努力就不会贫穷，谨慎行事可以避免祸患。除了这些，贾思勰还进一步援引魏文侯因为接受了李悝的建议，充分利用土地资源，国家得以富强；秦孝公接受了商鞅的建议，奖励那些勤于耕种的人，最终称雄于诸侯的史实为论据，进一步申明了勤政可富国强国的道理，为自己的思想主张提供了强有力的事实支撑。

古语为纲，李悝的主张、商鞅的变法皆为目，而贾思勰的解释就成了发力所在，其核心都是一个“勤”字。贾思勰此等逻辑严密地表述，无非是申明自己的观点，强化他勤劳的思想主张罢了。

（四）引用《淮南子》强调“勤奋”的利害

《淮南子》，又名《淮南鸿烈》、《刘安子》，是西汉皇族淮南王刘安及其门客

集体编写的一部著作，里面记有“自天子以下，至于庶人，四肢不勤，思虑不用，而事治求赡者，未之闻也。”“故田者不强，囷仓不盈；将相不强，功烈不成。”上至皇帝，下到一般老百姓，如果四体不勤，头脑不用，而想办好事情，求得富足，是从来没有听说过的。种田的人不勤于耕作，粮仓就不会充实，一个国家的将帅和官员如果不勤于工作，就不会有成就和功名事业。这是最基本的道理，也是现实所证明了的事实。

贾思勰借史言其意，并且他的视角没有局限于一家一人，而是放到了一个国家的层面对待，从上层统治者到中层的将相，再到基层的百姓，说明非“勤奋”不能致富，非“勤奋”不能成事，“勤”字的利害昭然若揭，似黄钟大吕震耳欲聩。

（五）引用《仲长子》《谯子》反复说明勤惰的不同结果

“天为之时，而我不农，谷亦不可得而取之。青春至焉，时雨降焉，始之耕田，终之簠、簋，惰者釜之，勤者钟之。矧夫不为，而尚乎食也哉?”（《仲长子》）大自然为我们安排了四季天时，而我们如果不勤于劳作，就得不到粮食。春天到了雨也降了，就应该及时播种，从耕种到饭菜上桌，懒惰的人一亩地只能收到六斗四升（釜），勤劳的人一亩地能收到六石四斗（钟）（按《左传·昭公三年》：齐旧四量：豆、区、釜、钟。四升为豆，各自其四，以登于釜，釜十则钟。）如果不是勤劳，还妄想有得吃吗?“朝发而夕异宿，勤则菜盈倾筐。且苟无羽毛，不织不衣；不能茹草饮水，不耕不食。安可以不自力哉?”（《谯子》）早晨一起出发，晚上却会住宿到不同的地方，勤劳的人会收获满筐的蔬菜。人们如果不纺织就没有衣服穿，不务耕就没有粮食吃。怎么可以不下力用功呢?

天行健，君子以自强不息；地势坤，君子以厚德载物。贾思勰的引用，无非在进一步强调勤奋之重要，懒惰之垢弊。“矧夫不为，而尚乎食也哉?”“安可以不自力哉?”成为贾思勰发自内心地恸然呐喊，用“勤”劝勉世人的呼吁。

（六）引用谚语并列举孔子王丹的故事申明勤奋观

禹、汤是上古时期的贤明之君，他们的智慧非同一般。贾思勰在序中引用谚语“智如禹、汤，不如尝更”，说明即使有禹、汤的智慧，也不如勤耕作的观点。樊迟就曾向孔子请教稼穑（稼为种，穑为收，稼穑代指农业生产）之事，孔子说“吾不如老农。”贾思勰凭借孔子的这句话申明了自己的观点“然则圣贤之智，犹有所未达，而况乎凡庸者乎?”连圣人这样的智慧都有不能到达之处，何况平庸的人呢?因此，只有勤奋学习才能达到，这就是平常我们所说的“勤能补拙”。

“每岁时农收后，察其强力收多者，辄历载酒肴，从而劳之，便于田头树下，饮食劝勉之，因留其余肴而去；其惰懒者，独不见劳，各自耻不能致丹，其后无不力田者，聚落以致殷富。”南朝刘宋时期的历史学家范晔编撰的，记载东汉历史的纪传体史书《后汉书》记载，东汉时王丹在每年庄稼收获后，就带着酒肉到那些勤劳而收获多的人那儿，邀请他们到田间树下一块庆祝表示慰劳之意，吃不了的肉没喝完的酒就送给这些勤于劳作的人。而那些懒惰的人以得不到王丹的慰劳为耻辱，以后都变得勤劳了。贾思勰援引王丹的故事进一步表明，勤劳的人应该得到尊重和奖励，反之则应受到嗤笑和惩罚的“勤奋”观，以及通过勤劳致富的思想主张。

（七）引用《仲长子》强调“勤”应纳入督课之责

“丛林之下，为仓庾之坻；鱼鳖之堀，为耕稼之场者”茂盛的丛林之地也能使收获的粮食堆高如丘；在鱼鳖生存的洼地也能耕种庄稼。贾思勰认为，勤劳可以改变现状，这都是勤于劳作的结果。至于那些“稼穑不修，桑果不茂，畜产不肥”“杝落不完，垣墙不牢，扫除不净”者，贾思勰认为，“鞭之”“笞之”用鞭子打他抽他们都行，虽然有残酷的嫌疑，但从另外一个角度讲，贾思勰主张以勤督课的迫切之情也流露无遗。“且天子亲耕，皇后亲蚕，况夫田父而怀窳惰乎？”况且皇帝皇后都会以身示范去亲耕亲蚕，种田的老百姓怎么能懒惰呢？由此可见，贾思勰对勤于劳作的主张之坚定，态度之坚决。

为便于更直观地理解《齐民要术》中体现出来的勤劳思想精神，现对贾思勰在书中引用的文字作用列表格析理如表9-1。

表9-1 《齐民要术·序》中关于“勤劳思想”的引文作用分析表

引文出处	引文内容	引文作用
论语	四体不勤，……孰为夫子？	表明作者态度
左传	民生在勤，勤则不匮	明确勤劳致富的思想主张
古语	力能胜贫，谨能胜祸	
汉书	李悝为魏文侯……倾夺邻国而雄诸侯。	强化勤政可富国强国的道理
淮南子	自天子以下……未之闻也。 故田者不强……功烈不成。	强调勤劳的利害关系
仲长子	天为之时，……而尚乎食也哉？	说明勤劳和懒惰的不同结果
谯子	朝发而夕异宿……安可以不自力哉？	
谚语	智如禹、汤，不如尝更	强化勤劳致富的勤劳观
论语	樊迟向孔子请教稼穑之事	
后汉书	东汉时王丹的故事	勤劳是光荣的，懒惰是可耻的
仲长子	丛林之下，……为耕稼之场者	勤劳可以改变现状

资料来源：本书作者根据《齐民要术》整理

二、节俭精神在《齐民要术·序》中的体现

节俭什么？怎么节俭？节俭的意义何在？贾思勰在《齐民要术·序》中也

引用了大量典籍和史实资料作了分析强调，并结合自己的认识作了深入地论述，从中也可以发现贾思勰是极力提倡节俭精神的。

（一）引用《三国志》史料，强调细节节俭

西晋史学家陈寿所著的《三国志》中记载，皇甫隆任敦煌太守时，除了“教作耧犁”，还发现“妇女作裙，挛缩如羊肠，用布一匹。”于是“隆又禁改之，所省复不赀。”妇女做的裙子折折皱皱，用布非常多，可以节俭，这虽然是件小事，但意义重大。因为在物质生活还比较贫乏的当时，节省下的布匹还可以去做其他的事情，所以善虽小，积之也能成事。通过这样的引用表达，我们可以看出贾思勰的节俭意识可谓细致到了生活中的点滴细节。如果联系一下当今社会纸醉金迷、铺张浪费的现象，不让我们感到汗颜吗？不使我们对贾思勰的这种节俭精神产生敬佩吗？

（二）援引西汉龚遂、黄霸的故事，突出节俭实践

《汉书》又称《前汉书》，是由我国东汉时期的历史学家班固编撰的，是中国第一部纪传体断代史。其中有记载，西汉颍川太守黄霸、渤海太守龚遂在当世有“良吏”之誉，黄霸提倡“及务耕桑，节用，殖财”，勤于耕种植桑，节约用度，增加财富。龚遂则是让那些喜欢佩戴刀剑的老百姓“使卖剑买牛，卖刀买犊”，让人们卖掉刀剑买牛买犊，因为在龚遂眼里老百姓是把能买牛买牛犊办正事的钱浪费在了玩乐上，所以反问“何为带牛佩犊？”为什么要把牛或牛犊佩戴在身上呢？节省不必要的花费，把资金用在该用的地方，发挥资金应有的积极作用，这也是贾思勰倡导的节俭内容之一。贾思勰援引黄霸、龚遂任职时的具体做法，突出强调了节俭重在实际行动。

（三）援引西汉召信臣的做法，反对奢靡浪费

南阳太守召信臣稍后于龚遂，曾任零陵、南阳、河南三郡太守。贾思勰认为召信臣是个好官，因为召信臣“好为民兴利，务在富之。”喜欢为老百姓带来利益，目的在于让老百姓富起来。同时他还“禁止嫁娶送终奢靡，务出于俭约。”禁止老百姓婚丧嫁娶铺张浪费，必须俭省节约。可以说这是贾思勰的借事说事，更是作者旗帜鲜明地反对奢靡浪费，提倡勤俭节约思想的具体表达。

（四）胸怀大局，力倡节俭风气

贾思勰还援引《尚书》中“稼穑之艰难”，说明“一粥一饭来之不易，半丝半缕物力维艰”的道理，引用《孝经》“谨身节用”劝勉人们要谨慎行事节约用度，引用汉文帝“朕为天下守财矣，安敢妄用哉！”用历史明君的话来警示臣民节约，又引用孔子“居家理，治可移于官”，更进一步地说明，一个家庭的做法虽然小，但是如果普天下的人家把各自相同或相近的做法汇聚在一起，就形成了一个国家的风气。而推行勤俭节约由小家到国家，道理是一样的，都不应该有所

偏重和废弃。因此，贾思勰的思想基点绝非仅在一家一户，而是在一国范围内的普天之下，是对整个社会风气的一种全局性思考，表 9–2。

表 9–2 《齐民要术 · 序》中“节俭思想”的引文、史料作用分析表

引文出处	引文内容	引文作用
三国志	敦煌“妇女作裙，挛缩如羊肠，用布一匹。”“隆又禁改之，所省复不赀。”	体现细节节俭
汉书	黄霸提倡“及务耕桑，节用，殖财”，渤海太守龚遂“使卖剑买牛，卖刀买犊”	强调重在节俭的实际行动
汉书	召信臣“禁止嫁娶送终奢靡，务出于俭约。”	反对奢靡浪费
尚书	稼穑之艰难	
孝经	谨身节用	胸怀大局
汉书	汉文帝“朕为天下守财矣，安敢妄用哉！”	倡导节俭风气
论语	孔子“居家理，治可移于官。”	
管子	桀有天下，而用不足；汤有七十二里，而用有余	进一步明确节俭道理

资料来源：本书作者根据《齐民要术》整理

（五）直抒胸臆，强烈痛斥奢靡风气

贾思勰生活的时代是一个政局动荡，社会奢靡风气盛行的北魏末期。据《魏书》记载，胡太后专擅政权后骄奢淫逸，当时的皇族权臣高阳王元雍富可敌国，有庞大的房舍、花园和猎场，奴仆 6 000人，婢女 500 人，但他还嫌不够多；河间王元琛家的马槽都是银铸的，门窗镶玉凤金龙，酒器是水晶的、酒壶是玛瑙的，但他还不满足，于是两人竟展开了滑稽的斗富。这种极不正常的社会现象给贾思勰以沉重的打击和深深的忧虑，籍于安民、富民、教民的理想抱负，贾思勰在反思中大声痛陈“夫财货之生，既艰难矣，用之又无节；凡人之性，好懒惰矣，率之又不笃；加以政令失所，水旱为灾，一谷不登，胔腐相继”增加财富本来就不容易，使用起来又不加节制；人的本性是偏于懒惰的，组织引导再不得力；加之政令不当，发生水旱灾害，作物歉收，死去的人接二连三，实在让人痛心疾首。贾思勰认为，“古今同患，所不能止也，嗟乎！”这是自古至今不能根绝的灾难，实在是可悲！

贾思勰通过总结分析，认为造成浪费的主要原因是，社会上存在“饥者有过甚之愿，渴者有兼量之情。既饱而后轻食，既暖而后轻衣。”的陋习，就是人们因为温饱解决了就不再珍惜粮食，穿暖和了后就不再珍惜衣物，这其中的深意很明显，就是不珍惜不节俭。他还进一步分析了奢靡浪费的根源，“或由年谷丰穰，而忽于蓄积；或由布帛优赡，而轻于施与：穷窘之来，所由有渐。”收成好了不再注意细小的储蓄，布帛多了就轻率地乱支配，实际上就是奢侈浪费，时间长了贫困窘迫就在所难免。这一观点就是拿到今天，也是非常值得重视的。

贾思勰还对《管子》中“桀有天下，而用不足；汤有七十二里，而用有余”的原因进行了分析，他认为“盖言用之以节”是因为汤用度有节制的原因。贾思勰把历史当作一面镜子，又联系当时的社会现实，教训是深刻的，道理也更加清楚明白，他所持有的“节俭”观点也得到了进一步的强化。

从贾思勰强烈的痛斥和冷静的反思中，我们也能够更加清晰地看到了他身上所持有的反对奢靡，提倡节俭的可贵精神。

第二节 《齐民要术》农学文化思想中的朴素精神

勤俭与朴素含义相近甚至交叉相融，通过《齐民要术》作者的自序，我们也能清晰地感受到贾思勰朴素的思想和情怀。

一、反对社会上“用之又无节”的奢靡风气

见“节俭精神在《齐民要术・序》中的体现”条所述，不另赘言。

二、反对“浮伪”不实

（一）重农本之实，轻商贾之虚

贾思勰在谈到作品的写作体例时，写到“舍本逐末，贤哲所非，日富岁贫，饥寒之渐，故商贾之事，阙而不录。”对那些舍本逐末、投机钻营的商贾之事，他宁缺不记。由此可以看出贾思勰对“舍本”（指农本）之“末业”（指单纯的“坐商行贾”不劳而获）是不提倡的。

通过研读《齐民要术》的文本可以知道，贾思勰并不是对“商贾之事，阙而不录”，事实上作者在书中多处论述了商贾之利。缪启愉先生认为贾思勰所说的“商贾”与司马迁《史记・货殖列传》中的“货殖”相同，都是基于农业生产基础上的自产自销式获利经营，与单纯“行商坐贾”的“末业”逐利不同，“行商坐贾”指的是脱离实际生产，专门以贩卖别人的产品为生的人，他们一天可能暴富，也可能是终年贫穷，随时都有破产的可能，因而与《齐民要术》序中所说的“商贾之事，阙而不录”是一致的。郭文韬等则认为，贾思勰所说的其实就是贾思勰思想中的求利思想，与序中他自己所说是相悖的。学术上的争论和思想交锋是很正常的现象，至于谁对谁错也并不十分重要，重要的是怎么透过现象看清本质，真正把握贾思勰在《齐民要术》里面表达出来的现实观点，以及这一观点的价值和意义。

贾思勰在《齐民要术》卷七《货殖第六十二》中引录《汉书・货殖传》“谚

曰：‘以贫求富，农不如工，工不如商，刺绣文不如倚市门。此言末业，贫者之资也。”可以看出贾思勰的着眼点是落在“末业，贫者之资”上面，他认为商业是以生产为基础的生财之道，是贫穷的人得以生存致富的凭借。也就是说，他反对的只是那些“舍本逐末”“坐而待收”的，正如司马迁所说的“末富、奸富”之类的人罢了。

（二）证据不足不妄写

贾思勰在序末中还谈及：“其有五谷、果、蓏非中国所殖者，存其名目而已；种莳之法，盖无闻焉。”说明作者对那些自己不熟悉的，缺乏参考资料的，没听说过具体种植之法的，书中只是保留了它们的名目，并没有妄加杜撰以求其完美无瑕而取宠于世人。纵观《齐民要术》全书，我们可以发现，正像贾思勰所说的那样，他说的和做的完全一致。从中，我们也可以看到贾思勰表里如一、朴实无华的思想端倪。

（三）“花草之流”华而不实“不足存”

贾思勰在序中还谈到“花草之流，可以悦目，徒有春花，而无秋实，匹诸浮伪，盖不足存。”对那些只能供人观赏的花草一类的植物，贾思勰认为只开花不结果，浮华虚伪不值得记录，表明贾思勰是清醒而又现实的，他与当时的朽败时尚是完全持相反态度的。细心阅读《齐民要术》后，我们完全可以肯定地说，书中对“花草之流”确无记载，贾思勰说到也做到了。

历史事实是，从贾思勰以后，许多综合性农书也都自觉地遵循了贾思勰的这一创作原则，不将“花草之流”入书。据有关学者考证，直到宋朝末年、元朝的时候，才有人打破了这一戒规，把花卉栽培技术收录进了农书里，应该说，这与贾思勰“匹诸浮伪，盖不足存”的原则做法有着必然联系。虽然贾思勰的这一原则影响了后世农书的创作，使中国花卉栽培技艺形成了几百年的断层，但是，我们却从贾思勰的创作原则看到了他的坚定和朴素，正所谓“失之东隅，收之桑榆”。

（四）行文“不尚浮辞”

中国南北朝时期，受魏晋清谈之风和玄学思想的影响，文字崇尚华丽典雅，特别在长江之南的刘宋南朝，写文章讲究格律、辞藻和用典，内容多脱离实际生活。而贾思勰在序末说“鄙意晓示家童，未敢闻之有识，故丁宁周至，言提其耳，每事指斥，不尚浮辞。”意思是说，我的本意是将这些经验传授给我的家客，不敢在有学问的人面前卖弄，所以书中介绍说明具体详尽，就像在他们耳边细心叮嘱，每种方法的介绍直截了当，不追求华美的辞藻。细研《齐民要术》可以发现，贾思勰在书中大量地使用了当时民间的一些方言土语，这在当时奢华之风盛行的社会风气之下，贾思勰能够坚持“每事指斥，不尚浮辞”的创作原则和行文标准，确实难能可贵，也更加突显了作者的朴素精神。

第三节 《齐民要术》农学文化思想勤俭朴素精神价值

勤俭朴素是一种理智、高尚的生活观，也是中华民族优秀的传统美德之一。勤者勤劳之谓，俭者俭朴、节约之理；而朴素即平实无华不虚夸。在《齐民要术》中，我们可以通过作者对勤劳、节俭的支持、肯定和赞扬，著书的态度和文风等，强烈地感受到贾思勰思想中诸如此类的积极元素。可以说，勤劳节俭、平实无华既是贾思勰的思想主张，也是他的生活准则；既是他的创作宗旨，更是农圣文化中鲜活的精神瑰宝，图 9–2。

图 9–2 52 集动画片《农圣贾思勰》图

勤俭朴素精神是中华民族优秀传统文化中宝贵的精神财富，“历览前贤国与家，成由勤俭败由奢。”（唐 · 李商隐《咏史》）历史的教训令人沉痛，社会发展的现实更应让人审慎。农圣文化中体现出来的勤俭朴素精神，虽然是在北魏时期社会现状的影响下产生的，但这种精神绝不仅仅适合于战乱频仍、社会动荡的时代，它在和平时期同样也是非常重要，也是非常需要的一种优秀思想文化。纵观古今中外的发展历史，勤俭朴素精神于国于家于社会于个人的发展都有着重要影响，都应当传承和发扬光大。

在经济高速发展，社会储备不断充实，生活条件和质量不断提升的现代，是不是就可以不要勤俭朴素精神了呢？回答是否定的。事实是越是经济发展好，越是物质条件和社会条件优越，勤俭朴素的精神就越应该提倡。原因是“穷窘之来，所由有渐。”积沙成丘，集腋成裘，穷困的产生，是长期以来慢慢形成的，并且往往是在人们一点一滴的不经意间造成的，就像是“温水煮青蛙”。这正如贾思勰在《齐民要术》中振聋发聩的呼吁一样：“夫财货之生，既艰难矣，用之又无节。”“古今同患，所不能止也，嗟乎”。事实上，在当下的中国，由中共中央出台的改进作风、密切联系群众的“八项规定”，就是发扬勤俭朴素精神这一优良传统的最好例证，因为只有风清气正的社会风气，才能为经济社会发展提供积极的氛围和环境，也只有继续发扬勤俭朴素的精神，我们才能够在发展中不断积蓄力量，夯实基础，实现真正意义上的国家富强，民族振兴，人民幸福的“中国梦”。

另一方面，透过历史看现实，为官者懒惰老百姓就会跟着懒惰，老百姓懒惰了就会导致家庭经济的贫困。为官者奢侈了老百姓就会愤恨，社会就容易产生腐败，国家因此就会不安定，老百姓一旦奢侈了就会导致家庭的贫困而一事无成。因此，勤俭持家的古训不能丢，朴实无华的本色不能抛弃。时代要前进，社会要发展，国家要强大，家庭要幸福，个人要提高，如果没有勤俭朴素的精神是难以实现的。1 500多年前的古人尚能看清的问题，今天的我们更应该记住“前车之鉴，后事之师”的沉痛教训，勤俭朴素的精神在历史上起到过积极作用，对于今天对于将来也还是完全需要的。

第十章

一丝不苟学而不厌的严谨治学精神

农圣贾思勰作为一个“人以文传”的历史人物，虽然历史缺乏记载，但通过研读他的传世作品《齐民要术》，我们仍能从其中的字里行间，体会到贾思勰身上所特有的、一种潜在的“文人”气质。其中，以一丝不苟、学而不厌为特色的严谨治学精神，就是作为“文人”的贾思勰所具有的一种典型的精神特质。研究贾思勰的严谨治学精神，是基于文化层次考量贾思勰和《齐民要术》的一个重要课题，也是完善“贾学”研究体系，挖掘农圣文化精华的重要举措，更是我们今天传承、创新和发展《齐民要术》农学文化思想的一个重要内容。

第一节　严谨治学之基——读万卷书

“书籍是人类进步的阶梯”（高尔基语），读书学习是让人类摆脱愚昧，开启智慧的重要途径。书籍也是记录人类发展历史，传承文化之脉的重要工具。而读书，是治学的起步与开端。

一、贾思勰身上具有典型的古代知识分子特点

贾思勰在《齐民要术》卷三《杂说第三十》中，详细记载了《染潢及治书法》即染黄纸和保存书的方法、《雌黄治书法》即用雌黄涂改书籍的方法、《上犊车篷軬及糊屏风，书帙令不生虫法》即用牛车车篷纸糊屏风和浆制书皮不生虫的方法，对如何写书，如何修改书，如何正确使用书，书毁裂后如何补书，以及如何防治书生虫，如何进行晾书，如何谨慎藏书等，各种古代文人的治学活动都

作了详尽阐述。

我们知道，东汉末年的蔡伦发明了造纸术，而一个新生事物的产生在技术要求和制作成本方面要求是比较高的，因此蔡伦的造纸术在很大程度上并没有得到普及，极有可能还是小范围的使用。作为一个地方基层官吏的贾思勰，他所处的北魏时期所谓的书籍还是以竹、木等制成的简为主，纸质书籍是一般人家难以拥有的，自然也是珍贵的。但通过《齐民要术》中的这些记载，我们可以知道贾思勰家的藏书是非常可观的，并且贾思勰对藏书也非常仔细在行。因为只有读书的人才会如此的钟爱和熟悉这些制书、藏书的事，才有可能对这些技术细节写得如此细致而又切中要害。贾思勰把这些内容单独列为一章，进行了详细介绍，也正好验证了他的治学之严谨。

二、贾思勰是勤奋的求知狂人和博学的多面手

读书是读书人的本分，也是学习的必须。阅读《齐民要术》原著我们不难发现，里面关于贾思勰博览群书的资料比比皆是，证据确凿有力。据近代学者考证，《齐民要术》里引用的古代书籍，如果把各家不同注本的同一本书都分别计算，共引用了 164 种；如果各家不同的注本归入同一本书不重复计算，共引用了 157 种。研究这些引用的书籍又可以发现，这些书籍涉及经、史、子、集等中国传统知识领域的各大门类，就其中可以确定书籍本源的情况看：经部 30 种、史部 65 种、子部 41 种、集部 19 种，无书名可考的还有数十种之多，图 10-1。

图 10-1　贾思勰苦读图

资料来源：摘自明天出版社《幼学启蒙丛书——中国古代科学家·贾思勰的故事》

同时，贾思勰的引用非常尊重原作，没有进行肆意的篡改，这就使得这些引用极大限度地保持了原书原貌。我们知道，贾思勰所处的时代书籍还以简牍为

主，雕版印刷术那是隋唐以后的事。在书籍以手抄传承为主的时代，贾思勰能从浩如烟海的古代典籍中撷取如此广泛的经典，已经是非常不容易的了，更让人肃然起敬的是，《齐民要术》中对古代典籍的引用，做到了恰如其分，使引文有力地充实了作品、丰富了作品、支撑了作品，这不仅说明了贾思勰阅读的广泛，还进一步证明了他治学的严谨。很多散佚的古代著作，如《氾胜之书》《四民月令》以及南方的一些植物学等方面的知识等，正是因为《齐民要术》的引用，才保留了原书中的部分内容，让我们得以窥见其一斑。仅从这一点说，也能充分说明贾思勰严谨治学的重大意义。

另一方面，从《齐民要术》涉及的内容看，正如贾思勰所言“起自农耕，终于酰醢，资生之业，靡不毕书”，包括了现在大农业范围之内的农、林、牧、副、渔等各个领域，对精制食盐（造花盐印盐法）、淀粉糖化（作蘖法煮白饧法）、煮胶、提取红蓝花色素、植物性染料用灰汁媒染、利用豆类种子中的“皂素”除污、护肤品的制作（作香泽法）、烹调等的记载，既科学又特别具体，全书涉及内容之广，记载之详尽，可谓包罗万象，字字珠玑。如果不是作过详细的考察，如果没有认真的学习、总结和提炼，是很难写出如此具体可操作的知识经验和做法的，由此不难发现，贾思勰身上可贵的严谨治学精神之光芒。

第二节　严谨治学之路——勤奋学习

知识是在不断创新、积淀、升华中发展的，学习是处事做人的基本方法，一个不读书不学习的人是永远不会进步的。学会学习，在学习中实践，在实践中学习向来是我国传统治学中备受推崇，并且是广泛应用着的科学的治学方法和途径。

一、注重广泛学习和学以致用

贾思勰是生活于中国封建社会的一个知识分子，他身上无疑也具有古代知识分子的特质，但他又不同于传统知识分子的“两耳不闻窗外事，一心只读圣贤书”，他除了注重书本知识的学习之外，还极为重视向生活、向劳动人民学习。贾思勰这种虚心学习、善于学习、积极学习的精神，在《齐民要术》里也很容易找到相关的印证文字。

贾思勰在《齐民要术》自序里坦诚地说明自己创作素材的来源途径是“采捃经传，爰及歌谣，询之老成，验以行事”，意思就是有选择地摘取了古代经典中的相关记载，援引了生活中流行的谚语和民歌，请教咨询了有经验的专家（农民），自己还亲自做过实践验证，图 10-2，图 10-3。据专家考证，除了对古代典籍的大量引用外，《齐民要术》中援引的古代农谚民歌就达 30 多条（首），这些农谚民歌简短实用，通俗易懂，是劳动人民在农业生产实践中总结出来的宝贵经验，是劳动人民智慧的结晶。

图 10-2　贾思勰“询之有成”连环画绘图

资料来源：摘自明天出版社《幼学启蒙丛书——中国古代科学家·贾思勰的故事》

图 10-3　贾思勰自己养羊图

资料来源：摘自明天出版社《幼学启蒙丛书——中国古代科学家·贾思勰的故事》

如卷二《黍穄第四》引用了农谚“穄青喉，黍折头”意思是，穄这种作物，在穗基部和秆相接的地方还没有完全褪色以前收割；黍这一作物，在穗子完全成熟到弯下头来时收割。把我们现在得用很长很累赘的句子才能说明白的事，老百姓只用短短 6 个字就表达得一清二楚了。再如卷二《大小麦第十瞿麦附》引用了民歌“高田种小麦，稴䅟（音 liàn shān 禾穗不饱实的意思）不成穗。男儿在他乡，焉得不憔悴?”意思是说，在高处的田地里种小麦，麦穗长得不饱实，就像男儿远游他乡，因为思念家乡而憔悴不堪的样子，把种在高田里的小麦生长不良的事实表现得既生动又形象，既符合老百姓的表达习惯，容易为老百姓所接受，又把事情交待得清楚明白，实在是经典。

援引经典就需要阅读经典，并且是广泛细心地阅读，甚至做笔记，做考证，记在心里，坚持不懈才能学有所成就，这是古人的治学之道；谚语和民歌是普通老百姓观察、总结的日常生活规律和生产生活中的实践经验，是民间的，是“下里巴人”，在古代社会唯上唯书的情况下，是很难入经入典的，但它受众之广沿习之久却是显而易见的，这说明了谚语和民歌的价值所在。因此，要想正确地使用谚语和民歌，坐在屋里子读死书是不行的，还必须要行走四方，进行类似现在的采风活动，从而进行广泛地搜集，并对搜集到的农谚和民歌作认真地研究取舍，然后再有针对性地加以引用、阐发；请教专家也需要走出家门来到田间地头，才能寻访到那些有经验的农业生产高手，问题是咨询一个两个还不行还不够，还得是咨询若干人，到若干地方，经过这样的甄别、求证、对比，再结合自己的思考和实践，才能做到有的放矢，述而不偏，言而不废。这样的要求和标准不是太苛刻，而是现实的需要，也是治学的根本，但对封建社会的读书人来说是很难做到的，而贾思勰却做到了，这不能不说明贾思勰对学习的重视和勤奋，也实在是值得我们学习的。

另外，在《齐民要术》卷一《种谷第三》贾思勰辑录了粟的97个品种，据专家考证，这其中有11个品种是转自于前人的记载，而86个品种却是贾思勰在“询之老成”、或者亲自观察、总结、研究的基础上自己搜集来后补充进去的。同时，贾思勰还对北魏当时对粟的不同品种的命名方法“多以人姓字为名目”，“亦有观形立名，亦有会义为称”，以及根据味美味恶、是否易舂、早熟晚熟等作了总结记录，如“朱谷、高居黄、刘猪獬、道愍黄、聒谷黄、雀懊黄、续命黄、百日粮，有起妇黄、辱稻粮、奴子黄、䅋支谷、焦金黄、鵮履苍——一名麦争场：此十四种，早熟，耐旱，熟早免虫。聒谷黄、辱稻粮二种，味美。……此二十四种，穗皆有毛，耐风，免雀暴；……一种易舂；……此三十八种中……二种味美……三种味恶……二种易舂……此十种晚熟，耐水；有虫灾则尽矣。”等，不但翔实而且具体，具有非常高的史料价值和应用价值。对这些记录，贾思勰作注说只是“聊复载之云耳”，现在的农业技术专家却认为，贾思勰所归纳的作物品种名称和命名原则，具有很高的科学水准和参考价值，为今后的作物命名提供了鲜活的借鉴。

从以上方面看，贾思勰的读书做学问绝不是闭门造车故弄玄虚，更不是读死书或做文字游戏，他的做法实际上已经完全超越了传统文人的治学常规，拿到今天都是值得学习和重视的。

二、注重实地考察和研究总结

读万卷书，行万里路。这是古人对治学的一种最高标准和要求，而贾思勰完全做到了这一点。通过《齐民要术》记载的文字，我们可以推测作者大概的行经之地，从而可以进一步体会作者的严谨治学精神。除了作者的生长和归田所在地齐郡益都（今山东寿光）以及其任太守所在地高阳郡外，《齐民要术》卷三《种蒜第十九》记有："今并州无大蒜，朝歌取种"，"并州豌豆，度井陉已东，山东谷子，入壶关、上党，苗而无实"，"皆余所亲见，非信传疑"等文字，表明贾思勰亲历之地已涉及并州（今山西太原一带）、朝歌（今河南汤阴附近）、壶关（今山西壶关）、上党（今山西长治）、井陉（今河北井陉）等许多地方。

除了这些，我们从其他卷篇也可找到贾思勰足迹所到之处的一些线索，如北魏前期的首都代（大同及其附近）、济州（山东茌平及其附近）、西安、广饶（当时齐郡所辖区域）、西兖州（山东定陶及其附近）、渔阳（河北密云一带）、陕西境的茂陵等地。可以说，贾思勰的行踪基本遍及了北魏拓跋氏所辖的江淮以北疆域。在古代自然环境恶劣，物质条件匮乏，交通不便，又加之社会不安定的情况下，要想做到这些其难度是可想而知的，但贾思勰却都做到了。如此广泛的行经和考察学习，现实生活中丰富的资源和知识，都成为贾思勰创作《齐民要术》的最好素材。如果没有严谨勤奋的治学精神，没有认真和吃苦的毅力是完全不可能的。

第三节　严谨治学之法——一丝不苟著书立说

学有所思所得者便记录之，学有所见所成者便著之说，这是历来中国学者的治学之道，也是文化传承创新的基本规律。贾思勰在广泛阅读、访问、实地考察、躬耕实践的基础上，已准备了所有写作的基础材料，走到了著书立说的治学之巅。

一、著书立说体例规范，科学严谨

贾思勰写作《齐民要术》"每事指斥，不尚浮辞"，全书 1~6 卷讲的是种植业和养殖业，是主要的；7~9 卷讲的是农副产品加工的副业生产和保藏，是次要的；第 10 卷讲的是南方植物资源，因为"种莳之法，盖无闻焉"，又因"非中国所殖者"，所以"存其名目而已"。可以看出，全书是从先解决吃的问题，满足人的生存的基本需要落笔，然后再到蔬菜、果木等种植，畜类、鱼类的养殖，再到家庭事业的经营等等，来不断丰富人们的生活和提高生活质量进行结构安排，完全是人们在现实生活中的基本程序和环节，体现了贾思勰在创作中由主到次、由重到轻的构思理念，这样的安排，无疑是经过了贾思勰深思熟虑的梳理后形成的体系。

而且，贾思勰行文基本是按照解题、正文、引文的体例进行的，结构安排有条不紊，主次处理各有所重，叙述详略得当，简单明了，图 10-4。解题部分在每篇之首，一般用小字注释的形式出现，大多是先征引前人文献，然后再加上作者的按语，其内容又论及作物名称的辨误正名、历史记载、品种及地方名产，兼及形态性状等。正文部分是每篇的主体和精髓，也是作者对调查访问和观察实践所得第一手资料的总结。

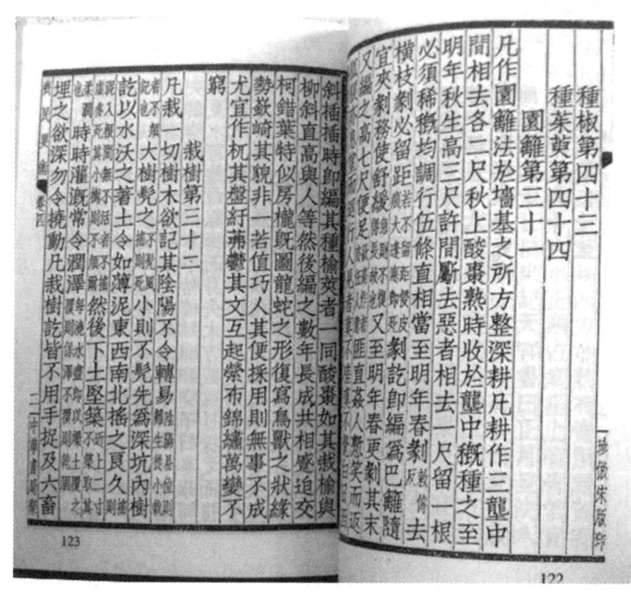

種椒第四十三
種茱萸第四十四
園籬第三十一
凡作園籬法於墻基之所方整深耕凡耕作三壟中
間相去各二尺秋上酸棗熟時收於壟中穊種之至
明年秋生高三尺許間斸去惡者相去一尺留一根
必須稀穊均調行伍條直相當至明年春剝去
橫枝剝必留距剝訖即編為巴籬隨
宜夾剝務使舒緩又至明年春更剝其末
又編之高七尺便足匪直姦人慙笑而返
122

斜插插時即編其種榆莢者一同酸棗如其栽榆與
柳斜直高與人等然後編之數年長成共相蹙迫交
柯錯葉特似房櫳既圖龍蛇之形復寫鳥獸之狀緣
勢嶔崎其貌非一若值巧人其便採用則無事不成
尤宜作机其盤紆茀鬱其文互起縈布錦繡萬變不
窮
栽樹第三十二
凡栽一切樹木欲記其陰陽不令轉易
大樹髡之小則不髡先為深坑內樹
訖以水沃之著土令如薄泥東西南北搖之良久
然後下土堅築
時時灌溉常令潤澤
埋之欲深勿令撓動凡栽樹訖皆不用手捉及六畜
123

图 10-4　《齐民要术》行文体例书样

对于篇目中没有写进去的知识内容，作者又另立“杂说”一章进行了补录，全书体例更加完整，内容也更加全面具体，治学严谨如此，在古代学者中是鲜有的，也难怪后世学者特别是农学领域，如影响较大的元代的王祯、明朝的徐光启等，都无一例外地遵循了贾思勰的著书体例，足以可见贾思勰严谨治学作风对后世影响之大。

二、著书立说引经据典，别出心裁

在古代中国，注（解释古书原文意义）、疏（解释前人注文的意义）、传（解释经文的著作）、纬（指中国汉代以神学迷信附会儒家经义的书）、训诂（对古书字句作的解释）等学问，是传统知识分子治学的基本功和基本途径，在注疏中不断掺杂进自己的见解、嵌入新的思想，形成新的理论观点，成为中国传统文化得以不断传承发展的重要模式。贾思勰创作《齐民要术》也沿袭了这一传统，他自己的说法就是“采捃经传”，从书中可以看到作者大量引用了先秦、两汉魏晋以及同时代的经典文献资料，图 10-5。

图 10-5 贾思勰著书

资料来源：摘自明天出版社《幼学启蒙丛书——中国古代科学家·贾思勰的故事》

就篇幅而言，全书共 118 000字，正文 7 万多字，仅注释性的文字就达 4 万多字，正文中引用的文献内容差不多占到全书的一半。贾思勰在征引古文献资料时，采取了严肃、认真、负责的态度，绝不任意删改剪裁，一般都较好地保持了原书的模样，因而给其他经书之类的校勘也提供了很好的考证资料。清代重要学派——“乾嘉学派”的朴学家们就曾利用《齐民要术》中的引文来考订其他文献，又有不少新的发现。贾思勰如此详细征引前人的著述，又在字里行间加入自己的注释、见解，而且作者发表个人见解的注释往往观点新颖，独有建树，对后世影响极大，反映出的正是古人治学的一贯方式，也更可见贾思勰治学严谨的精神。

第四节 《齐民要术》农学文化思想严谨治学精神价值

严谨治学是自古至今中外概莫能外的、做学问者共有的一种精神特质，尤其在古代社会经济条件贫乏、学习工具简陋、学习资源有限、学习途径单一的情况下，严谨治学作为一种传承文化、涵养思想、塑造精神的重要方法和途径，就显得尤为重要。我国历史上的北魏孝文帝以后时期，政治上腐败黑暗，社会动荡不安，战乱频仍，经济凋敝，农业生产受到极大的破坏，百姓生活穷困潦倒。在这样的时代背景下，作为一个守土有责的地方官吏，贾思勰有着切身的体会，感受到了问题的严重性，并对此抱有深深的忧虑。

同时，作为一个有正义、有良知、有理想的古代“知识分子”，贾思勰又以中国文人一贯的传统方式，把自己的理想抱负付诸于治学著书，从他所著的《齐民要术》便可清晰地感受到贾思勰执著坚定的态度，而这种态度就是中国文人一直推崇的严谨治学精神。严谨治学精神作为农圣文化的重要组成部分，从《齐民要术》所传达出来的信息看，主要体现在贾思勰的博览群书、全书严密科学的体系架构、一丝不苟的注评，以及注重学习提高的人文自觉等方面。

我国自古就有“读万卷书，行万里路”“书中自有千钟粟，书中自有黄金屋，书中自有颜如玉”的劝勉格言，剔除功利主义的思想，其中的要义不外是说读书的重要性，劝勉人们通过读书治学求得发展，跳进“龙门”，实现“修身、齐家、治国、平天下”的理想抱负。在文化以快餐式、碎片化形式传播的现代信息社会，虽然传统的学习方式受到严重的冲击，人们的学习有不断偏离正规、知识学习被严重地功利化的危险，但学习仍然是不可缺少的，而一丝不苟的学而不厌的严谨治学也更显得尤为重要和突出。

从国家、民族和事业等大的方面讲，如果没有严谨治学的精神，社会风气就容易流于浮躁，发展就缺少坚实的基础和持续的内动力，具体到中国来说，“两弹”就很难开花，玉兔也难于步月摩星……从一个人自身求学获取知识的角度讲，读书治学也是提高和完善自身素养的重要途径。一个人不读书，其素养就很难提高，其才学就有很大局限。一个素养不高，学识不深的人，他说的话、做的事一定是苍白而缺乏影响力的，他的发展也不会左右逢源一路坦途。

在知识改变命运的当下，对于国家、社会以及每个人的发展来说，读书治学仍然至关重要，对于青年大学生来说尤为突出和重要。受一些客观因素的影响，读书虽然不一定能完全实现个人的价值追求和理想抱负，但，如果没有了这种严谨的治学精神，缺乏甘于寂寞和“板凳要坐十年冷”的执着，就极易落入追逐名利、徒慕虚荣的俗窠，要想实现个人梦想，也只能是天方夜谭、一厢情愿的事，这不能不引起我们的重视。

第十一章

尊重规律敢于质疑的实事求是精神

“实事求是”一词最早出现在史书上，是东汉班固著的《汉书》，其中有一篇“河间献王刘德传”，说河间献王刘德“修学好古，实事求是”，讲的是刘德考证古书时求其本真的治学态度和方法。今天常说的“实事求是”已成为哲学领域的一个命题，被赋予了科学地认知规律，客观地认识世界、改造世界的辩证法和方法论。以尊重规律、敢于质疑为特色的实事求是精神作为《齐民要术》农学文化思想的一部分，反映了贾思勰在总结客观规律，认知世界的过程中所持有的一种科学态度，是农圣文化中依然具有强劲生命力的活思想，其价值和意义不言而喻。

第一节　尊重客观规律，宜时宜地宜法进行农事活动

一、针对自然规律特点提出合理的耕种办法

在古代社会，受科学技术发展水平的影响，人们大多把希望寄托于虚无缥缈的神明，生活中普遍存在着泛神论的现象，因此靠天吃饭成了古代社会农业生产活动的基本特点。但贾思勰通过对气候、地理条件的长期观察和总结研究，认识到和发现了其中的一些自然规律，并提出了要尊重自然界的客观规律，进行科学耕种的正确观点，这在当时无疑是十分可贵的，就是在今天也是值得学习的。《齐民要术》卷一《耕田第一》中，在写到耕田方法时，贾思勰针对我国北方特别是黄河流域的气候特点，在书中作小注说“春既多风，若不

寻劳，地必虚燥。秋田塌实，湿劳令地硬。”意思是说，北方春天风多，耕了地如果不马上耢平（把土地整平），土地一定会干燥。秋天下雨季节田土塌实，湿土耢地会使泥土发硬，不利于作物生长。这是贾思勰在“爰及歌谣”——“耕而不劳，不如作暴”（耕了地而不马上整平，等于瞎胡闹）的基础上，加入了自己对自然现象的观察和总结研究，是对自然客观规律的一种实事求是的反映。

在卷一《种谷第三》中，贾思勰针对北方气候春冷干燥、夏热雨多的特点，提出了顺应气候特点进行合理耕种的主张，并用小字体在书中作注释表明了自己的观点：“春气冷，生迟不曳挞则根虚，虽生辄死。夏气热而生速，曳挞遇雨必坚垎。其春泽多者，或亦不须挞；必欲挞者，宜须待白背，湿挞令地坚硬故也。”意思是说，春季天气还比较冷，种子发芽生长缓慢，不用挞（一种农具，这种农具在20世纪的中国农村还有使用的）拖压，种子生出的根就是虚浮的，即使发了芽，不久就会死去。夏季天气热，种子生长迅速，若用挞拖压，遇到下雨地就会板结。那些春天多雨水的地方，也可不必用挞拖压；一定要用挞拖压的话，也应该等到地质发白时才行，因为湿地拖挞会使土地坚硬板结，图11-1。记载既具体又全面，分析既科学又符合客观规律和实际。

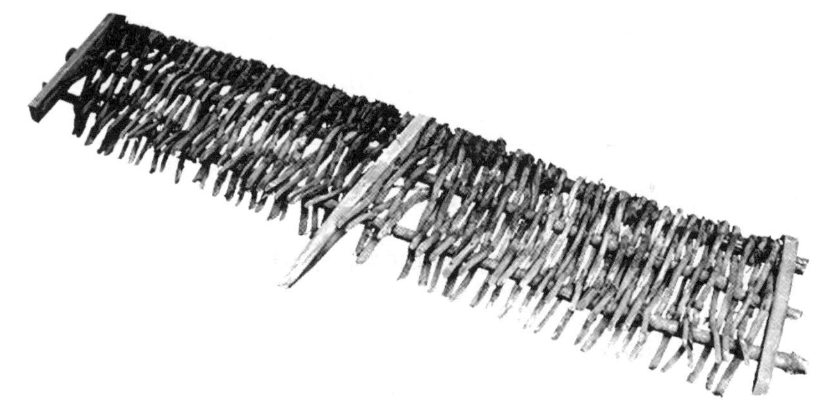

图11-1　中国古代中耕农具——耱（挞类似于这种农具）

同时，贾思勰还根据自然规律的特点，通过自己的不断观察，总结出了不同农作物种植的最佳时机（表11-1），不同作物生长需要的不同品质的田地（表11-2），同一作物不同土质的土地需用的种子分量不同（表11-3），以及同一作物不同时机下种的分量不同等方面的经验（表11-4），分为了“上、中、下”三个层次，非常具有科学参考价值。石声汉教授曾作过统计，为方便参照现引用如下。

表 11-1 《齐民要术》中关于农作物种植的最佳时机略表

操作种类	上 时	中 时	下 时
种谷子	二月上旬，“及麻菩杨生”	三月上旬，及清明节，桃始花。	四月上旬，“及枣叶生，桑花落”。
种黍子稞子	三月上旬	四月上旬	五月上旬
种春大豆	二月中旬	三月上旬	四月上旬
种小豆	夏至后十日	初伏	中伏
种麻	夏至前十日	夏至	夏至后十日
种麻子	三月	四月	五月初
种大麦	八月中戊；社前	下戊前	八月末九月初
种小麦	八月上戊；社前	中戊前	下戊前
种旱稻	二月半	三月	四月初及半
种胡麻	二三月	四月上旬	五月上旬
种瓜	二月上旬	三月上旬	四月上旬
栽树（移树）	正月	二月	三月
劚桑	十二月	正月	二月
种地黄	三月上旬	中旬	下旬
留羔羊作种	腊月正月生的	十一月、二月生的	—
作酱	十二月正月	二月	三月
作豉	四月五月	七月廿日至八月	—

资料来源：摘自石声汉《从〈齐民要术〉看中国古代的农业科学知识——整理〈齐民要术〉的初步总结》，以下三表同，不另标注

表 11-2 种植不同作物需用不同的田质统计略表

作物种类	上等田地	中等田地	下等田地
谷子	绿豆小豆底	麻黍胡麻底	芜菁大豆底
黍子稞子	新开荒	大豆底	谷底
瓜（收子用）	良田小豆底	黍底	

表 11-3 同一作物不同土质需用的种子分量略表

作物种类	良地每亩升数	薄地每亩升数
谷子	5	3
麻	3	2
葱	5	4

表 11-4　同一作物不同时机的下种分量略表

作物种类	上时（每亩升）	中时	下时
大豆	8	10	12
小豆	8	10	12
大麦（掷）	2.5	3	3.5~4.0
小麦（掷）	1.5	2	2.5

此外，贾思勰还对天象进行了长期的科学观察，并根据天象运行规律提出了“有闰之岁，节气近后，宜晚田”的主张，还引用谚语“以时及泽，为上策”（根据时间和雨水情况适时进行农业操作，是最好的）来说明从事农事活动必须适应于自然规律的重要性，同时还引用了《汜胜之书》《孟子》等大量古书文字，说明了“春生、夏长、秋收、冬藏，四时不可易也”的科学道理。在全书中，这样的例子和记载不胜枚举，在此不一一列举。可以说，这既是贾思勰尊重客观规律的具体体现，又是他观察自然现象，总结自然规律，充分根据自然规律特点指导农业生产、从事农业活动的真实反映。

二、针对客观的土壤条件提出不同种植标准

土地的肥沃与贫瘠是一种客观存在，就像大地之上有山有水有平原也有沙漠等不同地貌一样，如何根据土地的不同特点，进行适宜的庄稼种植，这对提高农业产量具有重要影响，也是从事农业生产不得不注意的问题。贾思勰在《齐民要术》卷一《种谷第三》中记有“地势有良薄。（良田宜种晚，簿田宜种早，良田非独宜晚，早亦无害；簿地宜早，晚必不成实也。）山、泽有异宜。（山田种强苗，以避风霜；泽田种弱苗，以求华实也。）”这里面贾思勰作注内容的意思是，好地宜于晚些播种，瘦地必须早播种，好地不但宜于晚播种，种早些没有害处；瘦地必须早播种，种晚了一定没有收成；山田要种好苗，来抵抗山间的风霜，湿地可以种些差点的苗，来保证好的收成。我们可以看出，这是贾思勰根据自然界中土质“良薄”的客观情况，确定种谷最佳时机的描述，也即尊重客观事物充分发挥人的主观能动性，从而获取最大成功的具体表现。

同时，贾思勰还根据山田（土地偏于干燥）和低洼田（土地偏于水湿）的特点，对种植谷苗的特点提出了不同要求，也就是具体问题具体分析，从而确定怎么做才能做到有的放矢，提高作物产量满足百姓的生活需要。这些记载都是贾思勰通过自己的实践，实事求是地根据土地的客观情况作出的不同判断，是尊重客观规律的有力佐证，图 11-2、图 11-3。

不仅如此，最为重要的是贾思勰在书中还明确提出了自己的主张：“顺天时，量地利，则用力少而成功多，任情返道，劳而无获”，意思是如果顺应了天时

图 11-2　梯田风光

图 11-3　平原田地风光

(自然规律)，又能根据土地情况进行合理种植的话，那么既节省了人力又能多收获庄稼提高产量。如果是凭主观意志行事而违反自然规律，那么就会徒劳而没有收获。同时贾思勰还用小字作注的方式记录到“入泉伐木，登山求鱼，手必虚；迎风散水，逆坂走丸，其势难。”说明如果违犯客观规律，就像到水里去伐木材，到山上捉鱼一样，只会两手空空；又像迎着风泼水，对着山坡滚泥团，要达到目的是很难的，进一步强调农业生产要遵循而不是违背自然客观规律。

三、根据农作物固有特性确定适宜种植的田地

粟，是古代对谷类作物的统称，也是古代最重要的一种农作物。《齐民要术》中对粟（谷子）的品种搜集资料最多，除了引用郭义恭《广志》所记的11种之外，贾思勰自己还列举了86种，并对这些品种作了品质和性能方面的分析，可谓详之又详。譬如谷子“成熟有早晚，苗秆有高下，收实有多少，质性有强弱，米味有美恶，粒实有息耗。”（《齐民要术》卷一《种谷第三》）的特点，贾思勰针对土地的“良薄”以及山田、泽田等不同情况提出了不同的种植要求，既考虑了谷的特性，又结合了土地的特点，充分尊重了客观规律。

“麻欲得良田，不用故墟”（卷二《种麻第八》）因为在废墟地种麻容易使麻茎叶早死，麻皮不能织布用；而“小麦宜下田”（卷二《大小麦第十瞿麦附》）小麦适宜在下等田种，种瓜宜“良田，小豆底佳；黍底次之”（《种瓜第十四》），种瓜要在好地里种，“前作”是小豆的更好，“前作”是黍子的就差些；并且“多锄则饶子，不锄则无实。（五谷、蔬菜、果蓏之属，皆如此也。）”种好后还要多作中耕锄地，不然果实就不够饱满。

再如，卷四《种枣第三十三》谈到枣树种植时作注提到“枣性硬，故生晚；栽早者，坚垎生迟也。”“地不耕也。如本年芽未出，勿遽删除。谚云：三年不算死。亦有久而复生者。”“枣性坚强，不宜苗稼，是以不耕；荒秽则虫生，所以须净；地坚饶实，故宜践也。”等，意思是说枣树天性强硬，所以叶子生出的晚，移栽早了，土壤坚硬，叶子反而生得迟缓。并且种枣树地不用耕。如果当年种的枣树苗没发芽，先不要急着除掉，因为谚语说得好，枣树苗三年不发芽不算死，也有很长时间后还会发芽的。枣树天性坚硬顽强，不能在树下种其他庄稼，所以不需要耕地；但杂草多了就会生虫害，所以地面要干净，土地坚硬，枣树结果实就多，因而适宜让牲口来践踏。可以看出，贾思勰的观察非常细致，对作物的习性与适宜种植田地特点的掌握非常准确，甚至对促进作物生长的外因也作了精确描述，这种尊重客观规律的严谨作风可以称得上是细致入微。

全书中这样记载作注的地方还有很多，不再赘述。由此，我们不难发现贾思勰对作物生长规律把握之准确，研究之深入，总结之全面。更难能可贵地是在1 500多年前的贾思勰，能够如此自觉而又理性地尊重客观规律，适地适法的指导农业生产的思想和精神，应该说仍然值得我们尊重和学习。

四、根据作物成熟规律适时进行收获

人有生老病死，这是人生的规律；庄稼也有播种、生长、成熟的过程，这是物性也是作物的生长规律。《齐民要术》中对农作物生长规律的认识，体现了贾

思勰对农业生产客观规律的一种尊重，也是他的实事求是精神的充分体现。

在《齐民要术》卷二《黍穄第四》中，贾思勰有"刈穄欲早，刈黍欲晚"的记载，同时引用了谚语"穄青喉，黍折头"来强调说明收割穄要早，收割黍要晚的特点。"穄晚多零落，黍早米不成。"因为穄成熟早，如果割晚了籽实就会自己掉落很多，产量就会受到影响；黍子成熟的晚，如果割早了黍米又会成熟的不好，也会影响产量。所以应该根据它们各自不同的生长期来确定具体的收割时间，这就是贾思勰在《齐民要术》中尊重农作物客观生长规律的最好佐证。

《粱秫第五》中贾思勰记到对于粱秫要"收刈欲晚。（性不零落，早刈损实。）"粱秫的特点是成熟了也不容易落粒，如果收割早了，反而因为成熟不好而影响产量。"大豆第六"中也写到对于大豆要"收刈欲晚。（此不零落，刈早损实。）"同时强调"叶落尽，然后刈。（叶不尽，则难治。）"因为大豆叶子落尽了才容易脱粒，今天农村中种植大豆的也还保留着把收割来的大豆要在场地上晾晒几日，不断地翻挑，等到豆叶落尽后，再用木棍敲打之令大豆脱荚而出的做法。

关于花椒的采摘，《齐民要术》记载则要"候实口开，便速收之"，等到花椒粒开口，就快采摘，如果收晚了就难以采摘。采摘花椒的时候还应该"天晴时摘下，薄布曝之，令一日即干，色赤椒好。"在天气晴朗的时候采摘下来，并放到薄布上晒，让花椒一天就晒干，这样做花椒的品质好颜色红。"若阴时收者，色黑失味。"（卷四《种椒第四十三》）如果在阴天时采摘，摘下的花椒颜色发黑味道也不好。如此详细的记录，如果没有长期的观察、总结，全面掌握花椒的生长规律，或者根本没有听过或亲自实践过，就不会有这么深刻的体会，要想有如此精到的描写，简直是难以想象的。

全书中类似这样的记载其实还有很多，并且绝不仅仅是单纯的针对农作物，而是还包括了伐树、鱼类养殖、蔬菜种植等众多的方面，在此不一一赘述。

第二节　实事求是　勇于挑战　敢于质疑

贾思勰的实事求是精神，还体现在他对不切实际的传统或说法的质疑，甚至对古代学术权威的挑战和否定。虽然贾思勰在创作《齐民要术》时也援引了一些虚妄玄幻，甚至荒唐不稽的纬书内容，但从以下几处我们却能清晰地感受到贾思勰坚持实事求是、勇于挑战、敢于质疑的优秀品质和精神。

一、对荒唐不稽的说法敢于质疑

《齐民要术》卷一《种谷第三》中，贾思勰引述《氾胜之书》播种的段落中有“凡九谷有忌日，种之不避其忌，则多伤败。”的说法，贾思勰虽然在这一篇中也引用了《阴阳杂书》里面一些所谓的“忌日”之类的文字，但他并不同意这种看法。贾思勰在自注中援引了《史记》中“阴阳之家，拘而多忌”（从事阴阳学的人，讲究很多忌讳）之类的话，拉出已有公认历史地位的司马迁来作世俗和理论上的支撑，说明对此类说法的不同观点：“止可知其梗概，不可委曲从之。”只可以大略知道一些就行了，但不应该作为依据，不可以呆板的时时处处照着办。因为呆板盲目地讲究什么忌讳，就要耽误农时影响生产，就会误大事，这其中的深意是非常明显的。因此，他又引用谚语说“以时及泽，为上策”，说明只有把握好时令和水利才是上策。

由于科学知识的局限，当时人们对自然界的规律认识不足，对一些自然现象怀有近似膜拜的盲目敬畏之意，长期以来在传统的农业生产中形成了诸多“忌讳”，这其实是没有道理是伪科学的。只有怀有实事求是的精神，有着现实丰富的农业生产活动经历，才会在实践中逐步认识和总结出自然界的客观规律，发现这些做法的荒唐不稽。贾思勰正是做到了这一点，才会透过世俗传统的迷障提出质疑，敢说真话也说出了真话，这不仅在1 500年前是可贵的，就是拿到今天来讲也是有着非常重要的现实意义。

二、对历史（学术）权威的大胆否定

在人们的认知能力非常有限的古代社会，知识被少数人掌握控制，统治者甚至行业权威的言论就成了老百姓生活的圭臬，这是历史的必然，也容易理解。作为一个有良知的知识分子，贾思勰能够怀着“要在安民，富而教之”的理想抱负，敢于冲出传统樊篱，坚持真理，反对权威，可谓拨云见日，晴空霹雳。

《齐民要术》卷二《黍穄第四》贾思勰引《氾胜之书》“凡种黍，覆土锄治，皆如禾法，欲疏于禾。”意思是说种黍和种禾的方法是一样的，但黍苗要比禾苗种的稀疏。氾胜之是西汉时期著名的农学家，他所著的《氾胜之书》早已散佚，借助《齐民要术》的援引才得以保留部分内容，但氾氏的影响在农学领域是不容置疑的。贾思勰通过实践和观察后，对氾胜之的说法提出了质疑，他在书中作注写道：“按疏黍虽科，而米黄，又多减及空；今概，虽不科而米白，且均熟不减，更胜疏者。”黍子种稀了虽然分蘖（分生）的多，但成熟后收获的黍米会发黄，并且还有很多秕壳和空壳。现在种密了后，虽然不分蘖，但是黍米变白了，而且颗粒都饱满，比种得稀疏的好很多。通过观察对比，贾思勰对氾胜之的说法作出了“其义未闻”的评价，意思是氾胜之所说的道理没有听说过，其中的否定意味不言而喻。

卷五《伐木第五十五》贾思勰通过对“山中杂木”习性的观察研究，对所引《周官》(即《周礼》)“仲冬斩阳木，仲夏斩阴木。”(仲冬砍阳木，仲夏砍阴木)的记录有着自己的理解，与郑玄所作“阳木生山南者，阴木生山北者。冬则斩阳，夏则斩阴，调坚软也。”(阳木指生长在山南的树，阴木指生长在山北面的树。冬天砍阳木，夏天砍阴木，是为了让坚硬的木材和松软的木材搭配恰当。)的注释有着截然不同的观点。贾思勰认为《周官》所说的“盖以顺天道，调阴阳，未必为坚韧之与虫蠹也。”(大概是为了顺应自然，调节阴阳，不一定与木质坚硬，长虫不长虫有什么关系。)因此，贾思勰坦言“郑君之说，又无取。”郑玄的说法又是不可靠、不可取的，因为“松柏之性，不生虫蠹，四时皆得，无所选焉。山中杂木，自非七月、四月两时杀者，率多生虫，无山南山北之异。”松树、柏树生性不长虫子，一年四季都可以砍得，没有季节的限制。至于山里的其他各种树，除非是七月、四月两个时间砍伐，否则大部分会长虫子，没有什么山南山北的区别。

郑玄是我国东汉末年著名的经学大师，是汉代经学的集大成者，他的社会知名度极高，社会影响力极大，贾思勰在这里不仅否定了郑玄的说法，而且根据树木的特性作了科学恰当的分析和解释，有理有据不容辩驳。书中这样的文字公案还有很多，限于篇幅不再一一赘述，但由此便可窥一斑而见全豹，贾思勰实事求是的精神光芒便不可覆盖。

第三节 《齐民要术》农学文化思想实事求是精神价值

实事求是作为一种科学的辩证法，是人们正确认识世界，把握客观发展规律，从而科学地改造世界的重要方法论。在物质条件贫乏，科学极不发达的古代社会，尤其是贾思勰所处的北魏时代，由于受魏晋时期清谈风尚和玄学思想的影响，加之举国上下对佛教的空前推崇，社会上流传着诸如《神异经》《十洲记》等近似今天虚幻小说之类的纬书，人们的思想和精神世界处于一种极不正常的状态。虽然贾思勰在《齐民要术》中也引用了一些“专门撒谎的荒唐书”(石声汉语)，但从整体来看，全书还是以实事求是为主，作者在注中某些地方表达甚至颇具胆识，也正如石声汉教授所说“作伪的责任不该由《齐民要术》作者负。”

通过研读《齐民要术》中的文本信息不难发现，农圣文化中实事求是的精神内涵主要体现在，贾思勰尊重客观规律、灵活机动的思维，敢于挑战甚至否定权威不实之论的立场态度。

实事求是是《齐民要术》农学文化思想中固有的一部分，也可以说是随着社会和科学的发展，贾思勰通过自己的观察、实践，不断坚定和践行的一种思想精神。应该说，这是农圣文化中具有强劲生命力的文化精髓，无论在今天还是将来，实事求是仍然是指导我们工作、学习、生产生活和一切事务的重要思想精神，仍然具有十分重要的现实意义。

对国家民族来说，只有实事求是地根据社会和时代发展规律制定方针政策，才不会走改弦易帜的邪路，也不会走封闭僵化的老路，才会朝着国家和民族的梦想，以饱满的精神、昂扬的斗志、一往无前的勇气走向辉煌灿烂的明天。

对于事业、生活来说，只有实事求是地根据客观事物的发展规律，审时度势，积极努力，灵活应对，才不会陷入盲目的乐观和消极的悲观，事业、生活的发展才会有条不紊，朝着理想的方向慢慢靠近。

对于个人来说，只有实事求是地根据自己的实际情况，认真分析自己具有的发展条件，积极准备、适应条件，准确把握机遇，坚定不移地努力拼搏，才会求得发展，取得成功。

由此看来，实事求是是一种正确的、科学的唯物辩证法，无论过去还是将来，都具有积极的现实意义，是指导我们工作、学习、生活的重要方法论。

第十二章

支持创新潜心钻研的科学精神

科学技术是第一生产力，是推动人类文明进步的革命性力量，而科学精神作为创新科学技术的灵魂，是人类精神文化宝库中重要而可贵的财富，是人类认识、改造、创新世界的力量源泉和思想引领。科学精神作为一种具有强大生命力的文化思想，也是《齐民要术》农学文化思想的重要组成部分，是《齐民要术》被誉为“中国古代农业百科全书”的重要因素之一。研读《齐民要术》文本，梳理书中贾思勰有关对农业科学技术知识的信息表达，对于正确全面地把握《齐民要术》农学文化思想精髓，理解《齐民要术》农学文化思想中科学精神的文化内涵，指导我们今天的工作、学习、生活、生产等具有重要的意义。

第一节　《齐民要术》体例设计的科学精神体现

贾思勰在《齐民要术》自序中言：全书“起自耕农，终于醯、醢，资生之业，靡不毕书，号为《齐民要术》。凡九十二篇，束为十卷。卷首皆有目录，于文虽烦，寻览差易。”，从耕田务农直到酿造酱醋等手工业，凡是对人们生活有用的技术，都作了详细记录，并且每卷都有目录，可谓是一部名副其实的“古代农业百科全书”。研读《齐民要术》文本，我们可以从以下 3 个方面体悟其体例设计的科学性。

一、主要矛盾和次要矛盾处理的科学性

民以食为天，这是人类生存所决定了的；我在，故我思，这是人类之所以前

进的重要原因。为了生存，人类从茹毛饮血到食能果腹，再到文明饮食，直至健康饮食，经历了一个漫长的历史发展过程，并将续而不止。由此，解决人们的吃饭（粮食）这一主要矛盾就成为了头等大事，当解决了基本的吃饭（粮食）问题后，蔬菜的加入、饭菜品种的多样化、质量的高端化、营养的搭配均衡等次要矛盾问题，成为如何吃得文明吃出健康的关键，又成为人类思考的问题。《齐民要术》在谋篇布局上对这一主要矛盾和次要矛盾处理的非常科学。

第一，全书将粮食生产，以及如何提高粮食作物的产量等内容放到了首卷，体现了主要矛盾的重要性。再进一步讲，土地和种子又是解决种粮问题的主要矛盾所在，没有土地和种子，还是解决不了粮食问题，于是土地又成为粮食生产这一主要矛盾中的主要矛盾，种子次之。因此，贾思勰又把土地放到了全书之首篇，是谓“耕田第一”，把种子的收取、选择、存放等安排在次篇，是谓“收种第二”。粟，是古代社会人们对谷类作物的统称，也是最重要的一种粮食作物，故全书首卷第三篇即为“种谷第三”。在生产力低下，粮食产量不足的情况下，与谷物形类品近的野生植物“稗”，作为一种辅助粮食自然进入人们的生活，因此贾思勰又将“稗”附于“谷”后，全书首卷就此完结。

第二，通览全书我们还可发现，其他各卷各篇在内容安排和体例设计上，贾思勰也基本遵照了以上原则，主次分明，详细得当，体例统一。有了足够的粮食，食能果腹了，随着生产力的不断提高，人们的生活水平也得到相应提高，对生活的要求也越来越高。于是在介绍完了粮食作物的种植之后，贾思勰便从实际出发，结合生活中必不可少的蔬菜、水果，到纤维、油料，树木的种植（木材）、染料，再到肉类（畜牧）、鱼类养殖，酒、酱、醋、豉等酿造，以及食品加工保存，甚至再次要的笔墨制作、家庭经营等，直到卷十只“存其名目”的南方“五谷”“果蓏”“菜茹”“木”等记载，各卷各篇内容的设计与取舍有主到次，完全结合了当时人们的生活习惯和实际需要，相当科学合理。《齐民要术》的这一体例设计与创新成为农书创作的标准和典范，也难怪一直为以后的农书创作者完全借鉴和学习。

第三，生产是关键问题，也是主要矛盾，而生产一旦过剩如何解决就成为次要矛盾。《齐民要术》卷三最后一篇《杂说第三十》、卷七第一篇《货殖第六十二》，已经不是单纯的农业生产技术知识，那为什么还要写？这就是生产与过剩的矛盾了。研读文本可以发现，卷三整部都是介绍家庭园蔫蔬菜种植知识的，生产力提高了，蔬菜生产过剩了，如何提高蔬菜生产的综合价值就成为新的主要矛盾，而《杂说第三十》就是介绍如何经营农业，来为老百姓的家庭生活提供资源的，放在了蔬菜种植的最后，正反映了贾思勰在处理生产与过剩，这一主要矛盾和次要矛盾上的艺术性、科学性。当然，粮食生产或其他产品如果有过剩问题，“杂说”所列仍亦可作参考，但相对于百姓的日常生活，粮食和蔬菜是最主要的，根据这样的逻辑，“杂说”放在卷三最后一篇其科学性就更加突出。

卷七整部是介绍家庭手工业制作知识的，随着生产技术的提高，手工业产品除了满足自家之用外，也产生了过剩问题，相对于家庭手工制作来说，又成了新的主要矛盾。而《货殖第六十二》是介绍如何利用自家生产的农产品来经营商业，使家庭富裕的知识，都是与老百姓的生活息息相关的。从把《货殖第六十二》列为卷七之手工业生产内容的第一篇来看，我们可以推断，贾思勰农学思想中对家庭手工业制作的基本观点，应该是倾向于其商品价值的，这又从另一角度体现出贾思勰在处理主要矛盾与次要矛盾上的科学性。

二、传统经验与实践经验相结合的全面性

传统经验的直接引用，实践经验的佐证或辅助深化，两者相辅相成相互结合，不仅大大提升了《齐民要术》创作上的科学性，也成为《齐民要术》体例设计上的科学创新。一方面，贾思勰大量的不加修改的如实引用古代典籍，即所谓的“采捃经传”，是《齐民要术》创作的突出特点，也是贾思勰对传统经验的尊重和传承。据石声汉先生统计，如果同一书不同的各家注本分别统计，《齐民要术》共引用了 164 种古代典籍，如果不同的各家注本归入各本书，不重复计算的话，共引用了 157 种古代典籍，其量之大，面之广，引用之具体恰当，以及保持原籍原貌之程度，都是前无古人的。特别像是对《氾胜之书》《四民月令》《广州记》等等这类已佚失古籍的引用，为我们保存了大量珍贵的历史资料，成为研究古代农业或其他学科知识极为宝贵的原始资料。

另一方面，贾思勰还将自己搜集来的民歌民谣、咨询有经验的老农后得来的间接经验等，当时劳动人民实际实用的生产生活经验，以及自己的实践经验一并写入到了《齐民要术》各篇，即贾思勰在自序中所谓的“爰及歌谣，询之老成，验之行事”，使全书的实用性、针对性更强，能有力地指导当时的农业生产，并为今后的农业活动提供了重要参考。

三、逻辑结构处理上的严密性

《齐民要术》各篇的结构设计上，基本按照标题、解题、正文、注释、引文的行文原则组织。标题，是贾思勰介绍各篇主要内容主旨和序目的，如“耕田第一”“收种第二”“种葵第十七”，卷十中的“五谷”“果蓏”“菜茹”“木”等，不需赘言。解题，是对各篇标题进行解释，或引用典籍对标题涉及内容进行释说的，如“耕田第一”，解题就引用了《周书》关于神农耕种，以及制作农具、垦荒等的记载释说，还引用了《世本》关于农具的介绍，《说文》关于农具制式特

点的释说，《释名》关于田地、农耕方法的释说等，完善了“耕田”所涉及的土地、工具、技术方法等主要内容，让人从标题与解题就能把握本篇的主旨，解题非常独到，逻辑非常严密。

正文，是各篇的主要部分，是详细叙述本篇主要内容的，原书一般都是非常明显的大字体文字，在此不举例说明。注释，则是针对正文中关键语句、工具、技术方法等，进行合理必要的解释补充的，或记录自己的实践体会辅助说明，或对正文文字进行训诂，一般都是小字体双行文字，如《耕田第一》中，“春耕寻手劳”句后注释曰“古曰‘耰’，今曰‘劳’。《说文》曰：‘耰，摩田器。’今人亦名劳曰‘摩’，鄙语曰：‘耕田摩劳’也。”对“劳”的含意进行了释说，并引用典籍进行佐证，又用“今人”即作者生活时代对“劳”这一农具的普遍称法，以及“鄙语”即民间俚语说法进行反复说明，可谓详之又细。再如《种蒜第十九 泽蒜附出》注释中，就提到了并州无大蒜，朝歌取种种而成长为百子蒜，并州的芜菁根大，种到其他地方根亦大，又记录“并州豌豆，度井陉以东，山东谷子，入壶关、上党，苗而无实。皆余目所亲见，非信传疑”的事实，同时通过自己的分析研究后，提出了“盖土地之异者也”的观点，具有很高的科学性，不仅丰富了本篇内容，也为我们今天的科研提供了重要参考。训诂类的注释书中有很多，不另列举。总之，注释让正文内容更加完善，也进一步提升了文章的科学性。

引文，是《齐民要术》创作的重要特色，包括解题、正文、注释中都大量的引用了古代典籍，或释义或训诂或佐证或补述或典故等等不一而足，亦不另举例说明。

第二节 对先进农业生产工具的重视和提倡

马克思主义认为，人类社会区别于动物界的重要特征是劳动。而劳动，是从制造生产工具开始的。马克思曾言：“各种经济时代的区别，不在于生产什么，而在于怎样生产，用什么劳动资料生产”。生产工具是人类为了生存和不断改善生存状况的产物，是人类利用和改造自然界的产物，是社会生产力不断发展的标志，更是一种文化载体和文化现象。尤其在古代社会，可以说生产工具是社会发展的重要物质基础，它的发明和发展又受到社会发展进程的影响和直接制约。研读《齐民要术》，我们可以发现贾思勰对那些生产工具改进者的崇敬之情，以及对推广使用先进生产工具的迫切之情。

《齐民要术·序》中，贾思勰通过“盖神农为耒耜，以利天下；尧命四子，敬授民时；舜命后稷，食为政首；禹制土田，万国作乂。”充分表达了对神农氏、尧、舜、禹这些圣贤的敬畏，以及为人类发展做出开创性贡献者的敬仰之情，其原则、态度和立场不言而喻。贾思勰认为“赵过始为牛耕，实胜耒耜之利”使用畜力服务于农业生产大大提高了生产效率，是一种巨大的历史进步，更是“益国利民，不朽之术”。贾思勰还写到“九真、庐江，不知牛耕，每致困乏。”九真、庐江等地的老百姓不懂得用牛耕地，种的粮食常常不够吃的。“任延、王景，乃令铸作田器，教之垦辟，岁岁开广，百姓充给。”任延、王景就下令铸造耕田的工具，教他们开垦土地，每年开垦了不少田，百姓的粮食也能自给了。贾思勰对老百姓学会使用先进的生产工具，表现出极大的热情和赞赏。

贾思勰还写到“燉煌不晓作耧犁，及种，人牛功力既费，而收谷更少。皇甫隆乃教作耧犁，所省庸力过半，得谷加五。”敦煌人不懂得用耧犁这种先进的农具，种田时人、牛费力不说，谷物收成也少，皇甫隆就教会他们制作和使用耧犁，省下了一半多的人力，收成增加了五成，图 12-1。对使用“耧犁”这一先进的生产工具提高农业生产力的做法，贾思勰更是旗帜鲜明地阐明了自己的肯定立场。

图 12-1　汉代三角犁

贾思勰还援引“五原土宜麻枲，而俗不知织绩；民冬月无衣，积细草，卧其中，见吏则衣草而出，崔寔为作纺绩、织纴之具以教，民得以免寒苦。”五原一带适宜种麻，而当地百姓却不懂的用麻织布，崔寔教会了他们制作纺织工具和纺织方法，老百姓才免受寒冷之苦。“颜斐为京兆，乃令整阡陌，树桑果；又课以闲月取材，使得转相教匠作车”颜斐做京兆郡长官时教人们种树，又教人们相互传授木匠之艺制作车具，提高了运输能力。

在卷一《耕田第一》最后，贾思勰在注中记有“三犁共一牛，若今三脚耧矣，未知耕法如何？今自济州以西，犹用长辕犁、两脚耧。长辕耕平地尚可，于山涧之间则不任作，且回转至难，费力，未若齐人蔚犁之柔便也。两脚耧，种垅概，亦不如一脚耧之得中也。”图 12-2、图 12-3。对使用畜力（牛耕），耧和犁等先进农具情况进行了评价，对不同地域使用不同农具提高生产效率进行了对比分析，强调了先进生产工具在提高农业生产力方面起到的重要作用。

图 12-2 汉代砖刻二牛一人式长辕犁

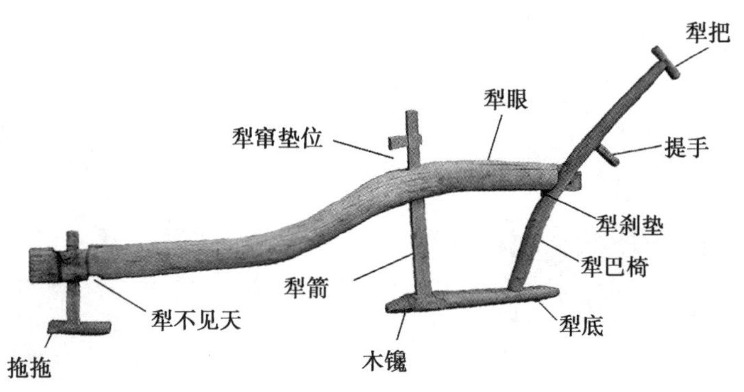

图 12-3 汉代的直辕犁构造

《齐民要术》中涉及的农具还有耙（整地工具），耱（耢，整地工具），窍瓠（点种用的器具），碾（磨面粉工具），碡碌（脱粒工具），挞（覆种工具），锋、

耦（中耕工具）等当时众多在提高农业生力方面起到积极作用的较为先进的农业生产工具，而这些先进生产工具的使用是一种重大的社会进步，提高了生产效率，创造了经济财富，改变了人们的生活状况，推动了社会的发展，充分体现了贾思勰对先进农业生产工具的肯定和推崇（图 12-4 至图 12-6）。

图 12-4　汉魏时期使用的新型播种工具：窍瓠

图 12-5　20 世纪仍在中国农村使用的磨面工具：石碾

图 12-6　20 世纪的时候，农村还在使用畜力拉碡碌进行作物的脱粒

第三节　注重对农业科学技术的总结、推广和应用

一、《齐民要术》记载了以前或当时先进的农业科学知识

“社会劳动生产力，首先是科学的力量。”科学技术一旦渗透和作用于生产过程中，便成为现实的、直接的生产力。通过研究《齐民要术》我们可以肯定，贾思勰是非常注重科学先进的农业技术推广与使用的。石声汉教授认为“《要术》保存了许多古代农业生产科学技术知识。这些知识的记载，有的远远早于《要术》而且有些原书已失传。”石声汉曾按时代先后，把这些比《齐民要术》更早的农业科学知识，分西汉以前（公元前 200 年以前）、从汉到晋（公元前 200 到公元 400 年）两个时期做过分析，这些科学知识古已有之，也非本文研究重点，在此不作赘述，但也足以看出贾氏对农业科学知识的重视，如果不是这样，按照贾思勰的创作原则应当会“阙而不录”。

此外，石声汉教授还将《齐民要术》里面记载的，贾思勰自己总结归纳的，以及当时的农业科学知识，作过分类统计，总结了 9 个方面的内容，为便于全面了解《齐民要术》农学思想科学精神的内涵，现列表 12-1 如下。

表 12-1　《齐民要术》中记载的部分农业科学知识归纳表

农业科学知识类别	涉及的主要知识内容
时宜地宜的认识	农业操作分“上、中、下”三时；地宜也分三时；同一作物不同地，种子用量不同；风土条件；天时地宜间的关系；应用原则
农艺（谷物的栽培）	耕作；品种；下种；肥培；保育；收获及贮藏
蔬菜	种类及栽培；套作；蔬菜的加工和保存
果树	果树及品种选育；繁殖；果品储藏与加工
林木	树木种类；培育经营；伐木
其余作物	纤维作物；染料作物
动物饲养	选种办法；阉割肉用兽；饲管；兽医
农家家庭经济	蚕桑；酿造（酒、酱、醋、豉、菹、酪）；淀粉加工制品；脯腊
一些特殊方法和技术知识	食盐的精制；淀粉糖化；煮胶；提取红蓝花中所含色素；植物性染料用灰汁媒染；利用豆类种子中的“皂素”除污；作香泽（润肤品）；烹调

资料来源：摘自石声汉《从〈齐民要术〉看中国古代的农业科学知识——整理〈齐民要术〉的初步总结》

从上表所列内容可以看出，《齐民要术》对古代先进的农业科学知识记载之全面、涉及领域之广泛、结构体系之完整。如果深入研究《齐民要术》文本，还会为贾思勰严密的论证逻辑，精炼而又“不尚浮辞”的语言所震撼。我们可以肯定，这正是在贾思勰科学精神的驱动下苦心经营的结果，今天的我们才能够得以看到，并分享到古人的智慧结晶，对先人的劳动创造产生由衷地崇敬之情，从而树立民族自信，对实现中华民族伟大复兴的中国梦充满希望和更加坚定的信心。

二、从《齐民要术》几则典型记载看贾思勰的科学精神

农史学家称赞《齐民要术》中关于旱地耕作的精湛技艺和高度的理论概括，把当时黄河中下游旱地耕作技术推向新的高水平，使我国农学第一次形成精耕细作的完整体系。其中区种法（即精耕细作法）作为一种科学的农业技术至今仍具有突出的借鉴意义。贾思勰在书中引谚曰“顷不比亩善”来说明“多恶不如少善”的道理，他还援引时任西兖州刺史的刘仁之“昔在洛阳，于宅田以七十步之地域为区田，收粟三十六石。”的事实，主张“少地之家，所宜遵用也。”，同时还算了一笔账“然则一亩之收，有过百石矣。”强调区种法对“少地之家”的重要意义，表现出贾思勰对精耕细作先进农业生产技术的重视。当今，无论在中国还是世界范围内，随着现代工业的大发展、地球人口的不断增多、城镇化人口的转移，大量土地被占用或沙漠化，造成耕地的大幅度缩减，这种精耕细作（区种法）的突出意义尤显得重要。

其实，除此之外《齐民要术》在其他方面，还有很多具有科学价值的观察

与记载，都从不同侧面反映了贾思勰身上所拥有的科学精神，在此略举几例典型的以为论证，以期对《齐民要术》农学思想中抽象的科学精神具体化一点。

例一，关于成霜原理与防霜冻措施。《齐民要术》卷四《栽树第三十二》中"天雨新晴，北风寒切，是夜必霜"，对成霜的原因记载与现代对成霜原理的科学解释非常接近。对于如何抗寒防霜，贾思勰也给出了科学的方法：首先"常预于园中，往往贮恶草生粪"作好预防准备，然后一旦"天雨新晴，北风寒切"，便可"此时放火作煴，少得烟气，则免于霜矣。"这种煴烟防霜的措施，至今仍是北方农业上减免霜害的科学有效的方法之一。

例二，关于假植蔬菜的藏生菜法。《齐民要术》卷九《作菹、藏生菜法第八十八》中记有"九月、十月中，于墙南日阳中掘作坑，深四五尺。取杂菜，种别布之，一行菜，一行土，去坎一尺许，便止。以穰厚覆之，得经冬。须即取，粲然与夏菜不殊。"掘坑作窖，窖中干燥又可保温，对于储藏鲜菜极为便利，这与现代科学的"假植蔬菜"道理是一致的，至今中国北方地区还使用着贾思勰所说的这种冬季储藏鲜菜的方法。寿光是著名的中国蔬菜之乡，由此发端的日光温室大棚蔬菜种植就是对《齐民要术》"藏生菜法"的一种科学发展，而正是日光温室大棚蔬菜的发明，大大改变了中国北方冬季没有时令鲜菜的局面，极大地丰富了北方居民的生活餐桌。

例三，关于遗传与环境的关系认识。蒜本是古代西域（新疆以西）之物，西汉时期张骞出使西域带回蒜种，中原大地始有蒜。贾思勰对此有过实地调查和研究，在《齐民要术》卷三《种蒜第十九》中记有"并州无大蒜，朝歌取种，一岁之后，还成百子蒜矣，其瓣粗细，正与条中子同。芜菁根，其大如碗口，虽种他州子，一年亦变大。蒜瓣变小，芜菁根变大，二事相反，其理难推。又八月中方得熟，九月中始刈得花子。至于五谷蔬果，与余州早晚不殊，亦一异也。并州豌豆，度井陉以东，山东谷子，入壶关、上党，苗而无实。""皆余目所亲见，非信传疑"，贾思勰实地调查研究后提出了"盖土地之异者也"的观点，认为这是与环境有关的土地原因，使物种发生了变异。

在《齐民要术》卷四《种椒第四十三》还记有古青州商人成功种植蜀椒（四川花椒）的文字，图12-7。贾思勰认为"此物性不耐寒，阳中之树，冬须草裹。"并特注有"不裹即死"的经验之语。同时，贾思勰还写到"其生小阴中者，少禀寒气，则不用裹。"对此的解释贾思勰引用了一句社会俗语"习以性成"习惯成为了自然本性，来说明物种变异的特点。同进又用了类比方法进一步说明这一道理："一木之性，寒暑异容；若朱、蓝之染，能不易质？故观邻识士，见友知人也。"一种树木的本性因寒热与否有不同的表现；就像朱土（红色染料）蓝靛（蓝色染料）放一块，其性质是不能不变的；贾思勰还由此推及人，说这种变异情况就像看一户人家的邻居和朋友，就可以知道某个人的品质特点一样。这就是平常所说的“近朱者赤，近墨者黑”的道理，拿到农作物来讲，道理是一样的，也就是说环境的改变对物种的变异会产生一定的作用。

图 12-7　花椒

在《齐民要术》中这样的记录还有很多，限于篇幅不再一一赘述。通过以上几则实例，我们就可以非常清晰地看到贾思勰身上那种求真、务实、严谨、科学的思想光芒。

第四节　《齐民要术》农学思想科学精神的价值

科学技术的发展推动了人类历史的发展，科学精神的传承支撑了人类社会的繁荣。18 世纪 60 年代，以蒸汽机的发明和使用为标志，发生了第一次世界性技术革命，机器工作替代了工场手工业，使社会生产力发生了革命性的变革，人类进入了“机器时代”。19 世纪 70 年代，以电力的发明和应用为标志，发生了第二次世界技术革命，电力工业和电器制造业迅速发展，人类进入了“电器时代”。人类发展史上的两次著名技术革命，极大地促进了生产力的提高，彻底改变了人类的生存状态和经济发展现状，为人类文明的进步作出了积极贡献。毋庸置疑，科学技术是推动人类文明进步的革命性力量，是人类历史发展进程中的第一生产力。

生产力包括劳动者、劳动工具和劳动对象（包括自然物经劳动加工后的原材料）三大要素，而科学技术一旦被劳动者掌握，便会成为劳动生产力；科学技术物化为劳动工具和劳动对象，就会成为物质生产力。马克思在《政治经济学批判（1857—1858 年草稿）》中也提到“生产力中也包括科学”“社会劳动生产力，首先是科学的力量”。科学精神作为创新科学技术的灵魂，是人类精神宝库中最宝贵的财富，是人类认识、改造、创新世界的力量源泉和思想引领。

英国的达尔文曾给科学下过一个定义：“科学就是整理事实，从中发现规律，做出结论”，其定义指出了科学的内涵，即事实与规律。据专家考证，“科学”一词最早由康有为传入中国，时间是清朝末年。因此，1500 多年前的贾思勰按说是不懂得什么是“科学”的，但在其所著《齐民要术》一书中，我们可以清楚地发现贾思勰重视“科学”的信息记录，这既包括贾思勰在创作《齐民要术》一书时谋篇布局的体例设计，也包括贾思勰对社会创新工作的重视和先进农业生产工具的提倡、对先进的农业生产技术的重视和总结，以及对当时一些前沿知识的观察、研究和实践。贾思勰将这种科学精神通过技术再现、规律或特性总结的方式，对不同生产领域的先进技术作了详细记录，贾思勰当然不会知道这就是科学，但正是因为这种科学精神的存在，有力地成就了《齐民要术》在世界农学史上的地位。达尔文在其名著《物种起源》和《植物和动物在家养下的变异》中就参阅过《齐民要术》，并援引有关事例作为他的著名学说——进化论的佐证，他赞扬道：“我看到了一部中国古代的百科全书，清楚地记载着选择原理。”英国李约瑟博士在其编著的《中国科学技术史》中也曾说“中国文明在科学史中曾起过从未被认识的巨大作用。在人类了解自然和控制自然方面，中国有过贡献，而且贡献是伟大的。”，他所指的也是贾思勰的《齐民要术》；日本学者神谷庆治在西山武一、熊代幸雄《译注校订齐民要术》序文中说，《齐民要术》至今仍有惊人的实用科学价值“即使用现代科学的成就来衡量，在《齐民要术》这样雄浑有力的科学论述前面，人们也不得不折服”。科学精神作为贾思勰一以贯之的创作思想坐标，已成为《齐民要术》农学思想的重要组成部分和突出特点，历经千余年的发展，依然是中国乃至世界农学史上的宝贵财富。

“可以简单地说，科学是如实反映客观事物固有规律的系统知识。”（赵祖华《现代科学技术概论》）。作为推动人类文明发展的“革命性力量”，科学的价值和意义毋庸讳言。“科学精神是一个国家繁荣富强、一个民族进步兴盛必不可少的精神。”国家的繁荣富强和民族的进步兴盛其意义之重大也毋庸讳言，姑且不论；我们可以不是科学家，不是发明家，即使作为一名平凡人，我们的工作和生活也应该具有一种自觉的科学精神。

工作中具有科学精神，就会严谨务实精益求精，变消极应付工作为积极主动地融入工作，不断在工作中总结经验、掌握规律、创新方法、提高效益从而创造佳绩，反之则难。在不进则退，慢进也即退的当下，缺少科学精神的推动，就会疲于重复性的工作应付，不但效率低下，有时还会造成巨大的工作损失，留下终生的遗憾。

生活中坚持科学精神，能够大大提高生活质量。吃的科学身体才会健康，运动科学身体才会强壮，住的科学既能有益健康，又能节约空间和能源，行的科学既能节约时间，又能提高成功率，生产讲科学效率大增，市场大开……生活中缺乏科学精神，就容易陷入庸俗和迷茫的困境，没有了紧迫感、危机感，甚至不思进取碌碌无为，就会了然无趣，失去生活的信心和希望。

由是观之，科学精神的现实意义是重大的，《齐民要术》农学思想中的科学精神是应该传承和发扬的，而且作为人类共有的一种宝贵的精神财富，任何时候都不能丢。

第十三章

脚踏实地身体力行的实践精神

实践精神是中华民族优秀传统文化宝库中的奇葩，是中华民族千百年来创新发展，雄立于世界民族之林的文化精粹。以脚踏实地、身体力行为特色的实践精神，是农圣贾思勰身上拥有的一种可贵的精神，作为农圣文化的重要组成部分，也是农圣文化中具有鲜活生命力的精华所在。通过对《齐民要术》文本信息的探析，梳理出农圣文化中实践精神的关键点，对于准确把握农圣贾思勰的思想实质，正确理解农圣文化中实践精神的基本内涵，从而有效地传承、创新、发展好农圣文化，服务于经济社会发展有着积极意义。

第一节　对贾思勰注重实践的思想探析

一、援引传统经典阐明实践思想主张

实践精神在贾思勰思想中占有重要的地位，也是指导、促成他能顺利完成农业科学巨著《齐民要术》的重要推动力。贾思勰在《齐民要术序》中引用《左传》名句“民生在勤，勤则不匮。”强调了只要勤劳实干，就不会贫穷的观点，从而号召人们积极参加农业生产实践；又引用古语“力能胜贫，谨能胜祸。”进一步强调了出实力干实事就能脱贫致富，谨慎行事就能避免灾祸的道理。贾思勰还引用《仲长子》“天为之时，而我不农，谷亦不可得而取之”自然界给了我们天时（机会），如果我们不及时劳动实践，也不会得到粮食。通过反复强调即使条件具备了，如果不去努力实践，也不会成功有收获，其中的深意不言而喻。

二、列举古代圣贤所作所为强调实践理念

贾思勰在《齐民要术》序中援引《淮南子》“禹为治水，以身解于阳盱之河；汤由苦旱，以身祷于桑林之祭。……神农憔悴，尧瘦癯，舜黎黑，禹胼胝。”的史事，说明古代圣贤身体力行，通过“躬行践履”为老百姓带来了幸福。大禹为了治水患，用自己的身体为质向阳盱河神祈祷；汤为了给老百姓解除旱灾，把自己的身体作为人质向上天祷告，神农氏为百姓奔波操劳，以致于憔悴不堪，尧帝消瘦了，舜帝变黑了，禹帝手上长满了老茧。虽然这些圣贤的做法存在封建迷信的倾向，但从他们所处的时代来说，能把老百姓的事当作事放在心上，已经是难能可贵了。从古代圣贤们的这些行为来说，他们都是身体力行，躬行践履的典范，是贾思勰所称颂和尊崇的。

孔子是世人公认的“至圣先师”，但当他的弟子樊迟向他请教学习种庄稼的时候，孔子却说“吾不如老农”我跟不上老农民。暂且不说孔子是否看得起稼穑之事，单就孔子作为一代圣贤来说，他能毫不掩饰地坦言在种庄稼方面，自己比不上天天与土地打交道的老农民，不仅说明了实践的重要，还表现出了圣人的坦诚和伟大。如果咬文嚼字，我们看孔子说的是“不如老农”，是比不过、跟不上，而不是鄙视看不起老农民。因此，分析来孔子是因为自己没有实际做过农事，没有实践也就没有发言权，孔子是值得我们学习的“万世师表”。而贾思勰引用这些事例，无非是说明“智如禹、汤，不如尝更”，就算有禹、汤一样的智慧，也不如从亲身体验中得来的知识高明，这样的表达非常直白，也更能看出贾思勰注重实践的思想所在。

第二节　贾思勰“躬行践履”的文本探析

贾思勰的实践精神绝非限于空乏的思想层面，更不是局限于口头上的游戏辞令，研读《齐民要术》文本可以发现更多的真实记载，这对于准确把握农圣文化“实践精神”的内涵具有重要支撑作用。

一、贾思勰有重视、搜集、整理生产实践经验的实际行动

劳动人民是人类历史的伟大创造者和发展者，他们在人类发展的历史长河中，历经风雨坎坷和社会沧桑，始终以朴素无华、坚忍不拔的意志和劳动实践，创造了光辉灿烂的文明，显示了劳动人民的智慧和伟大。对劳动人民在生产生活中的经验进行全面系统的整理、总结、创新，是历史不断向前发展的重要推动力。贾思勰写作《齐民要术》正是做了这么一项伟大的工作，特别是对劳动人

民在生产生活中总结出来的、普遍为劳动生产所应验了的实践经验的梳理，既生动形象又富有科学指导意义，是指导农业生产劳动的最好依据。

在《齐民要术》序中谈到自己的创作依据时，贾思勰说是“采捃经传，爰及歌谣，询之老成，验之行事”，民歌民谣是老百姓在生产实践过程总结出来的实际经验，具有较强的指导作用。纵观全书，贾思勰采用的民间农谚歌谣多达30余条。现举几例如下：

“家贫无所有，秋墙三五堵。”（《齐民要术·种谷第三》），贾思勰作注说“盖言秋墙坚实，土功之时，一劳永逸，亦贫家之宝也。”，意思是说秋天把土墙筑得很坚实，动工修建时，要多花点力气筑牢固，就能管用很久，这也可算是贫穷人家的财富了。八月秋高，是收获的季节，老百姓要准备好器具来收获和贮藏粮食，等到冬天到来以后好使用。如果把“秋收”的准备工作做好了，“冬藏”就没有了后顾之忧。在条件落后，技术不发达的古代社会，这是农家生活的必备环节，民歌的引用强调了准备工作的重要性。

“穄青喉，黍折头”（《齐民要术·黍穄第四》），意思是说，穄，在穗基部和秆相接的地方，还没有完全褪色以前收割；黍，在穗子完全成熟到弯下头来时收割。我们现在得用很长很累赘的句子才能说清楚的道理，老百姓用了短短的6个字就讲得明明白白，这就是劳动者的智慧。

“夏至后，不没狗”（《齐民要术·种麻第八》），意思是说，夏至以后种的麻，长的高度都不能遮住一条狗。

“但雨多，没橐驼。”（《齐民要术·种麻第八》），意思是说，麻这种植物，只要雨水多，麻可以长到遮住骆驼的高度，说明了麻喜欢水湿环境。

“五月及泽，父子不相借。”（《齐民要术·种麻第八》），意思是说，五月趁着天下雨做庄稼活，父子之间都来不及互借人力。五月是种麻的关键时节，用父子之间都不相帮忙，说明了农时的重要性。

“东家种竹，西家治地”（《齐民要术·种竹第五十一》），意思是说，如果东邻种了竹子，西邻就得整治自己家里的地。为什么呢？贾思勰作注说“为滋蔓而来生也”，因为竹子会自然而然的漫延生长到西邻，如果西边的人家不进行土地整理，也会长满竹子的。

这些农谚歌谣是自古以来在民间口头相传的、劳动人民生产实践经验的智慧结晶，虽然在书中的引用远不如对古书的引用多、地位重要，但却都是人们对生活中鲜活的经验总结，是长期以来人们对生产生活进行观察、实践、总结、提炼的结果，是不可多得的活经验、真宝贝，极具实用价值。如果不是熟悉农业生产劳动，并且尊重这些农业生产实践经验，如果没有亲自做过深入的实地搜集、调查和了解，如果不是用心地梳理、归纳和总结，是很难收集到这些宝贵经验，进行合理的安排取舍，并巧妙地引用和融入到自己著作中的。因此，我们说贾思勰有重视、搜集、整理农业生产实践经验的实际行动，并且也形成了相当的成果。

二、贾思勰有“验以行事”的切身经历

实践是检验真理的唯一标准。一切经验和做法也只有经过了实践的验证，才显示出它的普遍性、合理性和可行性。如果只是局限于书本理论，或者是前人的经验理论，或者是道听途说的东西，最终是经不住时间和实践考验的，即使冠其以某理论某办法，也难以在实际的生产生活中起到真正的指导作用，产生应有的效益。贾思勰作为一位与传统文人不一样的、伟大的农学家，最为可贵的就是他自己的身体力行，用自己的实践来对前人或当时的经验、做法进行科学的验证，形成强有力的支撑，使自己的书更加适用于劳动人民现实的生产生活。那么，贾思勰是否有过切身的体验？有什么证据吗？回答是肯定的。

证据一：也是最为人们传诵的一个故事，在《齐民要术》卷六《养羊第五十七》之《积茭（牧草）之法》章，贾思勰作注说：“余昔有羊二百口。茭豆既少，无以饲。一岁之中，饿死过半；假有在者，疥瘦羸弊，与死不殊，毛复浅短，全无润泽。余初谓家自不宜，又疑岁道疫病，乃饥饿所致，无他故也。人家八月收获之始，多无庸暇，宜卖羊雇人。所费既少，所存者大。”记述的是贾思勰自己家里养羊的辛酸故事：原来贾家养过200只羊，开始的时候因为牧草积蓄较少，羊饿死了一大半，即使活下来的也都满身疮，瘦弱得像快要死的样子，其实跟死的也差不多了。贾思勰最初以为是自己家里不适宜养羊，后来又怀疑是年岁瘟疫的原因，有了羊“饿死过半”的沉痛教训之后，才最终明白实际上羊是因为饥饿而死的，没有其他原因。这是贾思勰通过自己养羊换来的经验之谈，是痛定思痛之后的切身体会，是贾思勰实践精神最典型的一例。

证据二：《齐民要术》引用古书多达150多种，足见贾思勰家学渊源和藏书之丰。其卷三《杂说第三十》记载了贾思勰写书、看书、藏书等经验做法，甚至对修补书籍破毁、折裂，“点书”（涂改）、“记事”，“雌黄治书”（用雌黄涂改书籍），晾晒、防虫等方法都作了详细记录，要言不烦笔笔见力，其见地和经验都不是一般人能做到的。如果没有丰富的治书经历，没有切身的体会，能记录得如此详细恐怕是非常难的一件事。因此，贾思勰一定是读过很多书，并且对如何制书、修补书，如何让书防虫咬等这些细致的具体做法，也只有自己亲身体会过，才能这样准确、清楚、简练而又重点突出的记录在案。

证据三：《齐民要术》卷八《作酢（作者注：音zuò，今译作“醋”）法第七十一》《卒成苦酒（作者注：古代对醋的别称）法》记载：“已尝经试，直醋亦不美。”意思是说我已经按《食经》里的《卒成苦酒法》进行了实验，做出来

的醋除了酸度较重外，味道也不好。为了改进醋的味道，提升醋的品质，贾思勰还对《卒成苦酒法》进行了改进："以粟米饭一斗投之，二七日后，清澄美酽"。从记录可以看出，贾思勰对改进以后的方法的用料量非常具体，酿制的时间也准确到了天数，醋的色、味等也观察非常细致，这是贾思勰身体力行的真实记录。经过这样改进后制作的醋，贾思勰也一定亲自做过品尝，否则他不会知道用这种方法酿成醋的味道，并在书中写下"与大醋不殊也"和大醋没有大的差别的体会。

除了上面提到的三个最直观的例子外，《齐民要术》中还记载了大量贾思勰亲自做过实践的体会的文字。现简略摘录部分，如：卷三《种韭第二十二》中提到"韭性内生，不向外长"；《插梨第三十七》中提到梨树嫁接，接穗"用根蒂小枝，树形可喜，五年方结子；鸠脚老枝，三年即结子而树醜""每梨有十许子，唯二子生梨，余生杜"；卷四《种椒第四十三》讲述花椒的移栽时称"此物性不耐寒，阳中之树，冬须草裹，其生小阴中者，少禀寒气，则不用裹。"只有通过长期、实地、细致的观察，才可能写出这样详细具体而又可操作的经验之谈，除此之外仅凭"询之老成"的道听途说，是很难有此见地和表述的。因此，我们说贾思勰是一个伟大的社会实践家一点也不为过。

三、贾思勰有行万里路、接地气的丰富体验

读万卷书，行万里路是古人治学的突出特点，其中包含了理论学习和实践相结合的重要理念。读万卷书，就是说要广泛的学习，不断地丰富充实自己的知识，这是治学的基础，也是理论的准备阶段；行万里路，就是说要脚踏实地地去做、去体验，这是理论的落实，也是理论与实践相结合的实施阶段。即使在今天，这样的要求仍然是重要的、必须的。在1 500多年前，这两点贾思勰都做到了，在《一丝不苟学而不厌的严谨治学精神》章，我们已对农圣文化中的治学精神做过分析，这里不再赘述。以下引用《齐民要术》的文字，对我们把握贾思勰的实践精神大有帮助。

《齐民要术》卷三《种蒜第十九》贾思勰的注文记载了"并州无大蒜，朝歌取种。一岁之后，还成百子蒜矣，其瓣粗细，正与条中子同。芜菁根，其大如碗口，虽种他州子，一年亦变大。蒜瓣变小，芜菁根变大，二事相反其理难推。又八月中方得熟，九月中始刈得花子。至于五谷蔬果，与余州早晚不殊，亦一异也。并州豌豆，度井陉以东，山东谷子，入壶关、上党，苗而无实。"对于这些现象，贾思勰说"皆余目所亲见，非信传疑"，这都是有根有据自己亲眼看到的，不是什么道听途说的附会讨巧，也绝不是凭空捏造出来的。同时，贾思勰还根据自己的实际经验和观察分析，提出了自己的判断结论："盖土地之异者也"，

这是土地（环境条件）不同的原因造成的。如果没有丰富的实践经验，系统的对比研究，根本难以有这样科学精当的分析。就是在今天，这样脚踏实地的做法也实在是值得我们学习和仿效的。

此外，从《齐民要术》一书涉及的有关物产与地名情况看，除了并州（今山西境内）、朝歌（公元494年北魏迁都河南洛阳，贾思勰大概也曾游历过这里）、井陉（今河北境内）、壶关（今山西境内）、上党（今山西境内）外，贾思勰还到过陕西的茂陵、河北的渔阳（今北京密云一带）、山西的代（今大同附近）、并（今太原附近）、东北地区的辽（今昔阳一带），山东的益都（今山东寿光，贾思勰的出生之地）、青州（今临淄附近）、齐郡历城（北魏时青州的辖郡）、西兖州（今定陶及附近）、济州（今茌平附近）、西安、广饶（当时的齐郡辖县，今河北和东营一带）等多地，足迹基本踏遍了北魏统治的区域，正因为有着这样丰富的实地观察，加之“询之老成”和自己的严谨治学，《齐民要术》所记内容才如此丰富庞杂，体例完整，条理清楚，各种农业生产技术、农谚民谣才搜集得这样全面，如果没有行万里之路，只是闭门造车，是完全不可能有这样收获的。

综上所述，从贾思勰的思想主张、理念再到生产生活中的“躬行践履”亲自为之，是农圣文化中实践精神的基本特征和内涵，正是籍于这种可贵的实践精神，才使《齐民要术》具有了扎实的理论基础和现实的事实支撑，成为一部“古代社会农业百科全书”，至今都闪耀着科学的光芒。

第三节　《齐民要术》农学文化思想实践精神价值

“实践”是中国哲学中固有的概念，黑格尔在扬弃前人思想的基础上，从历史的视角展开对实践的探寻，第一次提出了劳动实践的概念。在中国古代哲学中，实践的主要含义是“躬行践履”，就是亲自去做去落实，包括思想道德、为人处世和社会生活的方方面面，其外延实际上是非常大的。而现在马克思主义哲学体系中的实践概念，则是倾向于物质性的活动，与中国哲学传统中的实践有着较大差别。

贾思勰作为一个家学渊源深厚，而又饱读诗书的古代知识分子，他对中国传统文化中的精髓既有充分的继承，又有全新的创造，这在其著作《齐民要术》中多有体现。而实践精神作为农圣文化的重要组成部分，既符合中国传统文化中的“躬行践履”精神，又与马克思主义哲学中的实践有着共同之处。通过研读《齐民要术》，我们可以清楚的梳理出贾思勰思想上的实践主张，生活中“验以行事”的“躬行”之事，以及踏遍祖国山山水水的“践履”之迹，从而准确把握《齐民要术》农学文化思想中实践精神的基本内涵。

马克思主义认为实践第一，主张实践是人类自觉自我的一切行为。实践精神的实质就是脚踏实地、躬行践履、身体力行地去做去落实。中国向来提倡埋头苦干的精神，也尊重具有实干精神的人，鲁迅先生称之为“中国的脊梁”。可以说，实践是人类社会由必然王国进入自由王国的唯一途径。

人类发展需要实践精神。毛泽东在《实践论》中提到：“实践、认识、再实践、再认识，这种形式，循环往复以至无穷，而实践和认识之每一循环的内容，都比较地进到了高一级的程度。”实践决定了人类发展的历史进程，从茹毛饮血的蛮荒时期到文明自觉的现代人，人类自身的每一次飞跃都离不开实践。人类在实践中认识，在认识中再实践再认识，从而推动人类历史的不断发展，过去如此，今天如此，将来依然如此。

社会进步需要实践精神。发展是历史的自然规律，而发展的内动力来源于实践的推动，是否具有脚踏实地的实践精神关系社会发展的进程。社会由贫穷到富裕、弱小变强大、落后变先进等等需要全社会的实践努力，需要在实践中不断地突破，不断地扬弃，向着最美好的未来不断努力，反之则不成。天上不会掉馅饼，共产主义社会不会自己实现。当下，“中国梦”作为中国和每一个中国人最美好的未来目标，更需要全体国人“踏石留印，抓铁有痕”的实践才会实现，反之也必成空。

工作创新需要实践精神。贾思勰有过养羊失败的教训，才总结出了科学而又全面的养羊理论；贾思勰读过万卷书、行过万里路，虚心地“询之老成，验以行事”，向劳动人民学习的同时还自己身体力行，做了大量的实践工作去验证，历时 20 多年才写成了世界上现存最早、最完整的农学巨著《齐民要术》，如果没有“躬行践履”的实干精神和丰富的实践经验，谈何容易？

工作中我们如果缺乏实干精神，就会漠不关心、消极应付，轻者工作受影响，个人也不会有进步，重者工作落后，个人也成为工作的阻碍，甚至导致失败，不能不引起重视。

第十四章

居安思危防患未然的忧患意识

忧患意识也可以称之为居安思危，是中华民族自古以来就具有的精神传统之一，它源于传统知识分子对祖国、民族命运和前途的深沉关切。它代表了一种高尚人格，体现的是一种社会危机感、责任感和历史使命感。以居安思危、防患未然为特色的忧患意识是农圣文化中的可贵之处，它不仅与贾思勰生活时代的自然条件有关，还与当时的社会风气、社会环境有关。

更为重要的是，忧患意识作为一种优秀思想文化，与贾思勰和《齐民要术》体现出来的其他优秀思想文化一起，构成了《齐民要术》农学文化思想的精神价值体系。因此传承发展《齐民要术》农学文化思想，全面把握农圣文化的基本精神内涵，就有必要厘清《齐民要术》农学文化思想中的忧患意识。

第一节　忧患意识在《齐民要术》中的明确表达

一个人的思想不仅表现在他的言语和行为上，还表现在他的文章和作品中，如著名美术大师徐悲鸿的马，他所作的水墨骏马，桀骜不驯，体现了民族精神，在写实的形体中充满着浪漫主义的遐想和激情，是徐悲鸿思想感情的一种艺术表现形式。贾思勰的思想，或者说《齐民要术》的农学文化思想，我们就可以通过《齐民要术》文本感受到也能读出来。在《齐民要术序》中，贾思勰通过引用前人的论述和直抒胸臆的方式，把自己内心的忧虑和诉求进行了直言不讳地表达，显示出一个有良知的地方官吏的责任和担当。

在《齐民要术》中，贾思勰引用陈思王曹植的话“寒者不贪尺玉而思短褐，

饥者不愿千金而美一食。千金、尺玉至贵，而不若一食、短褐之恶”（引自《齐民要术·序》。下文未特别注明者都是引于此）说明“物时有所急”事物的重要性是由特定的情势所决定的道理。在丰收无灾的年景，人们不会重视一顿饭、一件粗布衣裳的价值，然而一旦遇到天灾人祸，一顿饭、一件粗布衣裳都有可能成为奢求。天有不测风云，人有旦夕祸福，在生产技术不发达，生产力低下的古代社会，这是老百姓首先想到的。当然，即使在科技发达、物质条件优越的今天，人们也应当具有这种思想，这就是平常所说的居安思危、有备无患。也正因为“物时有所急”，所以贾思勰主张时刻抱有这样的忧患意识是有必要的。

贾思勰在《序》中还对当时社会上“用之无节”的奢靡浪费之风，表现出强烈的不满和反对。他认为“凡人之性，好懒惰矣”人的本性喜好慵懒享受，“率之又不笃”组织引导又不得力，“加以政令失所，水旱为灾，一谷不登，胔腐相继”加上政令不当，遇上水灾旱灾，颗粒不收，死去的人就会相继不断。贾思勰慨叹“古今同患，所不能止也，嗟乎！”这是古今不能根绝的灾难，实在是可悲！

贾思勰认为“穷窘之来，所由有渐”，人们穷困的原因，是从不注意微小的苗头到发展成为大的灾难的渐变过程，贾思勰的这一判断非常符合马克思主义学说从量变到质变的过程。“既饱而后轻食，既暖而后轻衣。或由年谷丰穰，而忽于蓄积；或由布帛优赡，而轻于施与”都是不应该的、是错误的，他强调不应该饭吃饱了就轻视或浪费粮食，穿暖和了就轻视而不是珍视衣物，遇上丰收年景就不注意积蓄，布帛多了就随意地施于或浪费，而应该是时刻注意节俭、积蓄，这种居安思危的忧患意识犹如黄钟大吕，震响于历史的天空，警醒着世人。就是拿到今天来讲，也是有着重要的警示作用的。

第二节　《齐民要术》农学文化思想中的忧患意识

一、贾思勰重视主要农林作物之外的救荒作物

北魏时期气候变化不稳，造成水灾旱灾频发，单就与贾思勰生活时代较近的年代来说，据《魏书》“灵徵志”记载：太和年间（公元 477—公元 499 年）发大水六次，殃及 24 州 4 镇；太和十一年“春旱至今”，以致于“野无青草”；太和十二年“是岁，两雍及豫州旱饥。明年，州镇十五大饉”；景明元年（公元 500 年）9 州 2 郡发大水“平隰一丈五尺，民居全者十四五”，正始二年（公元 501 年）“青州、徐州大雨连绵，海水溢出于青州乐陵之隰沃县，冲走一百五十二人。”永平三年（公元 510 年）20 个州郡发大水。此外，还有地震、山崩、冰

雹、霜冻、大风、虫灾等若干起，这些自然灾害的破坏性极强，给农业生产带来严重的威胁，造成了人民生活的困窘。

在这样的时代背景下，贾思勰在创作《齐民要术》时自然对社会生产和人民生活更加关注，特别是对当时种植的主要农作物之外，那些能救人活命的作物的种植，贾思勰在书中表现出极大的关注，有些重要的救荒作物甚至作了特别的强调。现在从《齐民要术》中析出较为突出的六条阐述如下：

第一，在《齐民要术》卷一《种谷第三》，贾思勰引用《氾胜之书》“稗，既堪水旱，种无不熟之时，又特滋茂盛，易生芜秽。良田亩得二、三十斛。宜种之，备凶年。”并作注“酒势美酽，尤逾黍、秫。魏武使典农种之，顷收二千斛，斛得米三四斗。大俭可磨食之。若值丰年，可以饭牛、马、猪、羊。”意思是说，稗这种非粮食作物是酿酒的好材料，用稗作原料酿出的酒其品质甚至超过用黍（黍子）、秫（高粱）酿的。魏武帝就曾经让典农种过稗，一顷地能收获2000斛（中国旧量器单位，五斗为一斛），大灾之年可以把稗磨成面粉当粮食，丰收的年份还可以用来喂牛、马、猪、羊等家畜。同时，他还引用《汉书·食货志》“种谷必杂五种，以备灾害”（五种指的是黍、稷、麻、麦、豆），说明种谷子时必须杂着、分着种些其他的作物，以防备灾害的发生。这些转载都非常清晰地体现出了贾思勰对救荒作物的重视。

第二，在《齐民要术》卷二《种芋第十六》，贾思勰用小字作注“芋可以救饥馑，度凶年。”种植芋可以救饥荒，渡过灾年，并指责当时“今中国多不以此为意，后至有耳目所不闻见者。及水、旱、风、虫、霜、雹之灾，便能饿死满道，白骨交横。”最后还发出了“知而不种，坐致泯灭，悲夫!”的悲叹，明知种芋可以用来救饥荒，人们却大多不在意，对有些人甚至视而不见充耳不闻的做法极为不满，对一旦各种灾害来临，饿殍满道，白骨纵横的悲惨境况极为痛心，其忧患意识可谓至强至烈至急。

第三，在《齐民要术》卷三《蔓菁第十八菘、芦菔附出》中，贾思勰写道“（多种芜菁）可以度凶年，救饥馑。干而蒸食，既甜且美，自可藉口，何必饥馑?”同时，贾思勰还算了一笔账，并用小字作注的方式予以明确示人“若值凶年，一顷（蔓菁）乃活百人耳。”算法是否准确姑且不论，仅从此便足见贾思勰对应对“凶年”的重视程度之高。

第四，在《齐民要术》卷四《种梅杏第三十六》贾思勰引用《嵩高山记》中的故事“东北有牛山，其山多杏。至五月，烂然黄茂。自中国丧乱，百姓饥饿，皆资此为命，人人充饱。”进一步说明多种杏可以“资此为命，人人充饱”的事实。通过这个故事，贾思勰强调了“杏一种，尚可赈贫穷，救饥馑”，杏果可以赈济贫穷救饥荒，是值得大量种植的观点，表达出的仍然是一种居安思危的深深的忧患意识。

第五，在《齐民要术》卷五《种桑、柘第四十五》贾思勰写道“椹熟时，多收，曝干之，凶年粟少，可以当食。”同时以当时的史实和自己的亲身经历为据，作注说明“今自河以北，大家收百石，少者尚数十斛。故杜葛乱后，饥馑荐臻，唯仰以全躯命，数州之内，民死而生者，干椹之力也。”黄河以北地区的老百姓，收获桑椹多的人家有一百石，少的也有数十斛，因为“杜葛之乱”河北多个州内经济萧条，当地的老百姓就是凭借干桑椹救活了很多人，这样写来就进一步强调了种椹可以补粮救荒的道理和主张。

第六，在《齐民要术》卷五《种槐、柳、楸、梓、梧、柞第五十》中，贾思勰在记述柞树（即栎树）种法的同时，还强调了柞树果实“橡子”的救荒作用：“橡子俭岁可食，以为饭；丰年放猪食之，可以致肥也。”荒年可以当饭吃，丰年的时候又可以作猪饲料，猪可以长得很肥大。

以上六条所记载的，既有农作物，又有蔬菜类、瓜果类和林木（果实）类，涉及当时农业生产的主要方面。由此不难看出，贾思勰的忧患意识绝非一时的随意而为，而是实实在在内心和思想中的一种存在，更是在生活中时时用心、处处留意的一种行为自觉。这种文化思想的作用是可想而知的，对于应对发展中不可预料的各种突发危机是大有裨益的，即使在今天也是足以借鉴的。

二、贾思勰非常重视自然野生的救荒植物

“地势坤，厚德载物”，大地的伟大就在于它的博大、包容和奉献，从这一意义上讲，大自然也是人类生存的根本。如何认识大自然，从自然界中获取人类生存的能量，是人类认识自然、改造自然、利用自然、与自然界和谐相处的伟大创举。贾思勰作为一个伟大的农学家，他的眼光是开阔的、独到的，他善于从自然界发现对人类有价值的东西，既体现了他对自然界的敬畏，更体现了他对人类生命的关怀与敬重。

在《齐民要术》中，我们就能读到贾思勰的这份博爱之心和伟大之行。因为，除了对农林作物之外救荒作物的关注外，贾思勰还非常重视野生救荒植物的利用，他在《齐民要术》卷十《五谷、果蓏、菜茹非中国物产者》中说“爰及山泽草木任食，非人力所种者，悉附于此。”意思是有些生长在山川水泽中可供人们食用，却又不是人们种植的作物，一起在这里作了记录。贾思勰注意到了这些植物在“俭岁”中救饥的重要性，所以“爰及山泽草木任食，非人力所种者，悉附于此”。如果没有防患于未然的忧患意识，在南北朝政权对峙，信息交流封闭的社会形势下，贾思勰怎么会有如此坚定的毅力？

根据石声汉教授考证，贾思勰在《齐民要术》第十卷中，一共记载了 167 种

可以供人类食用的植物，而其中的62种是当时在黄河流域，也就是北魏政权所管辖的范围内土生土长的，而其余的105种则是当时只在江南地域，也就是南朝的刘宋政权管辖范围内生长的。因为南北朝政权的对峙，以及社会条件的限制，贾思勰可能根本就没有到过南方，按照贾思勰“种莳之法，盖无闻焉”所以“阙而不录”的创作原则，那么这些记载就极有可能是贾思勰通过广泛的阅读，再加上自己的听闻和考证得来的结果，从这一点看，贾思勰真是做到了事无巨细、旁涉不拘，也充分体现了贾思勰忧患意识的深邃性。

前人栽树，后人乘凉。正是基于贾思勰的这一开创性工作，后来的农学家才有更多的人重视了“荒政”，甚至形成了如南宋董煟的《救荒活民书》，明代周定王朱栯的《救荒本草》、王磐的《野菜谱》、鲍山的《野菜博录》等一批救荒专著，而这些成果都是对贾思勰《齐民要术》农学文化思想的有力传承和发展，在历史上起到了救荒救命的积极作用，是中华民族居安思危的忧患意识的一脉相承。

第三节 《齐民要术》农学文化思想忧患意识价值

贾思勰生活在一个民族大融合，北方游牧文化与中原农耕文化交流碰撞，南朝北朝两朝政权对峙的特殊时期。特别是北魏孝文帝去世以后，北魏社会陷入了一种长期的动荡不安，胡太后重新掌握朝政之后朝纲败坏，秩序大乱，整个社会佛教泛滥，战乱频发，奢靡之风尤为猖獗，加之自然灾害接连不断，田地荒芜不断增多，人民生活颠沛流离，陷入了水深火热之中。在这样的社会背景下，贾思勰作为一个地方官吏，在深受其害、深感其责任重大的情况下，作了深入的思考和总结。

一方面，贾思勰通过引用经典和历史名人言论来申明自己的观点，呼吁和倡导要勤劳节俭、居安思危；另一方面，他在记录各种农林作物的耕种之法的时候，又对具有救荒作用的稗、芋、蔓菁、杏、桑椹、柞树等农作物、蔬菜、瓜果、林木类作了强调说明，此外贾思勰还对野生能救荒的植物进行了总结和记录，进一步充实了之前历代“荒政”的基本内容，有效地继承了中国传统文化中居安思危的忧患意识精神。

“生于忧患，死于安乐”是《孟子・告子下》里面的一句千古至理名言，是典型的中国表达、中国智慧，也是千百年来中华儿女引以为豪的生存之道。忧患意识作为中华民族的生存智慧之一，不仅具有深刻的哲学内涵，也具有积极的现实意义，是中华民族屹立于世界民族之林的重要因素之一。诸如“祸兮福之所倚，福兮祸之所伏”“先天下之忧而忧，后天下之乐而乐”“居安思危，戒奢以俭”“忧劳可以兴国，逸豫可以亡身”等名言警句，都是历代优秀的中华儿女智慧的结晶和发自内心的精神呐喊。

未雨绸缪，防患于未然是内化于我们民族精神之中的经验和大智慧。特别是在经济多元化，价值观多元化，竞争多元化的当代社会，增强忧患意识，是推进社会又好又快发展的强大助推力，是我们成功应对各种风险考验的重要保证。增强忧患意识，会让我们始终保持一个清醒的头脑，充分认清形势，变压力为动力，变挑战为机遇，从思想深处切实增强危机感、责任感和使命感，有利于克服麻痹大意的心理和小胜即骄、小富即安的盲目乐观。增强忧患意识，会让我们树立坚定的信心，顺境中乘势而上，争创更好业绩，不断向更高层次迈进；逆境中迎难而上，积极克服困难，努力打开一片新天地。正如《易传》所言：“君子安而不忘危，存而不忘亡，治而不忘乱，是以身安而国家可保也。”在时代飞速发展，国际竞争、国内竞争、行业竞争、职业竞争、人人竞争等日趋激烈的形势下，增强居安思危的忧患意识，也就显得更加重要和突出。

第十五章

大爱无疆忠诚博大的爱国精神

《齐民要术》作为“我国现存最早的，在当时最完整，最全面，最系统化，最丰富的一部农业科学知识集成”[①] 不仅是一部农业科学巨著，而且蕴涵着极为丰富、优秀的农学思想文化，同中华优秀传统文化一样，有着“向上的力量”和“向善的力量”，是跨越时空、超越国度、富有永恒魅力、具有当代价值的文化精神[②]。爱国精神作为《齐民要术》农学思想文化主体精神的核心内容，与齐鲁文化有着深厚渊源联系，具有鲜明的传统文化特质和积极的当代价值，更是社会主义核心价值体系建设中，培育以爱国主义为核心的民族精神关键所在。研究《齐民要术》农学思想文化中的爱国精神（下简称：《要术》爱国），是我们“古为今用、推陈出新”“创造性转化、创新性发展”中国传统文化的重要内容。

爱国精神是《齐民要术》农学思想文化主体精神的核心，它以盼望国富民强、反对奢靡浪费、热爱祖国物产和取他族之长以利吾民为主要特征，表现出大爱无疆忠诚博大的中华传统文化特质，体现为思想意识和实践行动两个层次、四个方面的主要内容。

---

① 石声汉：《从齐民要术看中国古代的农业科学知识——整理齐民要术的初步总结》，《西北农学院学报》1956 年第 2 期

② 习近平：在中共中央政治局第十二次集体学习时的重要讲话，《人民日报》2014 年 1 月 1 日 01 版

第一节　思想意识层次的爱国表现

一、对国家富强、人民“富实”的愿望表达

我国是一个以农业为主的国家，“民本”“重农”思想历来是治国理政的重要理念。面对南北朝时期由于国家政权对峙，而导致战乱不断、生产凋敝、百姓生活贫困的社会现实，贾思勰表现出深深的忧虑之心，在《齐民要术·序》中首段明义，编撰目的“要在安民，富而教之”。民之安首先是国家和社会安定，贾思勰深刻地认识到“国犹家，家犹国”，一个国家如果没有和平安定的社会环境，老百姓的生活就得不到保障，国家经济就不会发展强大，国家富强就会成为一句空话。同时，他援引《左传》“民生在勤，勤则不匮”，强调人只要勤劳就不会缺乏衣食用度。有了和平稳定的社会环境，老百姓生活安定了还不够，还必须人人勤于劳作，解决了吃穿问题，也即贫困问题得到了解决，人民才算真的富了，“仓廪实，知礼节；衣食足，知荣辱。”老百姓得到教化，国与家的关系理顺好了，社会发展步入正途，自然会形成一个良性循环，再经过长期不断地社会积累和发展，国家强盛就必然能够实现。可以说，这既是贾思勰对国家富强、人民“富实”愿望的表达诉求，也是贾思勰爱国思想的一个基本逻辑。

贾思勰在《齐民要术·序》中以史言志，对“李悝为魏文侯作尽地力之教，国以富强；秦孝公用商君，急耕战之赏，倾夺邻国而雄诸侯。”的史实，表现出强烈的赞赏和推崇之意。认为李悝通过充分利用土地资源增加农业收成，以使国家富强的主张，商鞅重视并奖励耕种和战事的策略，都突出强调了“民本”和“重农”对国富民强的重要作用。

对历史上曾为老百姓生活、生产作出重大贡献的众多典型人物和各种典型做法，贾思勰都不厌其烦地择其优者简而录之，并且一一给予了充分肯定和积极舆论支持。“赵过始为牛耕”“蔡伦立意造纸”“耿寿昌之常平仓，桑弘羊之均输法”甚至被贾思勰誉为“益国利民，不朽之术”；猗顿、陶朱公的致富经验，任延、王景“令铸作田器，教之垦辟”，皇甫隆“教作耧犁”，茨充“教民益种桑、柘，养蚕，织履，复令种紵麻”，崔寔“为作纺绩、织纴之具以教，民得以免寒苦”，黄霸“使邮亭、乡官，皆畜鸡、豚”“及务耕桑，节用，殖财，种树”，龚遂“劝民务农桑”让“民有带持刀剑者，使卖剑买牛，卖刀买犊”，召信臣“躬劝农耕”“开通沟渎，起水门、提阏，凡数十处，以广溉灌，民得其利，蓄积有余”，僮种“率民养一猪，雌鸡四头”，颜斐“令整阡陌，树桑果”“教匠作车”，王丹通过“每岁时农收后，察其强力收多者，辄历载酒肴，从而劳之”“聚落以

致殷富”，杜畿“课民”“皆有章程，家家丰实”等等的不同做法，不仅使老百姓富裕，也成为社会安定国家强盛的重要原因。这些表述或大到国家政策，或小至百姓日常生活细节，无一不体现出贾思勰“民本”“重农”思想指导下的爱国情怀，其盼望国家富强、人民“富实”的迫切、真挚之情更是溢于言表。

二、对北魏社会奢靡浪费之风的强烈反对

家国情怀是中国传统文化中重要的价值理念，无论在中华民族生死存亡紧要关头，还是社稷动荡不安、大厦将倾关键时刻，家国情怀都积极地转化为中华儿女济困扶危、匡正时局的责任担当和精神动力。在南北朝政权分裂对峙情况下，北魏孝文帝改革虽然带来了少数民族与汉族融合发展的良好局面，却难以消除北魏潜藏的社会危机，贾思勰目睹身历忧心如焚。

（一）北魏历代帝王好黄老、崇佛法，在全国范围内广建寺庙，造成人力和社会财富极大浪费，社会生产遭到严重干扰

北魏时期，虽然太武皇帝拓跋焘实行过“灭佛”运动，但没有妨碍佛教在北魏的发展，甚至发展到北魏高宗时“诏有司为石像，令如帝身”[①]。让有关部门按照皇帝的身型造佛像的境地。北魏显祖在永宁寺建造的七级佛塔“高三百余尺，基架博敞，为天下第一。”[①]在天宫寺建造的释加牟尼佛立像“高四十三尺，用赤金十万金，黄金六百斤。”[①]皇兴（公元 467—476 年）年间，建造的佛塔“镇固巧密，为京华壮观”；[①]承明元年（公元 476 年）“帝为剃发，施以僧服，令修道诫”[①]孝文皇帝甚至亲自为出家人剃发，发给他们僧服，让他们修炼道诫。从兴光年（公元 454 年）到太和元年（公元 477 年）20 多年间，“京城内寺新旧且百所，僧尼二千余人，四方诸寺六千四百七十八，僧尼七万七千二百五十八人。”“至延昌中，天下州郡僧尼寺，积有一万三千七百二十七所，徒侣逾众。”[①]到延昌年间（公元 512—515 年），寺庙达到了 13 727所，僧众不计其数。“从景明元年至正光四年六月以前，用功八十万二千三百六十六”[①]熙平年间（公元 516—518 年）建造的“佛图九层，高四十余丈，其诸费用，不可胜计。”[①]神龟年间（公元 518—520 年）“太后好佛，营建诸寺，无复穷已，令诸州各建五级浮图，民力疲弊。”[②] 不仅如此，“诸王、贵人、宦官、羽林各建寺于洛阳，相高以壮丽。太后数设斋会，施僧物动以万计，赏赐左右无节，所费不赀，而未尝施惠及民。府库渐虚，乃减削百官禄力。”[②]上层社会争相建寺，耗巨资装修攀比，甚至到了朝廷不得不“减削百官禄力”，来弥补国库亏空的地步。

---

① 许嘉璐，周国林：《二十四史全译·魏书·释老志》，北京：汉语大词典出版社，2004 年 1 月

② ［宋］司马光：《资治通鉴·梁纪五 高祖五皇帝五 天监十八年（己亥 519）》，光明日报出版社，2015 年 10 月

（二）北魏社会佛教盛行，也造成了社会管理混乱失衡，百姓困苦不堪

北魏孝文帝曾下诏“比丘不在寺舍，游涉村落，交通奸滑，经历年久。”“无知之徒，各相高尚，贫富相竞，费竭财产，务存高广，伤杀昆虫含生之类。”[①] 僧侣远离寺庙，在村里游荡，并且与奸猾之徒交往，甚至相互攀比，耗尽钱财，求名逐誉，劳民伤财而且杀生。到了北魏后期，社会上“私营转盛”，“寺夺民居，三分且一”[①]，永平四年（公元511年），出现了“主司昌利，规取赢息，及其微责，不计水旱，或偿利过本，或翻改券契，侵蠹贫下，莫知纪极。”现象[①]，“非但京邑如此，天下州、镇僧寺亦然。侵夺细民，广占田宅，有伤慈矜，用长嗟苦。”[①]老百姓“细民嗟毒，岁月滋深。”[①]遂产生了“民不畏法”的现象，对国家制度“恃福共毁”。狂热的佛教信仰导致北魏社会管理制度混乱失衡，造成社会环境极不稳定，不仅生产受到阻碍，老百姓的生活也受到严重影响，陷入了水深火热之中。

（三）奢靡浪费社会风气严重，国家财富过度消费，社会安定受到严重威胁

《资治通鉴》记载“时魏宗室权幸之臣，竞为豪侈，高阳王雍，富贵冠一国，宫室园圃，侔于禁苑，僮仆六千，伎女五百，出则仪卫塞道路，归则歌吹连日夜，一食直钱数万。”“河间王琛，每欲与雍争富，骏马十余匹，皆以银为槽，窗户之上，玉凤衔铃，金龙吐旆。尝会诸王宴饮，酒器有水精锋，马脑碗，赤玉卮，制作精巧，皆中国所无。又陈女乐、名马及诸奇宝，复引诸王历观府库，金钱，缯布，不可胜计，顾谓章武王融曰：‘不恨我不见石崇，恨石崇不见我。’”（《资治通鉴·梁纪五 高祖武皇帝五 天监十八年（己亥，公元519年）》）高阳王元雍与河间王元琛斗富的荒唐之事，可谓当时社会奢靡风气的典型代表。

“历览前贤国与家，成由勤俭败由奢”历史教训沉痛警醒，身为地方官吏的贾思勰亲见其实，深知其害，发出“家犹国，国犹家，是以家贫则思良妻，国乱则思良相”的呐喊，同时在《序》中还直抒胸臆，表达出对这种荒淫无度奢靡之风的强烈反对：“夫财货之生，既艰难矣，用之又无节……穷窘之来，所由有渐。”他不仅揭露了过去历史上统治者的无能与黑暗，也揭露了当朝统治者的奢侈无度、吏治腐败、政令失所。

贾思勰引用《仲长子》“鲍鱼之肆，不自以气为臭；四夷之人，不自以食为异：生习使之然也。居积习之中，见生然之事，夫孰自知非者也？”对当朝统治者和社会管理层的麻木不仁和熟视无睹，进行了无情地批判。正是因为爱国精神，贾思勰才满怀忧虑地对满足于现状，不思进取，眼界狭隘，目光短浅的统治者发出“斯何异蓼中之虫，而不知蓝之甘乎？”的愤慨与反诘，这与生

① 许嘉璐，周国林：《二十四史全译·魏书·释老志》，汉语大词典出版社，2004年1月

活在辣蓼中的虫子不知道蓝叶的甜味有什么不同呢？焦虑之情，痛心之忧，溢于言表。

第二节　实践行动层次的爱国行为

一、对祖国物产的重视与热爱

由于南北朝的分裂对峙，南北政权对生活、生产、物种等方面的交流必然存在着很大程度限制，甚至保护、封闭和敌对的现实。但在爱国精神的感召下，贾思勰突破了这一政权对峙的樊篱，对中华大地上人工种植、制作和自然生长的农、林、牧、渔等物产，根据劳动人民生产生活需要，进行了有针对性地取舍，按类分条载入《齐民要术》。抛开农业技术不论，单就记载的物产来说，《齐民要术》的记载基本涵盖了北朝时期所有对老百姓生产生活有用的作物、植物。单就“粟”（即今谷物）这一古代人民生活中最重要的一种粮食作物来说，贾思勰特别用心，正如石声汉教授所说“谷物的栽培，是《齐民要术》中最重要的贡献之所在。”[①] 仅在谷物品种方面，贾思勰就列举了 97 种之多，除引用晋代郭义恭《广志》里面记载传统种植的 11 个品种外，贾思勰还“自己列举了 86 种，并且作了品质性能分析。”[①]《齐民要术》所记重要谷物品种有：黍 12 种、穄 6 种、粱 4 种、秫 6 或 7 种、小麦 8 种、粳稻 25 种、糯米（秫稻）11 种。贾思勰还对“粟”的命名规律或特点作了整理归类“按今世粟名，多以人姓字为名目，亦有观形立名，亦有会义为称”，通过自己的观察和梳理总结，对各品种谷物生长特点、防病虫害能力、抗风抗旱和耐水性、成熟早晚、制作难易程度以及成食后的味道等，作了分门别类详细介绍，虽然自言“聊复载之云尔”，但我们仍能从其记录的详细性、科学性和系统性等方面，体味到他的良苦用心。

尤为值得重视的是，贾思勰还单列《卷十 五谷、果蓏、菜茹非中国物产者》一卷，对“其有五谷、果、蓏非中国所殖者，存其名目而已”，此处所谓“中国”即拓拔氏统治的北朝疆域，除了对“非中国所殖者”的五谷、果、蓏等只作“存其名目”式的记录外，贾思勰还“爰及山泽草木任食，非人力所种者，悉附于此。”对那些对人类生活有用而又非人工种植的自然植物也作了大量记录。据石声汉教授考证，《齐民要术》卷十共记录了 167 种可以吃的自然植物，而其中的 105 种就是南朝刘宋统治区域内的[①]。

---

① 石声汉：《从齐民要术看中国古代的农业科学知识——整理齐民要术的初步总结》，《西北农学院学报》1956 年第 2 期

从《齐民要术》记载的这一事实分析，我们至少可以总结出贾思勰爱国行为中对祖国物产重视和热爱的两个方面：一方面反映了贾思勰胸怀天下，在他心里有一个大中国的国家概念存在，而不仅仅是北魏政权统治下的江淮以北区域，所以他才会对非自己“国家”而又是大中国范围内作物、植物作“存其名目”式记录，这是贾思勰爱国行动具体表现之一。另一方面，就是限于北魏拓拔氏统治贾思勰自己生活的“国家”来说，贾思勰还做到了凡是对人民生活生产有利的无不记录，正如《齐民要术·序》中所说的那样“起自耕农，终于醯、醢，资生之业，靡不毕书”，而这样的记载又是围绕其爱国精神另一特点“要在安民，富而教之”而做的。

二、注重取他族之长以利吾民的实际行动

受西汉崇儒思潮影响，作为一个有着深厚家学渊源，藏书又异常丰富的封建时代地方官吏，贾思勰不可避免地受到“君君臣臣父父子子”儒家道统思想影响。因此，忠于拓拔氏统治的北魏朝廷，也是贾思勰作为北魏地方官吏的首要“官德”，这无可厚非。但是，因为有着“要在安民，富而教之”伟大理想，贾思勰对拓拔氏统治后所带来的游牧民族文化，并不是全盘的接受，也不是全盘的否定，而是非常巧妙地把其中先进的、对老百姓的生产生活大有裨益的知识、技术，进行了精心取舍，并有针对性地载入了《齐民要术》，大大丰富了汉民族生活文化，促进了各民族文化大融合大发展。

如《齐民要术》卷八《脯腊第七十五》中介绍的“作五味脯法”所用的食材包括牛、羊、獐、鹿、野猪肉等畜类和野生动物，是北方游牧民族生活中典型的代表食材，畜类的肉脯也带有典型的游牧民族生活特点。《羹臛法第七十六》中介绍的羊蹄臛法、胡羹法、羌煮法等多种制作肉羹的方法，所用食材也多是羊、鹿等当时游牧民族生活中常用到的。《蒸缹法第七十七》中的胡炮肉法更是典型的游牧民族的一种生活习俗和常用技法。卷九《炙法第八十》《饼法第八十二》中的髓饼法，《煮醴酪第八十五》中的煮酪法，《飧饭第八十六》中的做胡饭法等等，也基本上是来源于游牧民族的生活习俗和做法。既使历史发展到今天，我国少数民族的这些饮食文化还有相当一大部分，仍然在发挥着巨大作用，丰富着我们的日常生活，而已经成为中华民族记忆和生活中的文化共识。

文化没有国界，即便没有贾思勰当时的关注和努力，随着民族大融合的历史潮流，各民族优秀的传统文化最终也会融汇到中华民族文化的长河中来。早在1 000多年前，正是因为贾思勰的精心挑选，才使游牧民族的这些优秀文化和知识技术在较早的时间就传到了汉民族，与汉民族优秀传统文化一起熔铸为中华民族文化的精髓，大大丰富了汉民族的生活文化。而这种“师夷长技”的做法，

也正是以富国利民为核心的贾思勰爱国精神的另一种具体体现。

第三节 《齐民要术》农学文化思想爱国精神价值

一、《齐民要术》农学文学爱国精神与中国传统文化一脉相承

著名学者傅斯年认为“从春秋到王莽时，中国上层的文化只有一个重心，这一个重心便是齐鲁。”① 先秦文化研究专家、历史学家徐中舒也认为“秦汉以前齐鲁为先秦最高文化区”②，而先秦文化已经具备了作为中国传统文化主体与核心的内涵与精神特质。因此，我们可以认定齐鲁就是中国文化“轴心时代”的核心区域。《齐民要术》诞生于齐鲁大地，《齐民要术》农学思想文化是齐鲁文化的重要组成部分，是对战国“百家争鸣”时期“农家”一派的重要传承与创新。因此，《齐民要术》农学思想文化与中华优秀传统文化是一脉相承的。

爱国主义是一个历史范畴，在不同的历史时期，有着不同的具体内容和表现形式③。分析齐鲁文化中爱国精神的基本内涵与特点，便于厘清《要术》爱国的历史渊源，以及与齐鲁文化的联系，准确把握其基本内涵。

（一）《要术》爱国是对齐鲁文化中摧枯拉朽式革命爱国的深入与巩固

齐鲁文化中的爱国精神首先体现在人民困苦、国家危难时的革命性爱国行动。姜尚辅佐武王伐纣建立周朝正统和田单复国，可谓是齐鲁文化中爱国精神两大标志性事件和最具说服力的史实证明。正是这一革命性爱国行为，激励着一辈辈中华儿女抛头颅洒热血，为国家前途命运前仆后继赴汤蹈火。而《要术》爱国是基于国富民强的“齐民”之术，无疑是殊途同归式的摧枯拉朽式革命爱国行动的一种深入与巩固。

商朝末年，纣王昏庸，国运维艰，百姓生命涂炭，姜尚辅佐武王举兵伐纣，“迁九鼎，修周政，与天下更始。”（《史记・齐太公世家第二》）天下归心，建立西周，救国于将倾，救民于水火。姜尚辅佐有功，被周武王首封于齐，围绕国家强盛人民富足，姜尚实施了积极的国策方针，为齐国成为“春秋五霸”之首霸、“战国七雄”之一雄奠定了基础。战国时期七国争雄，天下混乱，“燕攻齐，齐破。闵王奔莒，淖齿杀闵王。”（《战国策・齐策六》）“燕既尽降齐城，唯独莒、即墨不下。”（《史记・田单列传第二十二》）田单及其族人得以“东保即

---

① 傅斯年：《夷夏东西说》，《傅斯年全集》第三卷，湖南教育出版社，2000 年，第 229 页

② 徐中舒：《再论小屯与仰韶》，《安阳发掘报告》，1930 年第 3 期

③ 宣兆琦：《论齐鲁文化与爱国主义教育》，《山东理工大学学报（社会科学版）》第 21 卷第 1 期，2005 年 1 月，第 58~62 页

墨”。此后，田单“纵反间于燕”，让燕王撤掉名将乐毅，“身操版插，与士卒分功，妻妾编于行伍之间，尽散饮食飨士。”与士兵同甘共苦修筑工事，将自己的妻妾整编到队伍里，拿出全部食物犒劳士兵，以凝聚人心，还“收民金，得千溢，令即墨富豪遗燕将”来迷惑燕国军心，最后使用火牛阵大败燕军，“燕军扰乱奔走，齐人追亡逐北，所过城邑皆畔燕而归田单，兵日益多，乘胜，燕日败亡，卒至河上，而齐七十余城皆复为齐。”（《史记·田单列传第二十二》）田单最终使齐复国，谱写了光耀历史的爱国主义篇章。

贾思勰所处的北魏时期，虽然南北政权对峙，但各自政权所辖还是相对稳定的，加之孝文帝改革又进一步推动了北魏经济社会的发展，在这样的社会背景下，摧枯拉朽式的革命爱国既不是这一时期爱国主义的主要内容，更不是一个地方官吏的担当与应尽职责，而大力发展农业使百姓富裕，国力增强就成为该时期的爱国主题。因此，《要术》爱国是适应了时代发展需求，具有积极和现实意义的。

（二）《要术》爱国是对齐鲁文化治国理政实践行动的全面继承与发展

齐鲁文化中的爱国精神更多、更重要的体现在治国理政的实践行动，而究其本治国理政终极目的始终是国富民强。在此治国理政理念的引领下，齐国经济与国力渐趋强大，最终成就“春秋五霸”首霸和“战国七雄”之一的泱泱大国地位。而这些治国理政理念进一步丰富了中国传统文化内涵，为也当今治国理政提供了重要借鉴。其中三个典型代表，足以佐证。

1. 姜尚治齐时期

这一时期，在政治上实行“尊贤尚功”的用人之策，经济上“通工商之业，便渔盐之利”（《史记·齐太公世家第二》），“通末利之道，极女工之巧”（《盐铁论·轻重第十四》，因地制宜发展多种经济，而文化上实行“因其俗，简其礼”（《史记·齐太公世家第二》），积极合适地处理统治者与当地人关系、炎黄文化与东夷文化融合发展①，使齐国经济得到迅速发展，“而人民多归齐，齐为大国。”（《史记·齐太公世家第二》）“是以邻国交于齐，财畜货殖，世为强国。”（《盐铁论·轻重第十四》）奠定了齐国的大国强国地位。

2. 管仲治齐时期

管仲治齐，对姜齐治国理政进行了全面深入地继承，是姜齐政治的延续。管仲“尊王攘夷”辅佐齐桓公“九合诸侯，一匡天下”，提出了“衣食足则知荣辱，仓禀实则知礼节”的论断，认为“政之所兴，在顺民心，政之所废，在逆民心，……，故刑罚不足以畏其意，杀戮不足以服其心，故刑繁而意不恐，则令

① 孟天运：《齐文化通论》，《社会科学战线》1999 年第 2 期，第 106~112 页

不行矣。"（《管子·牧民》），"众者爱之则亲，利之则至。故明君设利以致之，明爱以亲之。徒利而不爱，则众至而不亲；徒爱而不利，则众亲而不至。"（管子·版法解）"得民之道，莫如利之。"（《管子·五辅》）"凡治国之道，必先富民。民富则易治也，民贫则难治也。"（《管子·治国》）开展了系统的改革创新，推行全国，政久成俗，使齐国经济文化发展达到了一个高峰期，成为"春秋五霸"首霸，到春秋末期齐国首都"临淄城中七万户……临淄之途，车毂击，人肩摩，连衽成帷，举袂成幕，挥汗成雨；家敦而富，志高而扬。"（《战国策·齐策一》）已成为相当繁荣富庶的涣涣大国。

3. 晏婴治齐时期

晏婴治齐时期，齐国的经济政治开始走向落没，社会环境、经济状况、政治生态已与管仲治齐时期发生了很大变化。虽然姜齐统治逐渐走向下坡路，但晏婴继承了姜、管治国理政思想，根据姜齐末期政治腐败、朝政混乱的社会现实，他极力主张加强礼治"行善政"、省刑罚、减摇役，认为治国之要在于"其政任贤，其行爱民，其权下节，其养自俭"（《晏子春秋·内篇问上·第十七》），开启杂家思想先河，维持了姜齐统治的局面。

综合分析不难看出，贾思勰所处北魏时期与晏婴所处战国时期姜齐末世的齐国社会环境十分相似，贾思勰反对奢靡浪费，发出"国犹家，家犹国，国乱则思良相，家贫则思良妻"呐喊，与晏婴提出的"节用""自俭"异曲同工；贾思勰盼望国强民富的爱国愿望，与管仲的"富民"思想如出一辙；贾思勰在实践层次的爱国行为与姜尚治齐时期的经济政策又多有交集。由此，我们可以更加清晰地发现《要术》爱国渊源在齐鲁文化，与中国传统文化是一脉相承的。

（三）《要术》爱国是对齐鲁文化乃至中国传统文化"三立"传统的创新创造

立德、立功、立言是中国传统文化中的"三不朽"，虽久不废，百世流芳。齐鲁文化中的爱国精神还体现在先哲贤士的理论著作和对爱国精神的宣传教育方面，这些思想观点与理念成为中国传统文化宝贵的精神财富。今综其概束其要，予以说明齐鲁文化爱国精神的现实价值，《要术》爱国的深远渊源。

1. "大一统"爱国思想的发展

面对周室式微，礼崩乐坏的时局"孔子惧，作《春秋》。《春秋》，天子之事也。"（《孟子·滕文公下》）董仲舒在《春秋繁露·俞序》中亦言："仲尼之作《春秋》，上援天端正王公之位，万民之所始，下明得失，起贤才，以待后圣。故引史记，理往事，正是非，见王公。史记十二公之间，皆衰世之事，故门人惑，孔子曰'吾因行其事，而加乎王心焉。'以为见之空言，不如行事博深切明。"《公羊传·哀公十四年》更加直白地说："君子曷为为《春秋》？拨乱世，反诸正，莫近诸《春秋》。”可见，《春秋》微辞大意，表现出对周朝礼制的尊重，对国家一统“天下大同”的“王道”追求。正如司马迁在《史记太史公自序》中所言“夫《春秋》，上明三王之道，下辨人事之纪，别嫌疑，明是非，定犹豫，善善恶恶，贤贤贱不肖，存亡国，继绝世，补敝起废，王道之大者也。”同时，儒家学派还提出“德政”理念，强调“道之以政，齐之以刑，民免而无耻；道之以德，齐之以礼，有耻且格”（《论语·为政》），其目标指向都是围绕国家一统的“大同”理想。

继孔子之后，管仲在《管子·小匡》中提出“尊王攘夷”思想，其目的也在于让四方宾服，求国家一统。而孟子则进一步提出“朝秦、楚，莅中国而抚四夷”的思想。齐人公羊高《春秋公羊传》“何言乎王正月？大一统也。”（《公羊传·隐公元年》）则更加明确地提出了“大一统思想”，将盼望国家统一的思想提升到治国理政的最高境界。秦汉之际，儒家思想归于正统，成为治国理政、指导人们思想行为的圭臬。

2. 围绕国强民富而开展的思想博弈——“百家争鸣”

战国时期正是孕育“战国七雄”的战乱之际，列国纷争互伐、图强争霸，对人才的争夺更是无一复加，“贤才之臣，入楚楚重，出齐齐轻，为赵赵完，畔魏魏伤。”（东汉·王充《论衡·效力》），而齐国“自如淳于髡以下，皆命为列大夫，为开第康庄之衢，高门大屋尊宠之，览天下诸侯宾客，言齐能致天下贤士也。”（《史记·孟子荀卿列传》）因此儒、道、名、墨、法、兵、阴阳、农家、纵横家诸派并列，淳于髡、尹文、田骈、慎到、孟柯、邹衍、荀况等大家辈出，“人人握灵蛇之珠，家家抱荆山之玉，议论风发，高潮迭起，争鸣齐放，精采纷呈，著述之丰，汗牛充栋”① 他们主张“农本”“民本”“乐以天下，忧以天下”，提倡“仁”“爱民”“兼爱”“非攻”“节用”“自俭”，并著书立说，培养人才，为国家富强百姓富裕作了理论上的探讨和思想上的开拓，也为治国理政提供了丰富的理论依据。其理论成果，见诸诸子文集和各家论著，不一一录示。

作为北魏地方官吏的贾思勰，虽然对国家一统没有更突出的行为和更惊人的成就，但他为官一方务本重农，全面系统地总结以前和当朝的农业生产技术，致力于地方农业生产，积极把“百家争鸣”的理论成果融入到了现实生活，将“要在安民，富而教之”的职责和理想转化为指导农业生产的巨大动力，转化为实实在在的农业生产力。从中，我们不仅可以看到一脉相承的爱国精神渊源，更可喜的是我们还看到贾思勰已经超越了诸子百家思想争鸣的形而上，将爱国精神转化为一种实事求是的实际行动。

---

① 孟天运：《齐文化通论》，《社会科学战线》1999 年第 2 期，第 106~112 页

二、《齐民要术》农学文化爱国精神是民族精神的重要组成部分

爱国精神是一种对自己祖国最深厚的感情，爱国精神不仅表现为强烈的爱国情感、深邃的爱国理性，同时还表现为积极的爱国行为，是爱国情感、思想与行为的统一体。《要术》爱国的特征，正是这种忠诚于国家、希望国家富强的爱国情感、思想和盼望人民富实，对祖国山河、丰富物产的热爱，以及对多民族文化的尊重、危害国家发展的奢靡风气的反对等行为的统一。

爱国精神因为时代的不同表现出不同的形式、内容和特点，但无论历史怎样发展，时代如何变换，爱国主义作为一种民族的精神支柱和财富，对国家、民族的生存和发展具有不可估量的作用。因此，无论古今中外，无论世界上哪一个国家，爱国主义都是一个永恒的时代主题。

贾思勰生活于1 500多年前的北魏时期，北魏政权由北方少数民族鲜卑族拓拔氏建立，受鲜卑族拓拔氏统治的影响，又呈现出民族大融合的特点，一方面表现在北方少数民族政治制度的封建化，另一方面也表现在汉民族受到少数民族生产生活等方面的很大影响，在《齐民要术》中有关少数民族生活、动物养殖技术等的记载就体现了这一点。因此，《要术》爱国也就是该时代背景和特点下一种真实的反映，这主要体现在贾思勰对国家富强、人民“富实”的愿望表达，反对奢靡浪费的立场观点，对国家物产的重视和热爱，以及将少数民族文明中先进的生产生活知识和技术，有选择性地整理、载入《齐民要术》书中。

在中华民族几千年绵延发展的历史长河中，爱国主义始终是激昂的主旋律，始终是激励我国各族人民自强不息的强大力量。自觉地把爱国之情、强国之志、报国之行统一起来，把自己的梦想融入国家民族实现“中国梦”的壮阔奋斗之中，是每一个中华儿女应尽的责任和义务。

在当下中国，以爱国主义为核心的民族精神是社会主义核心价值体系建设的基础，国家富强、民族振兴、人民幸福是中国梦的基本内涵，走向生态文明，建设美丽中国需要爱国精神，实现中华民族伟大复兴的“中国梦”更需要爱国精神。习近平总书记在参观《复兴之路》展览时的讲话中提到“历史告诉我们，每个人的前途命运都与国家和民族的前途命运紧密相连。国家好，民族好，大家才会好。”爱国精神作为中华民族的核心精神和力量，其价值和意义毋庸置疑，爱国精神将永远是中华民族精神宝库中的主体精神和价值核心。

附　录

兖州刺史贾使君碑

贾使君碑又名《兖州刺史贾思伯碑》、《贾思伯碑》，北魏孝明帝神龟二年（公元519年）刻，碑高215厘米，宽84厘米，厚20厘米。《金石萃编》载：碑高六尺五寸，宽三尺四寸，文共二十四行，满行四十四字，书法高古，极似《张猛龙碑》。额饰浮雕龙纹，题“魏兖州贾使君之碑”，正文记录了贾思伯在兖州任内的主要政绩，碑阴上半部刻有宋哲宗绍圣三年（公元1096年）温益观跋，称褚遂良笔法得自此碑；下半部刻元惠宗至正十二年丘镇立碑题记，碑侧为康熙五十九年金一凤（时任兖州知府）移碑庑下题记，以及翁方纲跋。

原碑存于兖州，宋绍圣三年（公元1096年）、元至正二十二年（公元1362年）两度湮而复出，1951年移入曲阜孔庙。此碑笔法高古，结构精绝，为北魏名碑。最旧拓本为明拓，第九行漫漶处文字完好，清拓则较残泐，近拓已字形全无。有石印本明拓传世，王孝禹收藏题字，原本今藏故宫博物院，附图1。

附贾思伯碑碑文

兖州刺史贾使君之碑

夫琁□□□因方祇以□绪□因既启□□□□□德□□□□□□风□□□□□□使□□源遐缅，散邺崇深，识照天玑，冲光警智，冰清玉映，有夷齐之操。莅政□□□□□□□□□□□□□□作捍青蕃流爱屋之歌，垂芳河济，欣来苏之咏，可谓动众化□□□□□□□□盛□□□□□□□□□□□□□刊方来，何述前治中众事史、东平内史□止伯东平□祖毦□□□□□□□□□□□□□

附图 1　贾使君碑正文部分拓片

□□□□威将军，治中从事吏，吴兴沈预民□徐贞思等镂石镌□□徽万。君讳思伯，字士休，武威姑臧人也。晋太师贾他之后□□太傅谊□□□□□□□九世祖贾机青龙中为幽州刺史，行达冀州□州□□□□亡，遂□□□□□□□□□□□□州刺史。高祖腾燕冀州别驾，宜都王司马。曾祖弘，少有令誉，未宦早丧，□□□□□□□遂□□州□□录本州主簿，齐郡太守。君童齓之中，卓然岐嶷，亲临纨绮□□□善文赋，慷慨□志□□张良□超怅致□。太和中，起家为奉朝请，□□□□优游雅集，逍遥集□□□□□□□高谊□文□□□相□虽年始弱冠，便□□公辅之□，稍迁杨州，□□□□校尉□前军将军□拜，仍授辅□将□□□□□□□□□盛□□□□夜勤王，匪躬斯著，遐迩钦风，缙□引领。除河内太守，以亲老□□□除□□□□□□□□□□□寻□□将□一载，召拜荥阳太守，辞不获，已遂恭丽授□任，未朞风教□□□□□□□不□□□泽渐□□方之□君有翫□矣。寻除持节督南青州诸军事，征□将□南青州□□□□□□□□□□□□丁父忧，复召拜光禄少卿，将军如故。君谅闇在躬，□昔皓发继□□几□毁□□□哀□□□□□□流□□财赈施亲疏，周给门娃长幼，靡不布威，其怀□□，年□□□，除持节□兖州诸军□左，□□□□□□□□，土荒馑连，岁不登，又境上之民好□，去□，君按之以□□之□□□□□□□，在优平赋□未□，之□□□岁稔，□□既实，礼仪用兴，□□内仁外怜□，附民□□，□士□□□外仰□□□□，□□□□□□□，照□英徽蝉□，懋□德，□□□矩声溢……气……叶绮绩雕思三□□，辩渑……绮……既……良……挟……义彰咏兼系管□□甘堂□莅□齐□光□□□□赵才超□□□□□□翔凤……猛相资惠和并□□厉秋霜泽□□露岩栖以空丘，因知慕异域□□□邻褓附□謌载，□声教□□□□□□，民庶未融，敬惟德化于此，知□□□□□永馥。芳风………大义主翟旭仁□□□文化令□按都………义主姜甫德………

说明：1. 因时代久远，碑文多有残缺，用□代指缺字。

2. 碑文原无句读，今作者据文意稍作断句，更因缺文太多，文意难畅，故断句仍存不当处，也不作今译。

题贾使君碑阴

余昔尝见此碑墨本于鼓城刘希道家，希道语余曰：我先君与石曼卿善，曼卿酷爱此字，谓其行笔似褚遂良，疑褚书得此笔法，余来兖州即访此碑于州人，无有知者。及余重修相悦堂，亲为经度行堂下庖舍中，忽见此碑竈后，为膳夫压肉石矣。余使人出之，于泥中汲水濯涤，久之始可读此。昔时所见墨本，虽班班有刓缺处，而加有古气，尤为可爱。因募工取石为座，刳其中以上承之，立堂之西，偏以备好事者之观。既安固矣，庶可久无虞也。绍兴三年丙子岁中元日，太原温益禹弼题。附图 2。

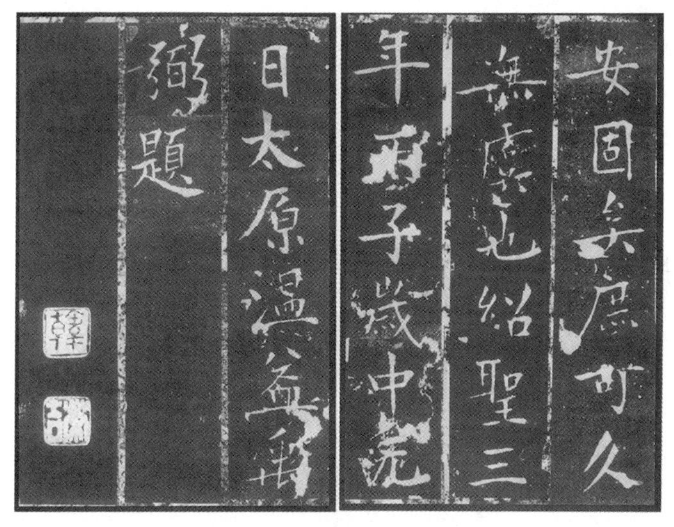

附图 2　温益题跋拓片（部分）

此碑自三国时至今几二千年，真神物也，兴废之由详于此碑阴、金石录中云。使君在兖州向立风日中，字多剥落，今置之庑下以护之，□后之好古君子得以永久观览云。是碑魏神龟二年四月立，非三国之魏也，北平翁方纲识。附图 3。

康熙庚子之夏卓异兖州府知府山阴金一凤识。附图 3。

附图 3　贾使君碑阴跋文拓片（部分）

参考文献

安作璋，唐志勇.2004.傅斯年与齐鲁文化研究［J］.文史哲（4）：54-60.

白云翔.2005.中国古代的生产工具与古代文明［M］//白云翔.华夏春秋志.第16期.北京：中国人民大学出版社.

柏杨（台湾）.1984.资治通鉴（白话译本）［M］.北京：中国友谊出版公司.

常大群.2007.中国传统文化的圣人观［J］.齐鲁学刊（2）：37-40.

崔妍.2013.中国经济发展的文化动力探源［D］.长春：吉林大学.

高燕.2010.论地域文化在地方经济发展中的作用［J］.全国商情·理论研究（6）：10-12.

郭文韬，曹隆恭，宋湛庆.1983.略论继承和发扬我国农业的优良传统问题［J］.农业现代化研究，5：15-18.

郭文韬，严火其.2001.贾思勰王祯评传［M］.南京：南京大学出版社.

郭文韬.2000.试论中国古农书的现代价值［J］.中国农史，19（2）：93-102.

胡适.1996.我们对于西洋近代文明的态度［M］.胡适文存，第三集.合肥：黄山书社.

惠富平.1994.试论中国农书的起源［J］.西北农业大学学报，22（3）：97-101.

惠吉兴.2006.中国传统哲学的内在性实践精神［J］.兰州学刊（6）：1-4.

贾思勰.2001.齐民要术［M］.南京：江苏古籍出版社.

康君奇.2007.略论中国古代农书及其现代价值［J］.陕西农业科学（6）：185-188.

老子.2002.道德经［M］.北京：昆仑出版社.
李根蟠，王小嘉.2003.中国农业历史研究的回顾与展望［J］.古今农业（3）：70-85.
李海舰，王松.2010.文化与经济的融合发展研究［J］.中国工业经济（9）：5-14.
李浩.2012.区域文化视角下的区域经济发展路径创新［J］.改革与战略，28（5）：133-135.
李立雄，蔡梦麒.2002.齐民要术［M］.北京：团结出版社.
李天宇，邵先锋.2012.试论《齐民要术》中的齐文化特色［J］.管子学刊（4）：88-91.
李维香.1998.试论齐文化的务实精神［J］.管子学刊（2）：26-30.
李延寿（唐）.2004.北齐书［M］//许嘉璐.二十四史全译.上海：汉语大词典出版社.
李延寿（唐）.2004.北史［M］//周国林.二十四史全译.上海：汉语大词典出版社.
李元卿.1993.贾思勰故里考［J］.石油大学学报（社会科学版）（4）：65-66.
联合国世界遗产委员会.1982.会议报告［R］.墨西哥：世界文化政策会议.
梁家勉.1957.《齐民要术》的撰者、注者和撰期——对祖国现存第一部古农书的一些考证［J］.华南农业科学（3）：不详.
梁家勉.1982.有关《齐民要术》若干问题的再探讨［M］.农史研究. 第二辑. 北京：农业出版社.
梁启超.2005.什么是文化［M］.梁启超讲文化.天津：天津古籍出版社.
梁漱溟.2011.中国文化要义［M］.2 版.上海：上海人民出版社.
刘德龙.2009.“齐鲁十二圣”的界定及其文化现象研究的时代价值［J］.管子学刊（2）：74-80.
刘永辉.2009.寿光历史人物［M］.北京：中国文化出版社.
柳成栋.2013.地域文化如何为地方经济社会建设服务［J］.黑龙江史志，22（311）：3-6.
孟天运.1999.齐文化通论［J］.社会科学战线（2）：106-112.
缪启愉，2008.齐民要术导读［M］.北京：中国国际广播出版社.
缪启愉，缪桂龙.1998.齐民要术校释［M］.2 版.北京：农业出版社.
逄振镐，1994.齐鲁文化体系比较［J］.文史哲（2）：28-34.
钱穆.1998.文化学大义［M］.钱宾四先生全集，第 37 册.台北：联经出版公司.

石声汉.2008.从《齐民要术》看中国古代的农业科学知识——整理《齐民要术》的初步总结［M］//石声汉.石声汉农史论文集.北京：中华书局.

石声汉.2013.齐民要术今释［M］.北京：中华书局.

宋海庆，蔡书贵.2001.论增强忧患意识［J］.湘潭大学社会科学学报，25（4）：145-149.

孙金荣.2014.贾思勰为官“高阳”郡治考［J］. 山东社会科学，1（221）159-163.

孙雪.2014.基于地域文化的区域特色经济发展研究［D］.济南：山东师范大学.

唐长孺.1983.魏晋南北朝史论拾遗［M］.北京：中华书局.

田冲.2009.《齐民要术》中的谚语研究［J］.潍坊教育学院学报，22（2）：10-12.

万书波，王祥峰.2011.论农业对齐鲁文化的影响［J］.农业科技管理，30（6）：1-5.

汪维辉.2006.试论《齐民要术》的语言特点和价值［J］.中国农史，增刊：36-39.

汪小烜.2001.1990—1999 新出土汉魏南北朝墓志目录：魏晋南北朝隋唐史资料［G］.武汉：武汉大学出版社.

王成菊.2010.区域文化对区域经济发展的影响分析［J］.中国集体经济（33）：29-30.

王钧林，2012.齐鲁文化与中华民族核心价值观［J］.齐鲁师范学院学报，27（6）：1-5.

王思明.2002.农史研究：回顾与展望［J］.中国农史，21（4）：3-11.

王新文，信俊仁.2015.合纵连横——助推寿光蔬菜产业再发展［M］.北京：中国农业出版社.

王毓瑚.2005.关于整理祖国农业学术遗产问题的初步意见［M］//王广阳等.王毓瑚论文集.北京：中国农业出版社.

王志民.2006.齐文化的内涵、发展历史及其贡献［J］.齐鲁文化研究（5）：210-220.

王志民.2014.挖掘地方文化资源弘扬中华优秀传统［J］.甘肃理论学习（2）：8-10.

魏收（北魏）.2004.魏书［M］//周国林.二十四史全译.上海：汉语大词典出版社.

吴存浩，于云瀚.2005.论《齐民要术》的文化学意义：贾思勰农学思想研讨会论文集［C］.潍坊：潍坊科技职业学院.

吴存浩.2005.再论贾思勰的农业经营思想：贾思勰农学思想研讨会论文集［C］.潍坊：潍坊科技职业学院.

肖克之，张合旺.1999.《齐民要术》研究概说［J］.中国农史，18（2）：95-99.

徐舒映.2006.齐文化民本思想价值观的当代解读［J］.管子学刊（3）：36-39.

徐莹，李昌武.2012.贾思勰与齐民要术研究论集［M］.济南：山东人民出版社.

宣兆琦，2005.论齐鲁文化与爱国主义教育［J］.山东理工大学学报（社会科学版），21（1）：58-62.

薛彦斌.2005.对20世纪以来《齐民要术》国内研究学者与成果的分类：贾思勰与《齐民要术》研究论集［M］.济南：山东人民出版社.

颜谱，2002.齐鲁文化的基本精神内涵［J］.东岳论丛，23（6）：101-102.

杨雅琳.2006.传统文化与区域经济的发展［J］.经济管理（5）：57-60.

杨直民，张法瑞.2006.从思想文化层次考量《齐民要术》研究［J］.中国农史，增刊：21-24.

杨直民.1992.贾思勰与《齐民要术》［M］//杜石然.中国古代科学家传记（上）.北京：科学出版社.

杨宗杰，贾斌昌，刘若斌.2009."齐鲁十二圣"文化现象的客观基础、文化条件和精神特质［J］.管子学刊（3）：86-90.

殷晓峰.2011.地域文化对区域经济发展的作用机理与效应评价［D］.长春：东北师范大学.

曾雄生.2006.贾思勰的富民思想及启示［J］.中国农史，增刊：25-31.

张斌荣.2008.试论齐鲁文化的创新精神及其当代价值［J］.鲁东大学学报（哲学社会科学版），25（5）：57-59.

张达.2003.论齐鲁文化的形成及其根本特征［J］.理论学刊（6）：125-128.

张法瑞.2006.20世纪的贾思勰《齐民要术》研究［C］.第六届东亚农业史国际学术研讨会论文集.韩国：水原.

张金龙.1999.北魏洛阳里坊制度探微［J］.历史研究（6）：51-67.

张庆藜.2014-05-07.敢于责任担当不辱历史使命——深入学习贯彻习近平总书记关于责任担当的重要论述［N］.人民日报.（7版）.

张雪冬，蒋延芹.2012.区域文化与区域经济发展的关系探析［J］.中国经贸导刊，5（中）：71-72.

张玉忠.2005.贾思勰农业哲学思想浅议：贾思勰农学思想研讨会论文集

[C].潍坊：潍坊科技职业学院.
张越.2006.富民思想——齐文化的价值内核［J].东岳论丛，27（6）：210-215.
赵茂林.2013.区域文化对区域经济模式的影响研究［J].湖北经济学院学报（1）：57-62.
赵美岚，黎康.2010.《齐民要术》中的科学方法辨析［J].农业考古（4）：371-377.
赵祖华.1999.现代科学技术概论［M].北京：北京理工大学出版社.
周光华.2005.东夷齐文化与华夏文化的融合发展［J].管子学刊（1）：77-81.
Tylor E B.1871.Primitive Culture［M].London：Cambridge University Press.